JN428724

# 무선 중계기 시스템

## WIRELESS REPEATER SYSTEMS

김진영 | 서철헌 | 신수현 지음

홍릉과학출판사

# 머리말

최근 들어 통신 기술을 탑재한 휴대기기의 보급이 급격하게 늘어남으로 인해 언제, 어디서든 통신네트워크 시스템에 접속하여 원하는 정보를 활용 할 수 있는 유비쿼터스(ubiquitous) 사회로 빠르게 변화하고 있다. 무선 RF(Radio Frequency) 신호를 이용하여 통신하는 이동통신 시스템의 경우 기지국과 사용자간 통신시 항상 전송거리와 신호의 세기에 제약을 가지고있고, LOS(Line Of Sight) 환경이 제공되기 힘든 대도시의 경우 각종 구조물로 인하여 전파장애가 심하며, 실제로 다중경로(multipath)로 인해 페이딩 손실(fading loss)이 발생하여 음영지역이 생길 수 있기 때문에 모든 지역에 원활한 통신네트워크 시스템 구축하는 것이 쉽지 않다. 그런데 이러한 문제점에 대한 해결방안으로 IEEE 802.16j에서는 무선 중계기 시스템을 제안하였고, 중계기는 기지국과 단말 사이를 이어주는 중계자 역할을 하는 기기로 기지국의 서비스 영역을 확장시키고 데이터 처리율 향상과 통신 링크의 신뢰성을 확보하는 역할을 하며 오늘날의 중계기 시스템이 구축되었다. 이러한 중계기 시스템은 이동통신 시스템에서 셀 커버리지를 확장하고 음영지역을 서비스하기 위하여, 요소지역에 적절히 중계기를 활용하는 것이 효율적 망 설계의 비용과 운용에 있어서 큰 이득이 되며 우리 주변 곳곳에 설치되었고 국내에만 그 수가 수십만 개에 이르렀다. 한편 IEEE 802.16j에서는 중계기를 이동성에 따라 세 가지로 분류하고 있는데, 첫 번째는 고정형 중계기로 서비스 사업자가 기지국 셀의 커버리지(coverage)를 확장하거나 가입자당 데이터 처리율을 높일 필요가 있는 경우 한 장소에 고정적으로 설치하는 모델이다. 두 번째는 유목형 중계기로 각종 이벤트나 전시회 등 한시적으로 사람이 많이 모였을 때 설치하여 무선 서비스 커버리지를 확장하고 높은 성능을 제공하도록 한다. 세 번째는 이동형 중계기로 중계기가 이동하면서 주변의 휴대기기(MSs)에게 기지국에 효과적으로 접속할 수 있는 서비스를 제공하는 모델이다.

현재 운용되고 있는 중계기의 종류로는 우선, 산이나 빌딩 혹은 기타 지형지물로 인한 전파 차단 지역, 또는 터널이나 지하 주차장과 같이 전파도달이 어려운 음영 지역을 위한 "무선 중계기"가 있으며, 이는 크기나 사용 유형 등에 따라 중형/소형/초소형/댁내형 등으로 나뉜다. 그리고 RF 신호를 광신호로 변환한 뒤에 광선로를 따라 원하는 원격 지역으로 전송 후, 다시 RF 신호로 변환하여 안테나로 송신하는 "광 중계기"가 있다.

마지막으로 송신 신호가 수신 안테나로 재유입되는 간섭(Interference)신호를 제거(발진방지)하는 DSP(Digital Signal Processor) 기술을 이용한 신개념의 간섭제거 "ICS 중계로"로 구분할 수 있다. 국내 이동통신 시스템에서 설치·운용되고 있는 중계기는 앞에서 언급한 것과 같이 수십만 개 이상으로 무선망에서 차지하는 비중이 매우 크다.

본 서에서는 이러한 중계기 시스템을 이동통신 기초에 근거한 기본 개념 및 원리부터 현 시점에서 운용되고 있는 요소 기술까지 중계기 시스템에 대한 전반적인 내용을 다루고, 다양한 중계기 시스템의 종류 및 특성 그리고 제원에 대해 설명하고 이러한 중계기를 관리하기 위한 중계기 관리 시스템, 그리고 중계기 시공법과 유지보수 공법에 설명한다. 마지막으로 차세대 중계기 기술 동향과 중계기 시스템 이해를 돕기 위한 RF 신호 용어를 설명한다.

본 서에서 전달하는 내용을 통해 독자 여러분의 중계기 시스템에 대한 이해도가 한층 높아지길 바란다.

# 차례

## CHAPTER 4 전파



## CHAPTER 5 중계기 원리와 구성

## CHAPTER 7 디지털 중계기

## CHAPTER 8 중계기 관리 시스템(RMCS)



## CHAPTER 9 차세대 중계기 동향

## CHAPTER 10 중계기 시공, 유지보수 공법



## CHAPTER 11 기타 RF 신호 용어 설명

CHAPTER

# 1

# 이동통신 시장동향

## 1.1 이동통신 가입자 현황

우리나라는 1996년 SK텔레콤, 신세기 통신 사업자를 통하여 세계 최초로 CDMA 방식의 셀룰러 서비스를 제공하기 시작한 이래로, 1997년 3개 사업자가 추가되면서 PCS 방식의 CDMA 상용서비스가 시작되었다. 서비스 측면에서는 1998년부터 문자 서비스 등 간단한 무선인터넷 서비스가 제공되기 시작하였으며, IS-95규격의 최대 전송속도인 144kbps의 CDMA2000 1x서비스가 2000년 10월부터 시범서비스 되었다.

그리고 최근 방송통신위원회에 따르면 국내 이동통신 가입자 수가 2010년 9월을 기점으로 국내 총 인구를 상회하는 5천 5만명에 이른다고 밝혔다. 방통위가 밝힌 인구대비 이동통신 보급률은 102.4%로 앞으로도 지속적인 증가세를 보일 것으로 예측하였다. 미국 IT 전문 조사기관인 가트너 역시 올해 말 국내 보급률을 103.9%로 예상해 미국의 95%나 일본의 87.6%을 상회할 것으로 내다봤다.

2012년 1월 국내 이동전화 가입자 수는 5261만 8599명으로 집계됐다. 이 기간 휴대폰 번호를 그대로 사용하면서 사업자를 바꾸는 번호이동을 선택한 이용자 수는 총 102만 3435명(자사 번호이동 포함)에 달하는 것으로 나타났다.

방송통신위원회가 집계한 1월말 기준 국내 유무선 통신서비스 가입자 현황 자료에 따르면 1월 한 달 간 자체 가입자 증가율에서 LG U+가 KT와 SK텔레콤을 제쳤다. LG U+의 1월 말 가입자는 942만 6671명으로 2011년 12월 말 가입자에서 3만 5752명 늘었다.

SK텔레콤의 1월말 누적 가입자 수는 2657만 1498명으로 12월 말 가입자에서 1만 8782명 증가했다. 12월말 기준 0.1% 증가했으며, 전체 시장 점유율은 42%로 종전과 같다.

KT의 1월 말 가입자는 1662만 0390명으로 2011년 12월 말 가입자에서 5만 7232명 늘었다. 하지만 시장 점유율은 37.9%로 0.1% 포인트 하락했다.

작년 12월 대비 번호이동을 한 이용자 수는 총 102만 3435명 가량 늘었다. 사업자별로는 SKT 45만 7874명, KT 29만 3853명, LG U+ 27만 1708명 늘었다. 이 중 자사 전환을 빼고 타사에서 전환한 번호이동 숫자만 파악하면 SKT가 34만 4077명, KT가 25만 9419명, LG U+가 20만 2917명이다.

### 표 1.1 무선 통신서비스 가입자 현황

| 구분 | | 2011.12월말 | 1월 가입현황 | | 2012.1월말 |
|---|---|---|---|---|---|
| | | | 증감 | 증감율 | |
| 이동통신 서비스 | 이동전화 | 52,506,793 | 111,766 | 0.2% | 52,618,559 |
| | 휴대 인터넷 | 799,464 | 42,534 | 5.3% | 841,998 |
| 무선호출서비스 | | 18,339 | -20 | -0.1% | 18,319 |
| 주파수공용통신서비스 | | 382,110 | 802 | 0.2% | 382,912 |
| 무선데이터통신서비스 | | 55,563 | -777 | -0.4% | 54,786 |
| 위성휴대통신서비스 | | 14,696 | 269 | 1.8% | 14,965 |
| 합계 | | 53,776,965 | 154,574 | 0.3% | 53,931,539 |

자료:방송통신위원회(2012)

### 표 1.2 이동전화 가입자 수

| 구분 | | 2011.12월말 | 1월 가입현황 | | 2010.1월말 |
|---|---|---|---|---|---|
| | | | 증감 | 증감율 | |
| SKT | 자사 | 26,497,267 | 520 | 0.0% | 26,497,787 |
| | MVNO | 55,449 | 18,262 | 32.9% | 73,711 |
| | 합계 | 26,552,716 | 18,782 | 0.1% | 26,571,498 |
| KT | 자사 | 16,249,110 | 48,501 | 0.3% | 16,297,611 |
| | MVNO | 314,048 | 8,731 | 2.8% | 322,779 |
| | 합계 | 16,563,158 | 57,232 | 0.3% | 16,620,390 |
| LGU+ | 자사 | 9,357,731 | 37,528 | 0.4% | 9,395,259 |
| | MVNO | 33,188 | -1,776 | -5.4% | 31,412 |
| | 합계 | 9,390,919 | 35,752 | 0.4% | 9,426,671 |
| 합계 | | 52,506,793 | 111,766 | 0.2% | 52,618,559 |

자료:방송통신위원회(2012)

또한 방송통신위원회와 이동통신업계에 따르면 2012년 1월 말을 기준으로 스마트폰 가입자가 이천만 명을 넘어섰다고 밝혔다.

2007년부터 스마트폰 도입이 활성화됐던 미국, 유럽 등 해외에 비해 국내는 스마트폰 보급이 매우 미미한 수준에 불과했다. 그러나 2008년 12월 무선인터넷 표준 플랫폼인 위피 탑재 의무 폐지 등 규제 완화 이후 2009년 11월 아이폰의 국내 출시를 계기로 스마트폰이 본격 확산되기 시작했다. 2009년 말 80만 명에 불과했던 스마트폰 가입자 수가 금년 1월을 기점으로 이천만 명을 돌파할 정도로 단기간에 빠른 성장세를 보이고 있다. 이러한 증가세가 지속되어 올 연말에는 스마트폰 가입자가 더 증가하여 매출이 2011년보다 증가할 것으로 기대되며, 본격적인 스마트폰 대중화 시대에 진입하였다고 볼 수 있다.

※ 스마트폰 가입자 증가 추이

('09년 12월) 80만명 → ('10년 6월) 247만명 → ('10년 12월) 722만명 → ('11년 12월) 1295만명 → ('12년 1월) 2376만명

**표 1.3 스마트폰 가입자 수**

| 구분 | 2011.12월말 | 1월 가입현황 | | 2012.1월말 |
|---|---|---|---|---|
| | | 증감 | 증감율 | |
| SKT | 11,085,192 | 554,794 | 5.0% | 11,639,986 |
| KT | 7,653,303 | 368,699 | 4.8% | 8,022,002 |
| LGU+ | 3,729,296 | 371,803 | 10.0% | 4,101,099 |
| 합계 | 22,467,791 | 1,295,296 | 5.8% | 23,763,087 |

자료:방송통신위원회(2012)

## 1.2 이동통신 중계기 현황

이동통신 서비스의 급속한 발달에 따라, 비수요 지역으로 이동통신 서비스가 완전하게 제공되지 못했던 산간지역, 낙도, 도심 전파 사각지대, 지하철, 터널, 아파트 단지 등에서도 고품질의 이동통신 서비스를 원하고 있다. 그러나 이동통신 사업자가 음영지역에 기지국 증설 등 막대한 시설투자를 하는 것은 잘못하면 이동통신 사업자의 경영수지를 악화시키고, 국가적으로도 막대한 투자 비효율성으로 손실을 초래할 수 있다. 이의 대응 방안으로 저렴한 비용에 높은 통신

품질과 서비스 범위를 개선할 수 있는 여러 가지 형태의 '중계기'가 활용되고 있다.

최근 1인 1휴대폰 시대가 오면서 그 밑거름이 되었던 과학 기술 분야를 살펴보면 대표적으로 셀룰러 개념의 도입, CDMA의 상용화, 광 전송기술의 발전 등을 들 수 있다. 셀룰러의 개념은 무선통신의 가장 큰 제약성인 주파수 스펙트럼의 한정으로 인한 통화 용량부족 및 통화 품질 문제를 모든 지역을 셀이라는 단위로 나누어 주파수 재사용 효율을 높임으로써 무선 이동통신 발전의 계기를 마련했으며 무선 전송기술의 발전은 무선통신 시스템의 디지털화라는 점에서 발전의 계기를 마련했다.

이동통신 시스템의 디지털화는 기존 아날로그 시스템의 시스템 용량 한계와 취약한 보안성 등 품질 문제에 대한 방안으로 강구되었으며 그 결과로 TDMA, GSM, CDMA 등 많은 방식이 등장하게 됐다. 광 전송기술의 발전은 교환망의 고속화 및 광전 변환기술의 발전으로 네트워크 망 구현 기술의 발전에 이바지했다. 국내에선 90년대에 CDMA 무선 이동전화 서비스가 상용화되면서 그 수요는 소수 계층에 국한되어 있었다. 또 무선망 환경도 수요지역이 제한적이었다. 그러나 점진적으로 무선 이동전화 서비스가 대중화됨에 따라 사업자의 무선망 환경도 보다 넓은 지역과 시스템 용량의 확대가 절실히 요구되기 시작했으며, 우리나라의 지형적 특성과 인구 밀집도의 특수성으로 인해 최적의 무선 환경을 설계하는데 있어서 많은 음영지역에 대한 대책이 필요하게 됐다. 여기서 음영지역이라 함은 기지국과 단말기 간의 전파 통로는 있지만 그 세기가 없거나 미미하여 '통화가 됐다가 안 되는 정도가 매우 심한, 단절에 가까운 서비스 불량 지역을 의미한다. 즉, 건물이나 지형에 의하여 전파가 도달되지 못하여 통신서비스가 불량한 지역, 통화가 단절된 지역을 말한다. 이러한 음영지역의 해소를 위해서는 기지국을 추가로 설치하거나 중계기를 이용해 무선망을 설계하게 된다. 성능 면에서는 기지국이 중계기보다는 월등하게 좋은 특성을 갖는다. 그러나 비용 면에서 기지국은 중계기에 비해 비용이 많이 드는 단점이 있다. 소규모 음영지역을 해소하기 위해서는 기지국의 설치라는 점이 비용 및 성능 측면에서 과다 투자될 수 있다는 점도 간과할 수 없기 때문에 서비스 사업자는 음영지역 해소 방안으로 각종 중계기를 설치하여 음영지역 문제를 해결하는 경우가 일반적이다.

국내에서의 중계기 수요는 이동전화서비스 사업자인 SKT, KTF, LGU+에서 90% 이상 차지하고, 기타 10% 이하는 TRS 서비스 사업자인 KTP 및 TRS 자체망을 보유한 경찰청, 항공청, 군통신 및 무선데이타 사업자 등에서 수요가 발생되고 있다. 중계기 산업은 초기 무선 호출 및 아날로그 이동통신 시기에는 소규모 사업으로 산업 전반에 크게 영향을 미치지 못하였으나 1995년 SKT와 신세기통신으로부터 상용서비스가 시작된 이후 CDMA 서비스의 폭발적인 증가세에 힘입어 통신시장의 새로운 산업 영역의 한 축으로 등장하였다. 이후 KTF, LGT 및 한솔

엠닷컴 등 PCS 사업자의 등장으로 연간 매출액이 수천억원대에 이르는 산업으로 발전하였다. 고가의 투자비가 투입되는 기지국 구축보다는 저가의 투자비로 단시간 내 효과를 낼 수 있는 중계기 사업에 투자가 증가함에 따라 중계기 공급권을 따내기 위한 제조사 간의 기술 및 마케팅 경쟁이 본격화되었다.

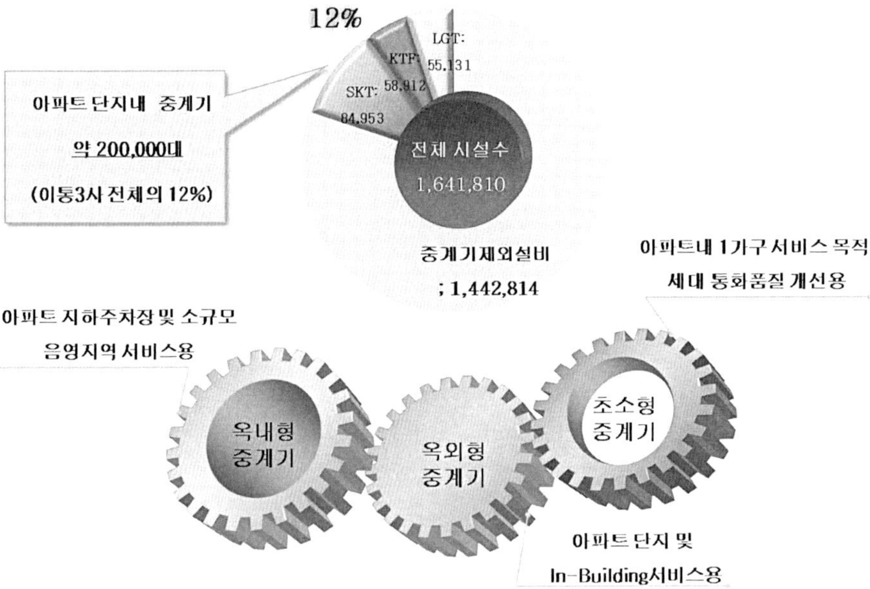


그림 1.1 **중계기 운영 현황(2008년)**

2000년 하반기부터 경기불황, 이동통신사업자의 2G에 대한 대규모 투자 일단락, 사업자 간 합병에 따른 설비투자 보류 등으로 2001년에는 시장 위축이 심화되었으나 2001년 하반기 이후 사업자의 설비투자 재개 및 중국, 호주 등으로의 수출 확대로 업계가 회복 추세로 전환되는 양상을 보였다. 그러나 2003년 상용화 예정이었던 3G 설비투자 지연으로 인해 중계기 시장은 지속적으로 정체되어 왔다. WCDMA (HSDPA 포함)에 대한 본격적인 투자 및 DMB(디지털멀티미디어방송), Wibro(휴대인터넷) 등 차세대 서비스를 위한 장비투자가 본격화되고 있어 시장은 새로운 국면을 맞았으며 이러한 성장세는 수년간 지속되었다. 이후 국내 중계기 산업은 약 8,000억 원/년의 포화점을 넘어 약 5,000억 원/년의 규모를 나타내고 있다. 중계기 모델로서는 통화품질을 최고로 담보할 수 있는 신뢰성이 높은 유선형 광중계기 위주에서 광선로 임차비용의 증가 등으로 유지보수 비용이 요구되지 않는 형태의 중계기 즉, M/W 중계기, 변파 중계기, ICS중계기 등으로 사용 비중이 점차 높아가는 추세이다. 또한 기존 중계기들의 원론적 제약점 및 문제점들을 해결하기 위한 새로운 개념의 중계기 개발에 많은 노력을 기울이고 있다.

**표 1.4 국내 이동통신망에서 사용되는 중계기의 종류**

| 분류 | 유형 | 특기사항 |
|---|---|---|
| RF 중계기 | 지하중계형 | 지하철, 지하주차장 |
| | 인빌딩형 | 대형 건물(빌딩) 내 서비스 |
| | 옥외형 | 지상, 개방지 서비스 |
| | 기타 형태 | RF 방식을 이용한 다양한 형태<br>ICSR, FMTC, TVR 등 |
| 광중계기 | 아날로그 광중계기 | 아날로그형 신호 비압축 |
| | 디지털 광중계기 | 신호압축, 디지털신호계위 |
| M/W 중계기 | 아날로그 중계형 | 종단 RF서비스형 |
| | 디지털 중계형 | 디지털 전송형, 중계형 |
| 변파중계기 | 대역변환형 | 인접 대역으로 변환 중계형 |
| | 점대점 중계형 | 점대점 전송 중계형 |
| | 찬넬변환 서비스형 | 찬넬단위 변환후 서비스형 |
| 인빌딩 분산중계기 | RF 분산 | RF 신호 단위 전송 서비스 |
| | 광 분산 | 광통신 신호 단위로 전송 및 중계 서비스 |
| | IF 분산 | IF 신호(혹은 BaseBand 신호) 단위 전송 서비스 |
| | PLC 분산 | 건물 내 전력선을 이용하는 전송 중계서비스 |
| | CATV 분산 | CATV 선로를 이용하는 전송 중계서비스 |
| | UTP 분산 | 건물 내 UTP을 이용하는 전송 중계서비스 |
| 지하철중계기 | 아날로그/디지털,<br>RF 신호/광분산형 | 지하철 역사, 철도 서비스 |
| PLC 중계기 | 전력선 통신중계기 | 전력선을 이용하는 중계서비스 |
| 선박형 중계기 | 이동체 중계기 | 대형 선박내 RF 중계기 |
| VLC 중계기 | 점대점 전송 | 가시광선, Lager를 이용한 중계기 |
| CATV 중계기 | CATV 분산 | CATV 선로, Cable Modem을 이용하는<br>전송 중계서비스 |

## 1.3 이동통신 중계기 산업

최근 와이브로, LTE(Long Term Evolution) 등 이동통신기술이 4G 시대로 급격히 진화하면서, 통신장비 시장에서 기지국과 중계기의 경계가 허물어지고 있다. 기지국이 중계기 기능까지 흡수했기 때문에 기지국과 중계기간의 장벽이 허물어지며 RRH(Remote Radio Head, 소형기지국)로 통폐합된다. 문제는 RRH가 기존 이동통신 중계기와 기술적(하드웨어상)으로 큰 차이점이 없음에도 불구하고, LTE용 RRH 시장 구조가 기존 기지국 장비를 담당했던 대기업들이 독식하는 형태로 진행되고 있다는 점이다. SKT, KT, LG유플러스 등 통신 3사가 2011년부터 본격적인 LTE를 비롯한 4G 네트워크 구축에 나서고 있는 가운데, 통신장비업계에도 4G 시장이 새로운 기회로 인식되고 있다. 하지만 기술 발전에 따라 기존 중계기의 역할을 기지국의 구성요소인 RRF가 대체해가고 있어, 현재 중소기업 중심의 중계기 업체들은 소외된 양상이다.

그동안 국내 시장에서 기지국은 삼성전자와 LG에릭슨 등 대기업의 영역으로, 중계기는 중소기업이 전담하며 역할 구분이 비교적 명확했다. 하지만 3G WCDMA 방식에서 4G LTE망 구축이 증가할 것으로 예상되자 상황이 달라지고 있다. 기지국 장비가 중계기 기능까지 구현함으로써, 별도의 중계기 구축이 필요 없게 된 것이다.

그러나 최근 대기업(기지국 사업자)들은 중소기업들과의 상생을 위한 노력을 약속한 바 있다. 따라서 제품 경쟁력을 갖춘 일부 중소 통신장비업체들에게는 LTE 시대 개막에 따른 수혜가 예상된다. RRH는 RRH간 연결을 통해 통신망을 넓혀가는 구조가 가능해, 초기 납품이 성공적으로 이루어진다면 이후 대량 납품으로 이어질 가능성이 크다.

한편 해외 이동통신 중계기 시장을 살펴보면, 해외 이동통신 중계기 시장은 무선 데이터 시장의 급성장에 따라 WCMDA 와 mobile WiMAX 등의 신규 이동통신 서비스의 확대가 가속화되고 있다. 또한 최근 이동통신 망 커버리지가 부족한 해외 통신사업자들에게 ICS 등 중계기 시스템에 대한 수요가 증가하여 일본, 유럽 등으로 수출이 증가할 것으로 기대하고 있으며 앞으로 성장이 예상되는 WCDMA와 mobile WiMax 중계기는 우리나라가 선도적으로 투자한 서비스로 향후 해외시장 진출에 유리할 것으로 전망하고 있다.

또한 해외시장의 경우 인빌딩 시장을 중심으로 중계기 투자가 증대될 것으로 예상되고 있다. 무선 데이터 서비스 활성화에 따라 무선 데이터 사용의 70%를 차지하는 댁내형, 인빌딩 투사가 확대될 것으로 예상하고 있으며, 이에 따라 선진국을 중심으로 일본, 유럽의 매출이 크게 성장할 것으로 기대하고 있다. 그리고 미국 시장은 Public Safety 서비스로 인하여 멀티 밴드 서비스가 가능한 인빌딩 중계기 수요가 증가할 것으로 예상하고 있다.

CHAPTER

# 2

# 이동통신 중계기 개요

## 2.1 중계기 정의

이동통신 중계기란 어느 한 지점에서 수신된 신호를 목적하는 곳으로 전달하는 장치로, 기지국과 사용자 단말기 사이에 중계기가 위치한다. 중계기가 설치된 장소에서 비교적 양호한 그리고 다소 낮은 신호를 무선으로 수신(Air Coupling Type)하여 증폭하여 전송하거나 기지국이나 교환실 같은 기지국 장치가 설치돼 있는 곳에 중계기를 설치하여 기지국 장치와 중계기간을 유선으로 연결(Wire Coupling Type)하여 목적으로 하는 곳까지 신호를 전송하는 두 가지로 분류해서 정의해 볼 수 있다. 적당한 신호 크기를 분해 조립 가공하거나 그대로 증폭하여 재전송하는 장치를 통칭하여 중계기라고 말한다.

그림 2.1 **이동통신 중계기 운용도**

그림 2.1은 이통신 중계기를 설치하여 통화가 연결되는 일반적인 무선 중계방식의 운용도를 나타내는 것으로써, 기지국과 통화 단말기 사이에 위치한 중계기가 중간에서 신호를 단말기로 재전송하는 것을 볼 수 있다. 중계기를 거침으로 인해서 감쇠 현상으로 인해 감소되는 전파의 세기가 약간이나마 보상되며, 이는 더 좋은 통화 품질로 연결된다.

## 2.2 중계기 사용 목적

중계기를 사용하는 궁극적인 목적은 경제적인 이동 통신망을 구축하여 이동통신 서비스를 하는 것이며, 구체적으로 3가지 정도의 목적을 가지고 있다.

**가. 서비스 구역 확대**

- 보통의 이동통신 서비스 Coverage 확대는 기지국 신설을 통해서 이루어 졌으나, 도심 외곽지역의 서비스 Coverage는 통화를 위한 발생 호가 적은 지역이 대부분이기 때문에 기지국을 설치하는 투자효과를 얻기가 상당히 어려웠다. 따라서 기지국 시설 투자비에 비해 상대적으로 가격이 저렴한 중계기 활용을 통해서 적절한 서비스 Coverage를 확보하며, 투자비 설감 효과를 얻을 수 있다.

**나. 음영지역 통화품질 개선**

- 전파 음영지역(In-BD, 터널, 지하철 등) 및 지상 도로 중 부분적으로 통화불량 지역에 사용하여 전파 음영을 해소하는데 사용 한다. 또한 Pilot Pollution(혼재) 지역의 통화품질 개선 목적으로도 활용될 수 있다.

**다. 통신설비 효율 증대**

- 교환망, 전송망 기지국 등 시스템 용량의 사용 효율이 낮은 지역에 기지국 장치 대신에 중계기를 설치 운용함으로써, 가동 효율을 향상시키는 대체 기지국으로써의 용도로 사용할 수 있다.

아래 표에서 알 수 있듯이 국내 이동통신 3사의 경우, 중계기를 기지국 이상의 서비스 매체로 인정하여 활용한 결과, 전국 방방곡곡 통화가 안 되는 지역을 찾아 보기가 힘들 정도로 이동통신 서비스의 만족도는 세계적이라 해도 될 것이다.

## 2.3 중계기의 특징

### 2.3.1 중계기 이용의 장점

실제 존재하는 무선통신 채널환경에서는 잡음과 신호 간섭 등 전송에 방해가 되는 여러 가지 요소들로 인해서 전파전파 감쇠현상이 발생하여 신호가 제대로 도착하지 않을 수 있다. 또한 경제성을 이유로 특정지역에 서비스용 기지국이 없어서 아예 서비스 신호 불통인 경우 등 이러한 통화품질 저해현상을 막고, 우수한 통신환경을 만들기 위해서 중계기를 사용하며, 중계기는 다음과 같은 장점이 있다.

가. **초기 투자비용이 매우 저렴함:** 통화 품질을 최고로 유지하기 위한 가장 이상적인 방법은 기지국을 설치하여 모든 서비스지역을 기지국의 Coverage 안에 두는 방법이다. 그러나 기지국을 하나를 설치하는데 드는 비용이 대략 기지국당 수억원 정도의 엄청난 비용이 들어간다는 것을 볼 때, 이러한 방법은 효율적인 방법이라고 할 수 없다. 중계기는 이러한 비용적 측면에서 효과적인 대안이 될 수 있다. 중계기는 최소 몇 천만원 대의 기지국과 비교 하였을 때, 상대적으로 훨씬 저렴한 가격에 설치가 가능하므로, 초기 투자비용에 있어 많은 장점이 있다.

그림 2.2 **기지국(좌)과 중계기(우)의 크기 비교**

나. **설치 및 유지보수의 유리함:** 위의 그림에서 보면 알 수 있듯이 기지국은 통신 주장치 외에도 철탑, 전원설비 등이 수반되어 장치의 가격뿐만 아니라 설치를 위한 공사비 등 설치운용 비용이 중계기 설치운용 비용보다 훨씬 많이 든다. 또한 기지국은 설치하는데도 많은 시간이 필요하며, 이를 유지하고 보수하는데도 많은 추가 비용이 들어간다. 그에 비해, 중계기는 상대적으로 기지국에 비해서 한번 설치를 해 두면 주기적인 점검 등을 요구하지 않으며, 그 크기도 소규모이며, 설치시간 및 유지 보수 비용도 기지국에 비해 매우 저렴하다고 할 수 있다.

**다. 중·소규모 서비스지역, 임시 서비스지역의 서비스 제공에 효과적임:** 앞과 같은 비용적인 문제 및 서비스 장소 문제로 인해서, 도심지와 같은 대규모의 서비스 지역 외에도 서비스 이용자가 대다수로 존재하지 않아 기지국을 설치하기에는 부담스러운 중·소규모 서비스 지역에 사용될 수 있다, 또한 신속한 설치 및 철거가 비교적 자유로워서 행사장, 철도, 공항 등 공공대중장소 같은 곳에 임시적으로 서비스를 할 때에도 매우 적합한 통신망 서비스 장치이다.

### 2.3.2 중계기 이용의 단점

중계기는 기지국 장치 대비하여 설치 규모적, 비용적인 측면에서 많은 장점을 가지고 있으나 다음과 같은 단점들도 많이 있다.

**가. 통신 서비스 용량 한도 제한:** 규모가 거대한 기지국에 비해 상대적으로 크기가 작은 것에는 이점도 가지고 있으나 단점도 있다. 가장 대표적인 것이 통신 서비스용량의 한도 제한으로, 중계기는 대규모의 기지국과 비교할 때, 통신 서비스 용량 한도에 있어서 제한이 있어 대규모 서비스는 불가능하다.

**나. 제한적 기능 수행:** 복잡한 신호를 처리하여 단말기로 송신하는 등의 다양한 기능을 수행하는 기지국에 비해, 중계기는 신호 증폭과 신호의 크기 조절 및 재전송 등의 제한적인 기능을 담당한다. 따라서 기지국 장치와 비교할 때, 지능적이지 못하다.

**다. 신호 왜곡 및 혼란 가능성:** 중계기는 단말기와 기지국 중간에 위치하면서 신호를 재전송하는 역할을 수행한다. 그 과정에서 기지국 장치로 노이즈를 전달할 가능성이 있다.

## 2.4 중계기의 용도

대규모 비용이 드는 기지국에 비해 투자비용과 유지보수비용이 저렴한 중계기의 궁극적인 목적이 경제적인 망 구축인 만큼, 중계기는 기지국을 설치하기에는 서비스 규모가 작거나, 사용기간이 한시적인 곳에 주로 사용된다. 예를 들어 cell 규모가 협소한 지역인 농어촌, 도서지역, 산간지역 등에 주로 사용된다. 또한 1년 중 한시적인 기간 동안 사용자가 붐비는 골프장, 휴양지, 해수욕장 등의 일시적 통화품질 개선용도로 효과적으로 사용할 수 있다.

중계기는 이러한 일시적 혹은 소규모 통신 서비스 외에도 상시적으로 기지국이 설치된 도심에서도 응용될 수 있다.

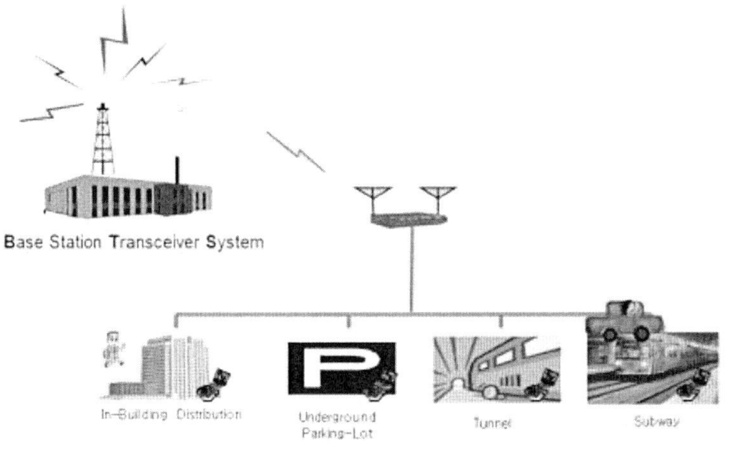


그림 2.3 **중계기의 도심지 응용**

위의 그림2.3은 도심지에서의 상시 중계망 구성을 잘 보여주고 있다. 주로 인접한 기지국에서 송신되는 무선신호를 받아서 지하주차장, 지하 쇼핑센터 지하철, 터널 등의 전파가 잘 닿지 않는 전파 음영지역에 설치된다. 이렇게 설치된 중계기는 음영지역에 존재하는 사용자들의 통화품질 향상에 사용될 수 있다. 이러한 도심지의 대규모 음영지역 외에도 소규모 음영지역이나, 서비스 불량지역 등에 설치, 통신 서비스의 품질을 향상시킬 수 있다.

표 2.1 **이동통신 3사 국내 중계기 시설 운용수** 단위: 대수, 2007년12월말 기준

| 구분 | SKT | KTF | LGT | 계 |
|---|---|---|---|---|
| 옥외형 | 60,666 | 47,339 | 26,160 | 134,165 |
| 옥내형(RF) | 291,271 | 217,370 | 207,370 | 716,011 |
| 댁내형 | 400,127 | 201,007 | 190,500 | 791,634 |
| 합계 | 752,064 | 465,716 | 424,030 | 1,641,810 |

- 옥외형 중계기: 아파트 단지 및 아파트 in-Building 서비스용(광중계기)
- 옥내형 중계기: 아파트 자하 주차장 및 단지내 소규모 음영지역 서비스용(중소형 중계기)
- 댁내형 중계기: 아파트 내 1 가구 서비스 목적으로 세대 통화품질 개선 서비스용(초소형 중계기)

상기 데이터 중 전체 중계기 설치 현황 중 아파트 단지에 설치된 중계기 수량이 **약 12% 정도(약 200,000대)를 차지하고 있다. 데이터 중심의 서비스 환경이 고착해 가는 환경에서 보면 건물 내 서비스의 중요성을 상기해 볼 필요가 있다.**

CHAPTER

# 3

# Cellular 통신에 대한 이해

## 3.1 기지국과 셀

기지국이란 Cell Site, BS(Base Station)이라고 부르다가 WCDMA(3G)에서는 Node-B, LTE(4G)에서는 e-NB라 부르고 있다. 이것은 기지국의 기능, 형상 등이 세대별로 똑같지 않다는 점에 유의해야 한다. 여기서 기지국 시설에는 무선신호 전송을 위한 송수신장치(기지국 시스템), 안테나(공중선 시설) 그리고 교환기(Core Network)와 신호 전송을 위한 광통신장치, M/W 전송장치 등으로 구성돼 있다. 기타 망관리 기능을 수행하는 NMS, 실내 환경을 조절(항온항습)하는 부대 설비들이 갖추어져 있다. 기지국의 주요 기능은 이동통신망에서 이동 단말기(휴대폰)를 제어 감시하고 무선구간의 각종 신호를 송수신하여 이동전화 교환국과 이동단말기를 연결하는 역할을 한다.

기지국은 이동단말기의 위치를 확인하여 이동전화 교환국으로 통보하고 이동전화가 통화를 진행하면서 다른 기지국으로 이동할 때 통화단절 없이 자동적으로 통화를 연결시켜 주는 기능을 수행하는데 이를 핸드오프(Hand-Off: 통화중 채널 전환)라고 한다.

보통 셀(Cell)이란 특정 이동전화 기지국이 가장 양호하게 이동전화의 호를 처리할 수 있는 구역을 의미한다. 또한 특정 기지국에서 서비스할 수 있는 지역은 보통 반경 0.5~1Km(대도시의 경우)로 제한되어 있으므로 여러 개의 기지국이 하나로 연결되어 전체가 하나의 이동전화 통화권을 이룬다. 일반적인 셀의 형태는 통화품질, 설계의 편의성 그리고 경제성의 측면에서 아래 그림과 같이 벌집 모양의 정육각형이 사용되며 각 셀에 기지국에 주파수를 할당하여 운용된다.

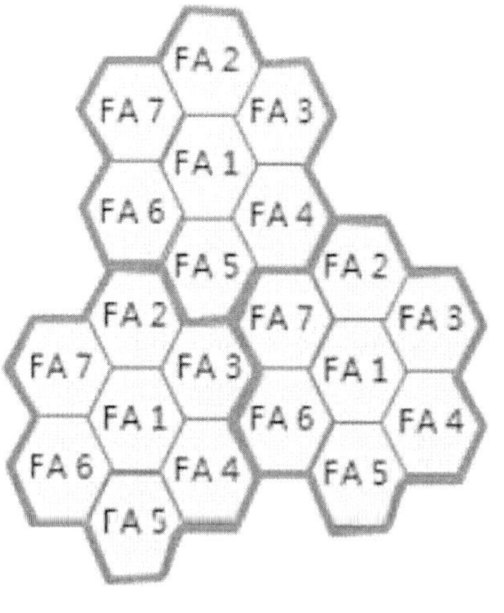


그림 3.1 **기지국의 일반적인 형태**

물론 전파가 도달하는 모양은 건물이나 주변 여건 등에 따라 달라지나 거의 원형에 가깝다. 기지국 서비스 지역을 육각형으로 표시하고 그것이 세포모양과 같다고 해서 통칭 셀(Cell)이라 부르지만, 이것은 어디까지나 이동전화망의 계획과 설계를 단순화하기 위해서 의도적으로 도입한 모형일뿐 실제로는 이동전화의 서비스 지역 형태가 그렇게 될 수는 없다는 것을 명확하게 인식해야 한다. 만일 평지에서 전파를 발사하면 이상적인 경우 원형이 될 것이고 일정지역을 완전히 서비스 지역으로 하려면 여러 개의 원형 기지국이 필요한데 원형인 경우 겹치는 부분이 있어서 그림이 깨끗하지 못하게 됨으로  이동전화망을 이론적으로 해석하는데 육각형 셀 방식을 적용한다.

## 3.2 기지국의 주요기능

기지국의 주요 기능은 이동단말기와 통신을 주고 받고 이동전화 교환국으로 메시지를 송수신하는 것으로서 통화품질의 향상 및 용량증대를 위해 다음과 같은 기능을 수행 한다.

### 3.2.1 전력제어

단말기와 기지국의 송신전력을 알맞은 레벨로 조절하는 기능으로서 큰 통화용량, 양질의 통화품질 등을 위해 CDMA 시스템의 경우 순방향(기지국에서 이동국 방향) 및 역방향(이동국에서 기지국 방향) 전력제어를 사용한다. 이동국 송신전력제어(역방향 전력제어)의 목적은 권역 내의 모든 이동국 전송신호가 기지국 수신기에 일정한 세기로 수신되도록 이동국 송신전력을 제어하는데 있다. 또한 순방향 전력제어는 기지국에서 단말기로 보내는 송신전력을 조절하는 것으로서 인접 셀로부터의 간섭 감소를 목적으로 한다.

### 3.2.2 핸드오프 기능

핸드오프(Hand-Off)란 단말기가 통화 중 절단없이 다른 기지국과 통화 채널을 할당하는 것으로서 CDMA에서는 통화품질의 향상을 위해 기지국간 이동시 통화 단절전 연결방식(Make Before Break)인 소프트(Soft) 핸드오프와 하나의 기지국 내에서 섹터간에 이루어지는 소프터(Softer) 핸드오프를 지원한다.

## 3.3 기지국의 형태

기지국은 보통 통화량과 서비스 영역을 기준으로 하여 옴니(Ommi) 셀과 섹터(Sector) 셀로 구분한다.

### 3.3.1 옴니(OMNI) 기지국

옴니(Ommni)란 말은 전방향을 의미하며, 기지국에서 전파가 전달될 때 특정 방향으로 전파되는 것이 아니고, 360도 전방향을 향해 전파가 전달되는 것을 말한다. 이와 같은 기지국은 360도 전방향을 서비스하기 위해 송신 안테나는 1개가 설치되어 있으며(수신 안테나는 2개), 보통 통화량이 적고 넓은 서비스 권을 요구하는 지역에 설치한다.

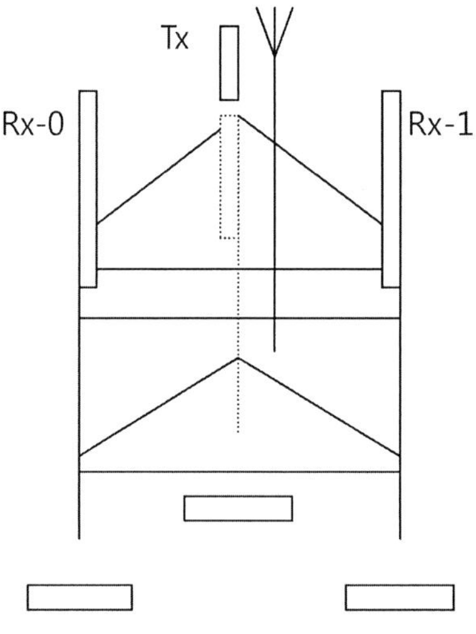


그림 3.2 **옴니 안테나 설치도**

### 3.3.2 섹터기지국

섹터(Sector)란 말은 부채꼴 모양이란 뜻으로, 옴니 기지국과는 달리 기지국에서 전파가 전달될 때 특정 방향으로만 전달되는 것을 의미한다. 안테나의 전파 방향은 안테나 특성에 따라 달라지는데 보통 전파의 전달을 위해 120도 방향으로 전달되는 안테나를 사용한다.

이와 같은 기지국은 송신 안테나가 섹터별로 1개씩 설치(수신안테나 2개)되며, 3섹터 기지국의 경우 송수신 안테나를 합해 최대 9개가 필요하다. 이와 같은 기지국은 보통 통화량이 많은 대도시 지역에 사용된다. 건물 옥상에 삼각형의 철탑을 설치하여 각 방향별로 안테나가 3개가 설치된 것을 볼 수가 있는데. 보통 가운데 위치한 것이 송신 안테나이며 좌우로 2개의 수신 안테나가 설치되어 있다. 보통 북쪽 방향으로 안테나 방향이 세워져 있는 것을 α섹터로 하며, 시계방향으로 차례대로 β, γ섹터로 정의한다.

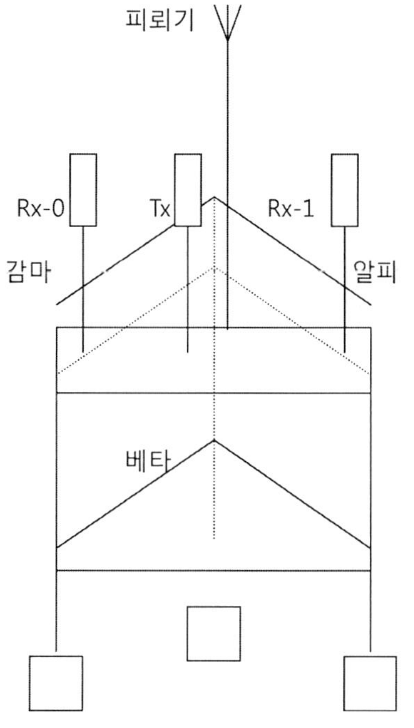


그림 3.3 **섹터기지국 설치도**

## 3.4 | 기지국의 구성요소

### 3.4.1 디지털 모듈

디지털 모듈은 다수의 통화 채널을 가지는 랙(Rack)으로 구성되어 있으며, 랙 내의 채널카드는 셀 내의 호처리를 담당하는 부분으로 이동단말기와 메시지를 서로 주고 받기 위해 사용한다.

### 3.4.2 RF 송수신 모듈

크게 하향 변환기, 상향변환기, 선형 증폭기 등의 3부분으로 나눌 수 있으며, 주요기능은 다음과 같다.

**하향변환기(Down Converter)**

안테나로부터 수신된 800MHz 셀룰라 이동전화망 수신 주파수를 기저대역 신호(4.95 MHz)로 변환하는 기능을 수행한다.

**선형증폭기(Linear Power Amplifier: LPA)**

800MHz의 상향변환기에서 FA별 약 17dBm 정도로 출력된 미약한 송신신호를 안테나를 통하여 전송하기 위해 선형 증폭기로 FA별 최대 25W로 증폭시키는 기능을 담당한다.

**상향 변환기(Up Converter)**

대역 확산된 기저대역 신호(4.95MHz)를 셀룰라 이동전화망에서 사용하는 800MHz대 주파수로 변환시킨다.

### 3.4.3 안테나부

이동통신 시스템에서는 기지국에서 이동국으로 메시지의 전달(순방향링크: Forward Link)을 위하여 1개의 송신(Tx) 안테나를 사용하며, 이동국에서 송출한 메시지를 기지국에서 받기 위해(역방향 링크: Reverse Link) 2개의 수신(Rx) 안테나를 일반적으로 사용하나 최근에는 다양한 안테나 종류와 RF 부품들이 개발되어 섹터당 1~2개 사용하는 경우가 늘어나고 있으며, 이는 도시미관에 대한 시민들의 의식제고와 전자파 장해에 대한 거부감을 최소화 하기 위한 측면이 많다.

안테나는 섹터 기지국을 위한 지향성 안테나와 옴니 기지국을 위한 무지향성 안테나로 나눌 수 있으며, 수신 안테나의 경우 셀 내의 여러 이동국에서 송신한 신호를 안테나를 통해서 최적의 상태로 수신할 수 있어야 하고, 송신 안테나의 경우는 증폭된 신호를 안테나를 통하여 효율적으로 송신할 수 있어야 한다.

특히 기지국용 안테나는 옥내 시스템이 아니고 옥외 시스템이므로 풍압, 강우, 낙뢰 등의 각종 천재지변에 대응할 수 있도록 기구적인 안정도가 고려되어야 한다. 기지국 출력 신호를 안테나에까지 전달하는 케이블을 급전선이라 하는데 안테나와 케이블의 연결시 방수처리, 부식 및 결빙에 특히 유의하여야 한다.

## 3.5 기지국의 종류

CDMA 기지국은 초기에는 표준형만 운용되었으나 경제적, 서비스 지역의 광역화, 기술의 발전에 의하여 표준형, Small BTS, Pico BTS등으로 크게 3가지 종류가 있다. 표 3.1은 초기 서비스를 시작할 때에 적용했던 비교 자료이다. 다시 말해서 서비스 제공 사업자의 사업 규모, 해당 시장상황에 따라서 기지국을 구분하는 요소들은 바뀔 수 있다는 점에 유의해야 한다.

### 3.5.1 초창기 기지국

표 3.1 **기지국 특성비교**

| 항목 | 표준 BTS | Pico-BTS | Small-BTS |
|---|---|---|---|
| TYPE | • 9FA/3Sector/OMNI | • 9FA/1Sector | • 1FA/OMNI |
| 트래픽 용량 | • 96채널/1FA/3Sector (최대 96x9Fa=864채널) | • 20채널/1FA (최대 20x9Fa=180채널) | • 48채널/1FA (최대16x3 =48채널) |
| 전송로 용량 | • 최대 8E1 | • 최대 4E1 | • 최대 1E1 |
| 설치장소 | • 실내전용 | • 실외전용 | • 실외전용 |
| 용 도 | • 가입자가 많은 지역<br>• 외곽지역에라도 FA당 가입자 수용이 많이 필요한 지역 | • 가입자가 적어 표준형 설치시 경제성이 부족한 지역 | • 가입자가 적은 산간 지역 |
| 장 점 | • 섹터형으로 구성할 경우 가입자 수용용량이 크다<br>• 섹터형이 가능하어 서비스에 리어를 지형에 따라 적용가능<br>• 출력이 크다(섹터별 240w) | • 도심지역 경제성이 없는 지역<br>• 옥외형으로 설치가 용이하고, 임대료가 저렴<br>• 트래픽 집중지역 호 분산에 용이 | • 경제성이 없으나 서비스가 필요한 산간 지역 용이<br>• 가격이 가장 저렴<br>• 옥외용으로 임대료가 저렴 |
| 단 점 | • 가격이 비싸다<br>• 실내용으로만 실치 가능하여 임대료가 비싸다.<br>• 장비설치 비용이 많다 | • 1fa당 20채널 용량으로 트래픽 수용용량이 적다<br>• 1Sector 전용으로 서비스 지역을 융통성 있게 가져갈 수 없다 | • 1FA/1Sector 전용으로 가입자 수용용량이 매우 적다<br>• FA 수가 많은 지역에는 설치할 수가 없다 |

## 3.5.2 기지국 셀 반경

전파가 일정한 거리로 전파되는 과정에서 발생하는 손실을 경로 손실이라 하는데, 이러한 손실 값에 의한 셀 반경을 가지고 분류한 기지국 형태이다.

### 가. 매크로 셀에서의 경로손실 특성

- 매크로 셀에서 송신 안테나가 높으나 서비스하는 영역이 넓기 때문에 주로 비(非)가시거리 통신이 이루어지므로 주로 회절파나 반사파에 의해서 통신이 되고 있음.
- 모든 방향으로 유사한 크기의 경로 손실을 가지므로 Coverage area가 대체로 원형임.
- 매크로 셀의 경우 경로손실은 거리에 약 3~5 승에 비례함.

### 나. 마이크로 셀에서의 경로손실 특성

- 마이크로 셀에서는 셀의 크기를 작게 하기 위하여 기지국 안테나 높이가 낮아짐에 따라서 송신파의 수신기로의 전송 경로도 변하여 수신신호의 전계강도 특성이 매크로 셀의 경우와는 크게 달라진다.
- 마이크로 셀에서는 가시거리 통신이 주가 되며, 송신 안테나가 낮아, 방향에 따라 전파 특성이 많이 다르므로 Coverage area가 원형이 아니고, 다이아몬드 형임.
- 이동국이 차량 탑재 혹은 사람이 들고 다니냐에 따라서도 전파 환경이 달라지므로, 서로 다른 예측 모델의 적용을 고려하는 것이 좋을 것이다.
- 마이크로 셀에서는 송수신기 간의 거리가 짧고, 안테나 높이가 낮아 지형 지물에 대하여 전형적인 협곡형태가 아니고는 환경 분류 및 통계적 표현이 어려움.

### 다. 옥내 경로손실 특성

- 옥내 무선 시스템을 위한 전파 전파 특성은 옥외의 시스템을 위한 전파전파 특성보다 여러 가지 면에서 매우 다름.
- 옥내 서비스 영역이 건물의 기하학적 구조에 의하여 정해지며, 건물 자체의 재질에 의하여 전파에 영향을 미치기도 함.
- 한 건물의 같은 층에서 주파수 재사용이 이루어질 뿐 만아니라 층간에도 주파수 재사용이 이루어지므로 3차원적 간섭이 발생하기도 함.
- 옥내에서의 경로손실은 공간 경로손실, 벽투과 손실, 층간투과 손실, 옥외-옥내 침투손실 등을 생각할 수 있음.
  - 공간환경은 각종 가구류 및 구조물에 따라, 손실 특성이 달라지며, 수신기 주위의 사람 등 이동하는 근접 장애물 또한 큰 영향을 미치고 있음.

- 복도환경은 가구류 같은 장애물이 별로 없고, 구조특성상 도파관 구실을 하여, 경로손실이 자유공간 경로손실보다 적음.
- 벽 투과손실은 벽의 재질, 두께에 따라 다름.

### 라. 특수환경에서의 경로손실 특성

- 특수환경으로서 터널에서는 실내의 복도와 마찬가지로 경로 손실이 도파관 효과로 자유공간의 경로손실 기울기보다 대체로 작아짐.
- 터널 내에서의 경로 손실은 직접파가 있는 경우, 거리의 1.5승에 반비례하고, 직접파가 없는 경우는 거리의 2승에 반비례함.

# CHAPTER 4

# 전파

인공적인 유도없이 자유공간을 퍼져나가는 전자파로서 국제전기통신연합이 정한 범위 즉 3,000GHz 이하의 주파수의 전자파를 전파라 정의한다.(전파법 제2조 제1호) (ITU Radio Regulation 1.5)

※ Radio waves or Hertzian waves: Electromagnetic waves of frequencies arbitrarily lower than 3,000GHz, propagated in space without artificial guide

그렇다면 주파수란 전파가 공간을 진행할 때 생기는 파동이 1초 동안 진동하는 횟수(단위: Hz, 헤르츠)로 정의할 수 있다.

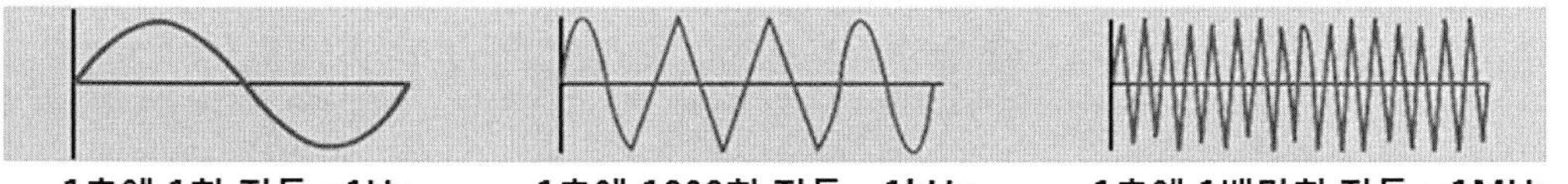

1초에 1회 진동 =1Hz　　1초에 1000회 진동 =1kHz　　1초에 1백만회 진동 =1MHz

그림 4.1 **전파의 기본 성질**

## 4.1 전파의 기본 성질

전파의 특성은 횡파이며 등속도, 반사와 굴절, 회절, 편파성, 간섭, 직진, 감쇠 등이 있으며, 기본적으로 전파의 전파(電波) 전파(傳播)의 현상은 다음과 같다.

- 간섭성: 동일 전파가 두 개 이상의 다른 통로를 거쳐 수신되면서 발생
- 편파성: 지구 자계에 의하여 전파의 세기가 타원편파의 유기전력이 변동
- 흡수성: 전리층을 전파가 통과, 반사시 전파의 감쇠
- 선택성: 전리층 이동에 따라 반송파와 측파대가 받은 감쇠량의 변동
- 도약성: 도약거리 근처에서 발생하며 전리층 투과, 반사시 발생

대표적으로 4가지의 성질을 나타낸다.

**가. 직진성:** 전파는 기본적으로 빛과 같이 직진하여 목적지에 도달하는 성질을 가지고 있으며, 이러한 성질은 중간에 다른 물체가 나타나기 전까지 그대로 유지된다. 직진성은 일반적으로 그 전파의 주파수가 높을수록 강하다.

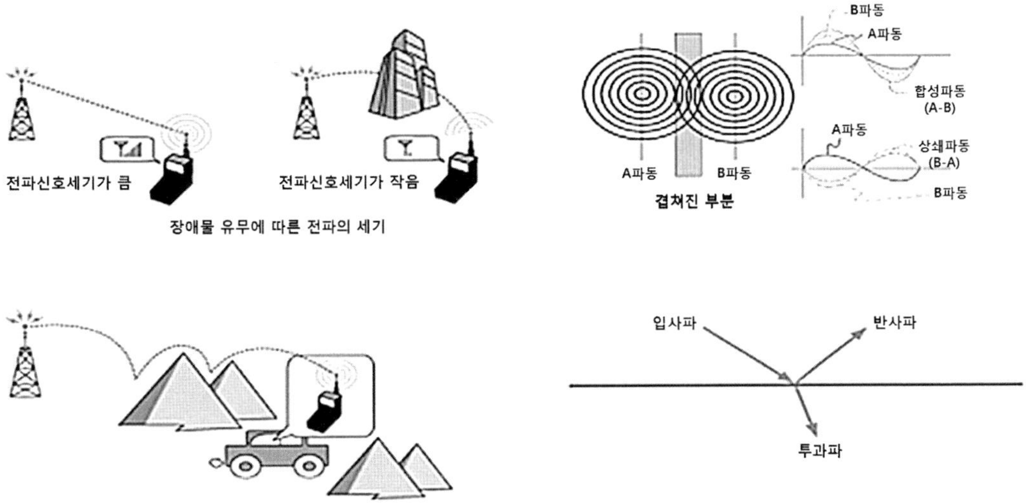


그림 4.2 **전파의 4가지 특성인 직진성(좌측상단), 간섭성(우측상단), 회절성(좌측하단), 반사성(우측하단)**

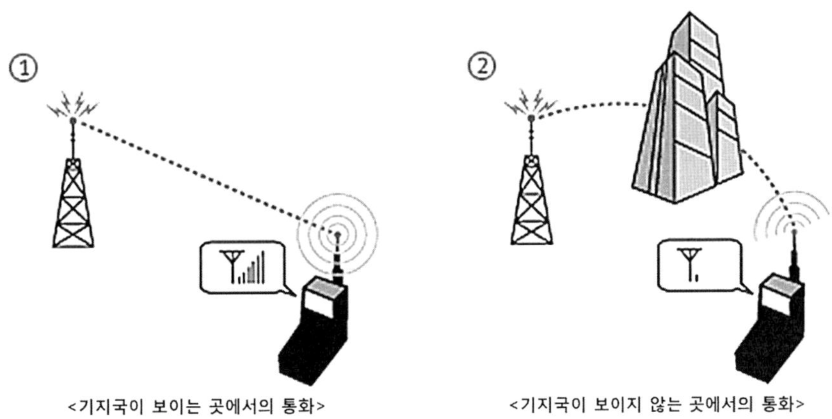


그림 4.3 **전파의 직진성: 전파가 공간에 일정한 속도로 곧게 퍼져 나가는 현상**

**나. 반사성:** 전파가 진행되다 중간에 다른 물체가 나타날 경우에는 그 물체에 튕겨져 나가는 반사적 성질을 가지고 있다. 반사성 역시 그 전파의 주파수가 높을수록 강하다.

**다. 간섭성:** 만약 전파의 전개 과정에서 두 전파가 겹칠 시에는 두 전파들의 위상 차이에 따라 결과가 바뀌어서 나타난다. 두 전파의 위상값이 같을 때는 두 전파의 진폭이 합쳐서 합성을 하게 되고, 전파의 위상값이 다를 때는 두 전파간의 간섭이 일어난다. 간섭이 일어날 시, 신호의 왜곡이 발생할 수 있다.

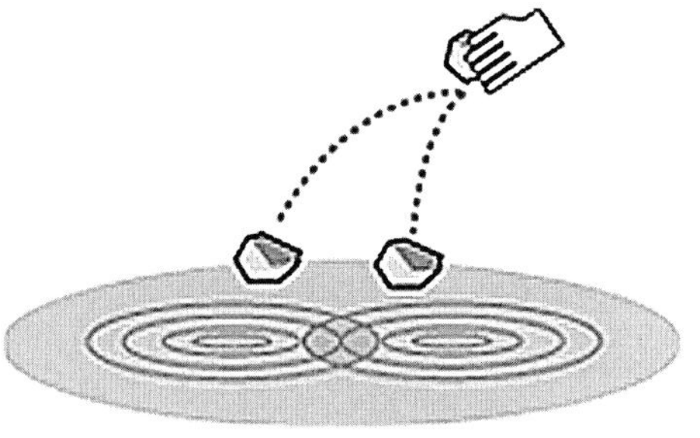

그림 4.4 **전파의 간접성**

**라. 회절성:** 회절은 일반적으로 파동에서만 나타나는 현상이다. 장애물을 만날 경우 그 뒤쪽까지 휘어 돌아 들어가는 현상이다. 전파 역시 파장이므로 전파도 회절성을 가지고 있다. 전파는 빛과 같이 직진하나, 전파가 도달할 수 없는 장애물 뒤 등의 직전경로가 성립되지 않을 경우, 휘어서 전파가 도달하는 특성을 가지고 있다. 기지국 사이에 무수히 많은 장애물이 존재함에도 불구하고 단말기로 신호를 전송 받을 수 있는 이유이기도 하다.

그림 4.5 **전파의 회절성**

## 4.2 전파의 품질

### 4.2.1 사용 주파수에 의한 구분

**가. 지정 주파수:** 무선국에서 사용하는 주파수의 중심주파수

**나. 기준 주파수:** 단측파대 통신이나 다중통신에서 주파수 측정 또는 주파수 허용편차를 나타내기 위한 주파수

**다. 특성 주파수:** 특정전파의 주파수를 측정할 경우 주어진 발사에 있어서 용이하게 식별하거나 측정할 수 있는 주파수

## 4.2.2 전파의 질적구분

**가. 주파수의 허용편차:** 점유하는 주파수대의 중심주파수와 지정주파수 사이에 허용될 수 있는 최대편차 또는 발사의 특성주파수와 기준주파수 사이에서 허용될 수 있는 최대 편차를 말함, 주파수, 국종, 공중선 전력의 크기에 따라 백만분율 또는 [Hz]로 표시

**나. 점유주파수 대역폭:** 상한의 주파수를 넘어서 복사되고 그 하한의 주파수 미만에서 복사되는 평균전력의 합이 총 평균전력의 0.5%와 각각 같은 주파수 대역폭

**다. 최대 주파수 편이:** 주파수 변조에 있어서 변조신호에 의한 반송파의 변화분을 주파수 편이, 반송파의 최고 변화분을 최대 주파수편이

## 4.2.3 Unwanted Emission

**가. 개요:** 불요발사는 필요 주파수대역 외에 원하지 않는 성분을 갖는 발사(Emission)

**나. 주파수대역에 따른 구분**

- 스퓨리어스 발사(Spurious Emission)
- 대역외 발사(Out-of-band Emission)

**다. 규정 방식**

- 스펙트럼 마스크 방법: ITU-R SM.1541, 서비스별로 송신기 발사 마스크 명시
- 인접채널 누설전력 방법: ITU-R SM.328, 대역외 영역에 대해 수치적분

## 4.2.4 Out-of-band Emission

**가. 개요:** 대역외 발사는 변조의 결과로써 생기는 필요 대역폭 바로 바깥쪽에 있는 1 이상의 주파수상으로의 불요발사를 말함.

**나. 이외에는 스퓨리어스 발사를 포함하지 않음**

## 4.2.5 Spurious, Spurious Emission

**가. 개요:** 무선 송신기에서 발사하는 전파에는 일반적으로 필요 주파수 대역 외의 영역에 존재하는 통상 스퓨리어스 라는 불요발사 주파수 성분이 있다.

※1 필요 주파수 대역 바깥쪽 주파수에서의 전파 발사

※2 정보전송에 필요한 변조과정에서 생기는 것(즉, 대역외 발사)은 이에 포함하지 않음

나. 스퓨리어스 발사란 필요 주파수대 외에서 1 이상의 주파수의 전파 발사로서, 그 발사레벨이 정보 전송에 영향을 주지 않고 저감할 수 있는 것으로써, 고조파발사(Harmonic Emission), 기생발사(Parasitic Emission), 상호변조파 곱(Intermodulation Emission) 등이 이에 포함된다.

- 고조파 발사: 송신기에서 발사하는 반송주파수(기본파)의 정수배(2f, 3f, 4f, ………, nf)에 해당하는 고조파의 전파발사로서 변조에 의한 측파대 포함
- 저조파 발사: 송신기에서 발사하는 반송주파수(기본파)의 정수배의 1(f/2, f/3, ……,f/n)에 해당하는 저조파의 전파발사로서 변조에 의한 측파대 포함
- 기생발사: 송신기에서 필요 주파수 외의 전파가 발사되는 것, 기생진동
- 상호 변조파: 발사주파수가 f1인 송신기 내에 f2 주파수 성분이 가까운 송신기에서 직접 들어오면 발사 주파수 이외의 주파수가 발사되는 것

### 4.2.6 ACLR(Adjacent Channel Leakage Ratio, 인접채널누설비, 인접채널누출비, 채널누설전력비)

가. 개요: ACLR은 불요파 방사(불요발사)의 量을 측정하기 위한 것으로써,

- 중심주파수에서 일정 구간 떨어진 특정 Offset 주파수와의 전력 레벨 차이(dBc)
- 자신의 반송파 신호에 의해 인접한 반송파 주파수대역으로 유기되는 전력비율

나. 주로 방사 스펙트럼 마스크(Spectrum Mask) 등에 의해 ACLR 요구조건을 제시하게 됨

### 4.2.7 ACPR(Adjacent Channel Power Ratio 인접채널전력비)

가. 개요: ACPR은 CDMA와 같은 디지털 이동통신 방식에서 인접 채널로 유기되는

**전력세기의 정도를 말한다.**

※1 ACLR은 전력증폭기의 차단점(IP, Intercept Point)에 의해 크게 좌우된다.

여기서, IP는 입력 신호 크기로부터 왜곡이나 상호변조 성분 레벨을 계산하기 위한 회로나 시스템의 선형성 측정값이다.

### 나. 전파 법규 규정

- PCS - 중심주파수에서 ±885 kHz 떨어진 곳에서 −45 dB 이하
  - 중심주파수에서 ±1.98 MHz 떨어진 곳에서 −55 dB 이하
  - 중심주파수에서 ±2.25 MHz 떨어진 곳에서는 절대레벨이 −13 dBm/1 MHz 이하
- 셀룰러 - 중심주파수에서 ±750 kHz 떨어진 곳에서 −45 dB 이하
  - 중심주파수에서 ±1.98 MHz 떨어진 곳에서 −60 dB 이하
  - 중심주파수에서 ±3.125 MHz 떨어진 곳에서는 절대레벨이 −13 dBm/100 kHz 이하

## 4.2.8 Spectrum Mask

가. **개요:** 스펙트럼 마스크는 전파 신호의 점유대역폭을 평가하기 위해 스펙트럼 상에 측정 신호 또는 서비스의 기준 마스크를 정하여 실제 신호의 모양과 비교하기 위한 것(ITU-R SM.1268)

나. Occupied Bandwidth 점유 주파수대역폭, 점유 주파수대폭 4.2.9. C/N, CN, CNR (Carrier to Noise Ratio, 반송파대잡음비, 캐리어대잡음비)

## 4.2.9 C/N, CN, CNR(Carrier to Noise Ratio, 반송파 대 잡음 비, 캐리어 대 잡음 비)

가. **개요:** 반송파 대 잡음 비는 아날로그 무선 전송계에 있어서 반송파와 잡음의 전력 크기의 비(比)를 나타낸 것으로 통상 데시벨(dB)로 나타낸다.

나. 아날로그 무선전송은 정보신호 대부분이 RF 캐리어(반송파)에 실리기 때문에 반송파 대 잡음 비는 성능평가에 좋은 매개변수가 된다.

### 다. 측정하는 위치

- S/N은 수신측에서 복조 후에 측정되는 것이고,
- C/N은 수신측에 잡음이 첨가되기 직전인 안테나 단에서 측정된다.

### 라. 잡음 전력의 크기를 취하는 방법

- 임펄스 잡음인 경우 피크치,
- 랜덤성 잡음인 경우에는 실효치를 취하는 등 경우에 따라서 다름에 주의해야 함

### 마. 성능지수

- 반송파 대 잡음비는 아날로그 무선통신시스템의 성능 지수를 나타내는 중요한 지수이다.

## 4.3 전파(電波)의 전파(傳播)

전파 전파(Radiation Propagation)

- 무선 방식의 설계는 통신에 필요한 송신 전력, 서비스 영역의 크기 결정, 서비스 구역 내에서의 통신 품질등이 주요 설계 파라미터이다.
- 무선 방식의 설계 파라미타 이해를 위한 기본 사항: 전파 전파 특성
  - 직접파 경로
  - 반사(reflection)파 경로
  - 회(굴)절(diffraction)파 경로
  - 산란(scattering)파 경로

송신기에서 수신기까지의 전파 손실 모델 결정이 중요한 issue이다.

- 이론적 전파 모델
- 실험적인 모델
- 하이브리드 모델
- 이론적모델

1) 자유 공간에서의 손실(loss)

자유공간에서의 수신 전력($Pr$) 대 송신 전력($Pt$)의 비는 안테나 이론에 의해 다음과 같이 주어진다.

$$\frac{P_r}{P_t} = \frac{G_t \times G_r \times \lambda^2}{(4\pi R)^2}$$

여기서

- $G_t$ = 송신 안테나 이득
- $G_r$ = 수신 안테나 이득
- $\lambda$ = 반송파의 파장(m)
- $R$ = 송신기와 수신기 사의 거리(m)

따라서 전파 손실 L(loss)을 dB로 표현하면

$$L = P_t - P_r = -10\log_{10}G_t - 10\log_{10}G_r - 20\log_{10}\lambda + 20\log_{10}d + 21.98[\text{dB}]$$

I) 등방형 안테나의 경우 $G_r = G_t = 1$을 사용, 주파수 $f$ ($f\lambda = c$)를 MHz,
거리를 km 단위로 환산하면

$$L = 20\log 10f + 20\log 10d + 32.44[\text{dB}]\ (2 - 11)$$

$$L = 20\log f + 20\log d + 32.44[\text{dB}]\ (2 - 11)$$

2) 대지 반사파(Two-ray model)손실

송신기로부터 $d$ 만큼 떨어진 수신기에서의 수신 전력은

$$P_r = P_t \times G_t \times G_r \frac{h_t^2 \times h_r^2}{4R}$$

전파 손실 $L$은

$$L = -10\log_{10}G_t - 10\log_{10}G_r - 20\log_{10}(h_t h_r) + 40\log_{10}d$$

여기서

- $d$ = 송수신기간의 거리(m)
- $h_t$ = 송신안테나 높이(m)
- $h_r$ = 수신안테나의 높이(m)

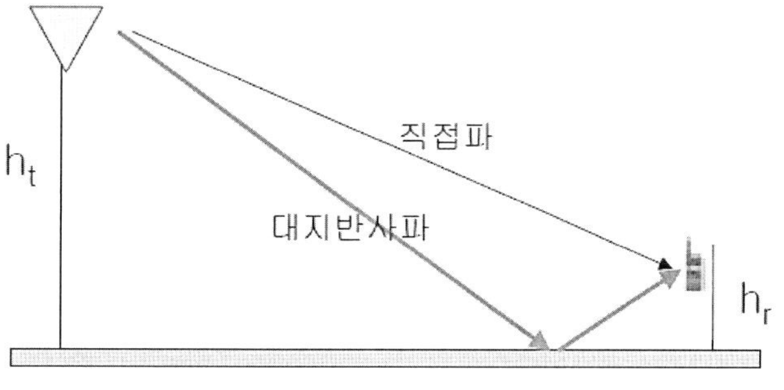


그림 4.6 **직접파와 대지반사파 경로**

3) 송수신 안테나 사이에 산이나 건물 등의 장애물이 가로 놓여 있는 경우 회절파에 의해 전파 도달되는 Knife edge 회절 손실과 자유 공간에서의 손실과 거의 동일한 수면 위로의 손실도 고려해야 한다. 또한 셀 크기를 설계할 때에는 계절에 따른 변화를 고려해야 하는데,
   - 나뭇잎 손실은 주파수의 4제곱 법칙에 반비례한다.
   - 수평 편파는 수직 편파보다 군엽으로 인한 손실이 적다.
   - 송수신 안테나가 나무 높이보다 높은 경우 지연 확산(delay spread) 현상이 커진다.
   - 셀 설계시 나뭇잎 지역을 피할 수 없으면 최소한 나뭇잎으로 인한 나니프 엣지 회절 손실 모델로 정량화되어야 하며 적정 안테나 높이 확보 필요하다.

전파의 전파 특성으로 인하여 비교적 주파수가 낮은 대역에서는 전파가 지표면을 따라 잘 전송되는 특징이 있어서 비교적 먼 거리까지 전송이 가능하다. 중파 AM 방송도 지표파의 특성 때문에 비교적 먼 거리까지 전송이 가능한 특징이 있다.

그러나 단파대에서는 지상 100km~450km 상공에 있는 전리층에 의하여 전파가 반사되어 아주 멀리까지 전파가 도달되며, 지구의 반대편까지도 전송할 수 있어서 원양어선 같은 해양 통신에 잘 활용이 되고 있다.

또한 VHF 이상의 통신에서는 가시거리 통신을 기본으로 하지만 UHF 대를 이용하는 육상 이동통신에서와 같이 직진파 외에도 회절, 반사, 투과 성분 들의 손실이 작은 경우에도 통신이 이루어질 수 있다.

마지막으로 마이크로파대 및 밀리미터파대에서는 회절, 투과에 의한 전파손실이 크기 때문에 거의 가시거리 통신을 요구한다.

특히 이 대역에서는 대기, 강우 감쇠의 손실이 매우 크기 때문에 망을 설계할 때는 반드시 대기, 강우감쇠 손실을 고려하여야 설계해야 한다.

이처럼 여러가지 요인에 의하여 수신기가 송신기로부터 거리가 멀어짐에 따라서 발생되는 전력손실을 경로손실이라 한다. 이동통신과 같이 가입자의 단말기가 움직이면서 통신을 하는 경우에는 직진 경로뿐만 아니라 반사나 회절에 의하여 전파가 수신되기 때문에 전파의 경로손실은 자유공간의 기본적인 손실과는 많이 달라진다. 또한 Break point(Line-of-Sight 지형지물 차폐지점, 첫 번째 Fresnel Zone 차폐지점) 전후에서 경로손실 기울기가 크게 다르다.

- 수신기의 성능: 한계 신호 대 잡음비 Eb/N0 혹은 Ec/I0(파이로트 채널에서의 신호 대 잡음비)
- 셀 반경의 결정: 기지국의 송신 신호가 전파 전파 감쇠를 거쳐 도달하는 신호의 세기 + 열잡음 + 단말기 내부 회로 잡음 비율이 임계값 이상을 유지하는 거리(그림 2-30 참조)
- Macro-cellular nets, with cell radius 1 - 30 km
- Micro-cellular net, with cell radius 200 - 2000 m
- Pico-cellular nets, with cell radius 4 - 200 meter

이러한 전파 전파 특성을 고려하여 세계이동통신단체(International Mobile Telecommunications)에서 정의한 Service Coverage Sector [Cell]에 대하여 살펴보자.

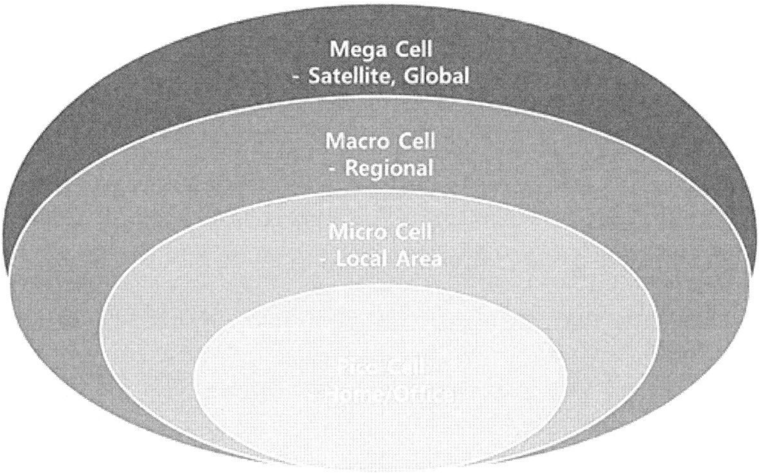


그림 4.7 **Service coverage sector**

### 가. 매크로 셀에서의 경로손실 특성

- 매크로 셀에서 송신 안테나가 높으나 서비스하는 영역이 넓기 때문에 주로 비(非)가시거리 통신이 이루어지므로 주로 회절파나 반사파에 의해서 통신이 되고 있음.
- 모든 방향으로 유사한 크기의 경로 손실을 가지므로 Coverage area가 대체로 원형임.
- 매크로 셀의 경우 경로손실은 거리에 약 3~5 승에 비례함.

### 나. 마이크로 셀에서의 경로손실 특성

- 마이크로 셀에서는 셀의 크기를 작게 하기 위하여 기지국 안테나 높이가 낮아짐에 따라서 송신파의 수신기로의 전송 경로도 변하여 수신신호의 전계강도 특성이 매크로 셀의 경우와는 크게 달라진다.
- 마이크로 셀에서는 가시거리 통신이 주가 되며, 송신 안테나가 낮아, 방향에 따라 전파 특성이 많이 다르므로 Coverage area가 원형이 아니고, 다이아몬드 형임.
- 이동국이 차량 탑재 혹은 사람이 들고 다니냐에 따라서도 전파 환경이 달라지므로, 서로 다른 예측 모델의 적용을 고려하는 것이 좋을 것이다.
- 마이크로 셀에서는 송수신기 간의 거리가 짧고, 안테나 높이가 낮아 지형지물에 대하여 전형적인 협곡형태가 아니고는 환경 분류 및 통계적 표현이 어려움.

### 다. 옥내 경로손실 특성

- 옥내 무선 시스템을 위한 전파 전파 특성은 옥외의 시스템을 위한 전파 전파 특성보다 여러 가지 면에서 매우 다름.

- 옥내는 서비스 영역이 건물의 기하학적 구조에 의하여 정해지며, 건물 자체의 재질에 의하여 전파에 영향을 미치기도 함.
- 한 건물의 같은 층에서 주파수 재사용이 이루어질 뿐 만아니라 층간에도 주파수 재사용이 이루어지므로 3차원적 간섭이 발생 하기도 함.
- 옥내에서의 경로손실은 공간 경로손실, 벽투과 손실, 층간투과 손실, 옥외-옥내 침투손실 등을 생각할 수 있음.
  - 공간환경은 각종 가구류 및 구조물에 따라, 손실 특성이 달라 지며, 수신기 주위의 사람 등 이동하는 근접 장애물 또한 큰 영향을 미치고 있음.
  - 복도환경은 가구류 같은 장애물이 별로 없고, 구조특성상 도파관 구실을 하여, 경로손실이 자유공간 경로손실보다 적음.
  - 벽 투과손실은 벽의 재질, 두께에 따라 다름.

라. 특수환경에서의 경로손실 특성

- 특수환경으로서 터널에서는 실내의 복도와 마찬가지로 경로 손실이 도파관 효과로 자유공간의 경로손실 기울기보다 대체로 작아짐.
- 터널 내에서의 경로 손실은 직접파가 있는 경우, 거리의 1.5승에 반비례하고, 직접파가 없는 경우는 거리의 2승에 반비례함.

## 4.4 전파 모델(Propagation Model)

자유공간의 전파 모델(Free Space Loss)이란 이상적인 자유공간에서 거리에 대한 신호의 감쇄만을 고려한 모델이며, 아래와 같은 예측 모델들이 있다.

- Friss Model
- Egli Model
- Okumura Model
- Lee Model
- Hata Model
- Allsebrook Model
- Ibrahim & Parsons Model
- Carey Model
- Knife-Edge Diffraction Model
- Longley-Rice Model 등

전파 송신 출력과 거리에 따른 수신 전계 강도 즉, 전파의 감쇄 특성은 파장의 제곱에 비례하고, 거리의 제곱에 반비례 함(자유공간).

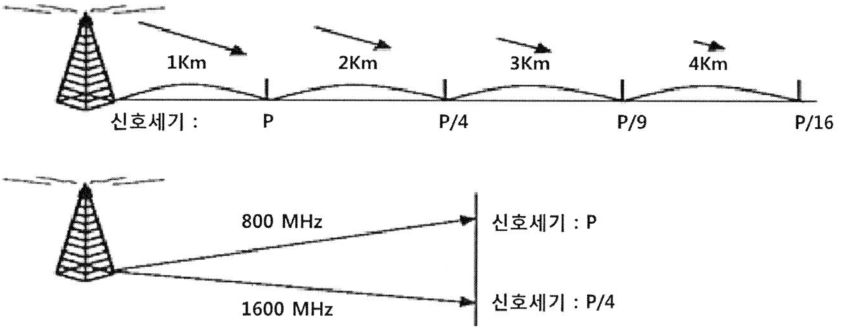


그림 4.8 **거리 및 주파수별 수신 신호 세기**

Cellular 대역 대비 PCS 대역의 상대적 손실

- PCS 추가 손실 $= 10\log(1800/800)^2 + n$

  = 약 9 dB 손실(도심)

  = 약 7 dB 손실(교외)

  $n$ = 도심에서는 0, 교외에서는 0.6 적용

$$수신전력(P_r) = \frac{송신전력(P_t) \times \lambda^2}{(4\pi \times d)^2}$$

## 4.4.1 Friss Model

송신기와 수신기 사이에 장애물이 존재하지 않고, 가시선(LOS: Line Of Sight)을 따라서 전파가 전파될 때 자유공간 전파라 하고, Friss의 자유공간 손실 공식은 무선 통신시스템의 설계와 해석에 적용됨.

자유공간에서 전파가 전송될 때 전파의 전력을 기준으로 모델링 되는데, 송·수신 전력과 안테나 사이의 거리, 사용파장, 송·수신 안테나 이득과의 관계를 나타내는 식임.

$$P_r = P_t \frac{G_t \times G_r \times \lambda^2}{(4\pi R)^2} = \left(\frac{\lambda}{4 \times 3.14R}\right)^2 \times G_t \times G_r \times P_t$$

- $P_r$: 수신전력[w]
- $\lambda$: 이용 파장(c/f)[m]
- $R$: 송·수신점간의 거리[m]
- $G_t$: 송신안테나의 전력이득[dB]
- $G_r$: 수신안테나의 전력이득[dB]
- $P_t$: 송신전력[w]

**Free Space Loss 산출하기**

$$P_R[\text{dBm}] = P_T[\text{dBm}] + G_T[\text{dB}] + G_R[\text{dB}] - 20\log_{10}R[\text{km}] - 20\log_{10}f[\text{MHz}] - 32.44$$

$$P_R[\text{dBm}] = P_T\frac{G_T G_R \lambda^2}{(4\pi R)^2}$$

$$P_R = P_T + Gt + Gr - FSL$$

$$FSL[\text{dBm}] = 20\log_{10}R[\text{km}] + 20\log_{10}f[\text{MHz}] + 32.44$$

$$FSL[\text{dBm}] = \left(\frac{4\pi d}{\lambda}\right)^2 = \left(\frac{4\pi fd}{C}\right)^2 \qquad \because \lambda = \frac{C}{f}(m)$$

**EIRP: 공중선에서 복사되는 전력**

$\text{EIRP[dBi]} = P_T[\text{dBm}] + G_T + [\text{dBm}] - L_C[\text{dBm}]$

($P_T$:송신전력, $G_T$:송신안테나의 전력이득, $L_C$:Cable Loss)

$\text{EIRP[W]} = P_T[\text{W}]\,3G_T[\text{W}]\,3L_C[\text{W}]$

($P_T$:송신전력, $G_T$:송신안테나의 전력이득, $L_C$:Cable Loss)

예제 다음 조건 환경에서 수신기(단말기)가 1Km 지점에 있을 때, 수신되는 신호의 크기를 구하라.

조건 ①송신기 출력: 10W ②운용주파수: 900MHz
③단말기 수신지점: 1,000m ④송신안테나 이득: 3dB
⑤송신기(HPA)~안테나 간 케이블 길이: 10m, Cable Loss=1.0dB/m

$$\text{송신기출력} = 10\text{W} = 10\log\frac{10\text{W}}{1\text{mW}} = 40\text{dBm}$$

$$\text{송신안테나이득: } 3\text{dB} = 10\log 10^{0.3} \Rightarrow 10^{0.3}_{(10)}$$

$$\text{Cable Loss} = 1.0\text{dB/m} \times 10\text{m} = 10\text{dB}$$

$$\lambda[\text{m}] = \frac{C}{f} = \frac{3 \times 10^8}{900 \times 10^6} = 0.33\text{m}$$

⟨*FSL*⟩

① $FSL[\text{W}] = \left(\frac{4\pi d}{\lambda}\right)^2 = \left(\frac{4\pi f d}{C}\right)^2$

$$= \left(\frac{4 \times 3.14 \times 900 \times 10^6 \times 1000}{3 \times 10^8}\right)^2 = (37680)^2 = 0.14 \times 10^{10}$$

$$FSL[\text{dB}] = 10\log(0.14 \times 10^{10}) = 91.46[\text{dB}] \Rightarrow 10\log\left(\frac{0.14 \times 10^{10}\text{W}}{1\text{mW}}\right) = 121\text{dBm}$$

② $FSL[\text{dB}] = 20\log R[\text{Km}] + 20\log f[\text{MHz}] + 32.44$

$$= 20\log 1[\text{Km}] + 20\log 900[\text{MHz}] + 32.44$$

$$= 0 + 59 + 32.44 = 91.44[\text{dB}]$$

### 4.4.2 Lee Model

전파가 자유공간을 통해 직접 전파되지 않고, 빌딩, 나무, 언덕 등으로 인해 회절과 반사를 반복하여 수신점에 도달하는 경우, 경로 손실을 구할 때 이용함.

육상의 Macro cell에 적용함.

Lee Model은 두 가지 성분을 갖는데 첫째는 지역 대 지역 경로손실 예측 모델이고, 둘째는 지역 대 지역 경로손실을 기초로 하여 점 대 점 예측을 함.

지역 대 지역 전파손실 예측모델은 특정 지형에 관계없이 일반적인 평탄한 지형에서의 전파 경로에 대한 손실임.

$$P_r = -61.7 - 38.4\log r - n\log\left(\frac{f}{900}\right) + a_0\text{dBm}\ (\text{준시가지})$$

$$= -70 - 36.8\log r - n\log\left(\frac{f}{900}\right) + a_0\text{dBm}\ (\text{필라델피아})$$

$$= -64 - 43.1\log r - n\log\left(\frac{f}{900}\right) + a_0\text{dBm}\ (\textit{Network})$$

$$a_0 = 20\log\left(\frac{h_1}{100}\right) + 10\log\left(\frac{P_t}{10w}\right) + (g_1 - 4) + g_2 + 10\log\left(\frac{h_2}{10}\right)$$

$$= 20\log h_1 + 10\log P_t + g_1 + g_2 + 10\log h_2 - 64$$

- $P_r$: 수신신호전력[W]
- $h_1$, $h_2$: 각각 기지국과 이동국의 안테나 높이[m]
- $P_t$: 송신신호전력[W]
- $a_0$: 보정인자로 $P_t$, $h_1$, $h_2$, $g_1$, $g_2$의 함수
- $f$: 사용주파수[MHz]
- $g_1$, $g_2$: 각각 기지국과 이동국의 안테나 이득[dB]
- $n$: 환경(지형, 주파수)의 함수

### 4.4.3 Hata Model

전파가 자유공간을 통해 직접 전파되지 않고 빌딩, 나무, 언덕 등으로 인해 회절과 반사를 반복하여 수신점에 도달하는 경우 경로 손실을 구할 때 이용함.

육상의 Macro cell에 적용

도시환경의 Macro cell에 적용

Hata모델은 Okumura에 의해 제공된 그래픽 경로손실 데이터의 경험적 공식화 과정에서 나온 결과

Hata는 도심지역 전파 경로 손실 표준화 공식을 제공했고 다른 환경으로의 응용이 가능하도록 수정 공식을 도입했음.

$$L_p = -k_1 - k_2 \log f + 13.82\, h_b + a(h_m) - (44.9 - 6.55 \log h_b) \log d - K_a$$

$L_p$: 경로손실[dB]

$f$: 반송파 주파수[MHz]

$h_b$: 기지국 안테나 높이[m]

$h_m$: 이동국 안테나 높이[m]

$d$: 기지국과 이동국 간의 거리[Km]

적용조건: $h_b$가 30m~200m 일 것,

$h_m$이 1m~10m 일 것,

$d$는 1Km~20Km 일 것

$a(h_m) = [1.1 \log f - 0.7]hm - [1.56 \log f - 0.8]$: 도시에 적용

$a(h_m) = 3.2 [\log(11.75hm)]^2 - 4.97$: 도심에 적용

$K_0 = 0$: 도시

$K_0$ = 3dB: 도심

$K_1$ = 69.55, $K_2$ = 26.16: 이용하는 주파수가 150MHz ~ 1000MHz 일 때.

K1 = 46.3, K2=33.9: 이용하는 주파수가 1500MHz ~ 2000MHz 일 때.

## 4.5 공중선(안테나)

### 4.5.1 공중선

전파를 공간에 복사시키거나 공간의 전파를 수신하기 위하여 공간에 세워진 일정한 길이의 도선 또는 도체송신에 사용하는 것은 송신공중선, 수신에 사용하는 것은 수신공중선, 중선의 일단을 접지하는 것은 접지공중선, 양단을 모두 접지하지 않은 것은 비접지공중선

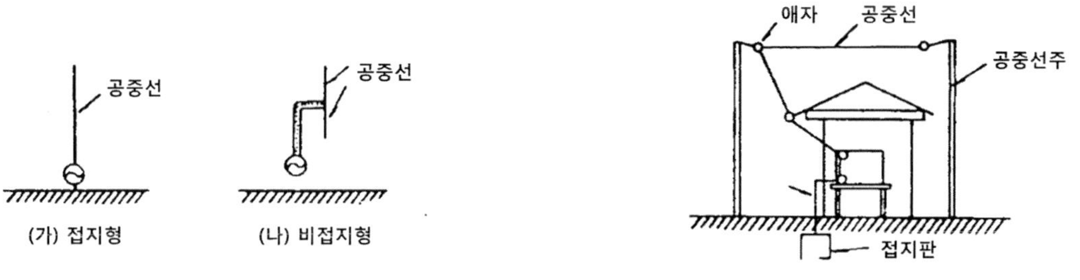


그림 4.9 **공중선(좌), 접지형 공중선(우)**

#### 안테나의 접지방식

- 육상: 심굴접지 – 땅속 깊이 동판을 매설하는 접지방식
- 목선 또는 FRP 선박: 클수록 좋지만 보통 1m × 35cm 정도의 동판 접지판 을 해수가 닿는 곳에 설치하고 접지판에서 폭 5cm, 두께 0.3~0.5mm의 동판을 통신실까지 연결
- 철선: 주 송신기 근처와 보조송신기(수신기) 근처에 접지단자를 만들고 직경 3cm 정도의 황동체의 볼트를 선체에 전기용접
- 급전선: 송신기와 공중선을 접속하여 전력을 전송하기 위한 동축케이블

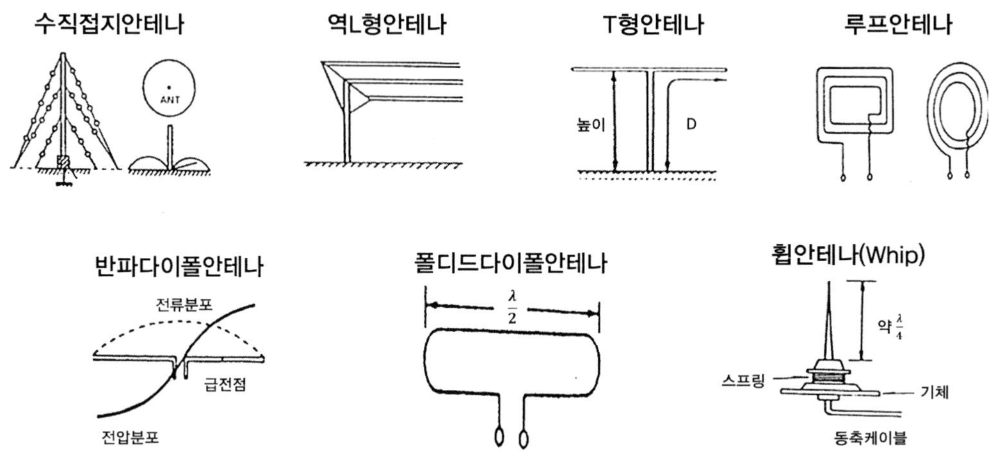


그림 4.10 **공중선(안테나)의 종류**

## 4.5.2 안테나 종류

- 주파수에 따른 분류
  - 장파, 중파용: 접지 안테나, 루프 안테나 등
  - 단파용: 반파장 다이폴 안테나, 롬빅 안테나 등
  - 초단파용: 헬리컬 안테나, 야기 안테나 등
  - 극초단파용: 혼 안테나, 단일 슬롯안테나, 파라볼라 안테나, 반사판 안테나, 카세그레인 안테나, 렌즈 안테나, 혼 리플렉터 안테나 등
- 동작 원리에 따른 분류
  - 정재파 안테나: 안테나 도선에 정재파를 태우고 공진시키는 대부분의 안테나
  - 진행파 안테나: 안테나 도선 상에 정재파만 존재하는 안테나, 롬빅 안테나, 피쉬본 안테나, 헬리컬 안테나 등
- 특성에 따른 분류

* 방사 패턴에 따른 분류

- 등방성 안테나: 모든 방향으로 균등하게 방사
- 무지향성 안테나: 한 평면 위에서 일정한 패턴으로 방사
- 선 안테나(Wire Antenna)
  직선형: 다이폴 안테나
  루프형: 루프안테나
  나선형: 헬리컬 안테나(Helical Antenna)
- 개구면 안테나
  혼 안테나(Horn Antenna), 렌즈 안테나, 또는 파라볼라 안테나 등

- 반사판 안테나
  파라볼라 안테나(Parabolic Antenna)
  배열 안테나 등

• 응용 분야에 따른 구분
  - 위성방송
    파라볼라 안테나, 렌즈 안테나, 슬롯 안테나 등
  - 이동통신 기지국
    Omni–Directional 안테나, 섹터 안테나, 적응배열 안테나(스마트 안테나), 복편파 안테나, 파라볼라 안테나 등
  - 이동통신 이동국(단말)
    Retractable 안테나, 고정 나선형 안테나, 슬리브 안테나 등
    이동통신용 단말기 안테나는 통상 헬리컬 안테나 및 모노폴 안테나의 결합형을 사용한다. 그 구조는 길이가 각각 λ/4의 변형인 헬리컬 안테나와 모노폴 형태의 Whip 안테나로 결합 구성된다.

### 4.5.3 공중선 이론

#### Antenna Radiated Power(안테나 복사전력, 복사성 전력)

1. 개요: 안테나 복사성 전력은 안테나 급전점에서 측정되는 공중선 전력과는 달리 실질적으로 공간에 전파되는 전파 출력 전력을 그 대상으로 한다.

• 안테나는 형태에 따라 각각의 안테나 이득을 갖고 있기 때문에,
• 이득이 큰 안테나 일수록 송신출력을 줄일 수 있으므로,
• 공급된 송신출력과 안테나의 이득을 곱한 값을 공간상의 안테나 복사전력으로 함

2. 산출식 $P = P_t \times G_t$ [W] $= 10[\log G_t + \log P_t]$ [dB]

   ($P$: 복사전력, $P_t$: 송신기 출력, $G_t$: 안테나의 이득)

3. 구분

• 기준되는 안테나 종류에 따라,
  - 등가등방복사전력(EIRP) 및 실효복사전력(ERP)으로 구분
• ERP 및 EIRP 비교 ERP = EIRP + 2.15 dB

| 구 분 | ERP | EIRP |
|---|---|---|
| 명칭 | 실효복사전력 | 실효등방성복사전력 |
| 기준안테나 | 반파장 안테나 | 등방성 안테나 |
| 적용이득 | 상대이득(Ga) | 절대이득(Gh) |
| 이득단위 | dBd | dBi |
| 적용범위 | 대부분 1GHz 이하 | 대부분 1GHz 이상 |
| 산출식 | P = Pt × Ga | P = Pt × Gh |
| 크기 | EIRP의 1.64배(2.15dB) | EIRP |

## EIRP, E.I.R.P (Equivalent Isotropic Radiated Power, Effective Isotropic Radiated Power 등가등방복사전력, 실효등방성복사전력, 유효등방성복사전력)

**가. 개요**: EIRP는 공중선에서 복사되는 전력(Antenna Transmitted Power)을 말하나,

- 좀더 구체적으로는
  - 안테나에 공급되는 전력과 주어진 방향으로 등방성 안테나 이득(절대이득)과의 곱
  - 안테나에 전달된 순전력에 주어진 방향으로 송신안테나 절대이득을 곱한 값
  - 안테나 복사 전력, 안테나 이득, 안테나 이득 단위

**나. 표현식**

- EIRP = $P_t \times G_a$ ($P_t$: 안테나 출력, Transmitter Power; $G_a$: 안테나 이득 )

**다. 참고사항**

- 실제적으로 EIRP보다는 실효복사전력(ERP: Effective Radiated Power)를 많이 사용

## ERP, E.R.P Effective Radiated Power 실효복사전력, 유효복사전력

**가. 개요**: 실효복사전력이란 안테나에서 복사된 전력을 말하나, 좀더 구체적으로는

- 안테나에 공급되는 전력과 주어진 방향에서 반파장 다이폴 안테나 이득과의 곱
- 주어진 방향에 대해 최대 세기 방향으로 복사되는 전력
- 안테나 복사 전력(Antenna Radiated Power), 공중선 전력, 안테나 이득, 안테나 이득 단위 참조

**나. 참고사항**

- E.R.P – E.I.R.P + 2.15dB

※ 여기서, 2.15는 다이폴 안테나의 이득

- 무선규칙(Radio Regulation)에서는 공중선에서 복사된 전력을 E.R.P(Effective Radiated Power, 실효복사전력)로 하여, 공중선에 공급되는 전력과 상대이득(반파장 다이폴 안테나를 기준으로 함)의 곱으로 정의하고 있다.

## Antenna Gain 안테나 이득, 공중선 이득

1. 개요

- 안테나 이득은 안테나에 급전되는 가용 전력을 얼마나 공간 방사 전력으로 변환시킬 수 있는가를 나타내는 능력
  - 전송선로에서 안테나 급전점으로 공급된 전력이 공간으로 방사되는 능력

※ 안테나를 공간 증폭기라고도 표현하기도 함

2. 추가설명

- 단지 방향만 고려하는 지향성(도) 보다는 보다 포괄적으로 입출력 전력 비를 다룸
- 안테나 내부구조로 인한 저항성 손실(도전율, 유전체 손실 등)을 포함하는 개념
  - 에너지를 주어진 방향으로 기준되는 안테나에 비해 얼마나 집중시킬 수 있는 능력에 손실까지를 포함하는 개념이라고 할 수 있음
  - 안테나 형상에 따라 다르며, 결국 이득이 클수록 송신 출력을 줄일 수 있음

3. 이득(Gain) 및 지향성(Directivity) 간의 차이

- 이득: 주어진 방향으로 지향성 및 복사효율을 곱한 것
  - 주로, 주어진 방향으로 기준 안테나에 대한 복사 전력의 비로 나타냄
- 지향성: 주어진 방향에서의 복사세기 대비 전방향 평균 복사세기와의 비
  - 즉, 순전히 방향에만 따른 이득의 비

※ 이 둘 모두가 방향에 따라 변화되므로 특별한 언급이 없으면,
  - 이득 및 지향성 모두 최대값(최대복사방향)을 의미함

4. 정의 및 공식

- 안테나 이득 정의
  - 주어진 방향으로 안테나의 단위 입체각 당 방사 전력과 이와 동일 전력을 사용하여 등방성 안테나 또는 반파장 다이폴 안테나의 단위 입체각 당 방사 전력과의 비
  - 최대 복사 방향(Boresight)에서의 기준 안테나와의 단위 입체각 당 방사 전력 比
- 안테나 이득에 대한 公式

  (절대이득의 경우) = (단위 입체각 당 안테나 방사 전력) / (단위 입체각 당 등방성 안테나 방사 전력)

※ 참고로, 안테나에서 송신 및 수신 안테나 이득은 같다.

5. 절대이득(Gh) 및 상대이득(Ga) 간의 차이

* 안테나 이득은 기준 안테나가 무엇인가에 따라 절대이득(Gh)과 상대이득(Ga)으로 구분

- 절대이득: 이론적으로만 가능한 등방성 안테나(Isotropic Antenna)를 기준
  - 절대이득: dBi (i = isotropic) (대부분 1 GHz 이상)
- 상대이득: 기준안테나로 무손실 λ/2 (반파장) 안테나(Dipole Antenna)를 기준
  - 상대이득: dBd (d = dipole) (대부분 1 GHz 이하)
- 양자간의 관계식
  - 상대이득 (dBd) = 절대이득 (dBi) + 2.15 dB

※ 참고용어 - 안테나이득 단위(dBi,dBd)

## Antenna Gain Units dBi, dBd 안테나이득 단위

1. 개요

- dBi,dBd는 안테나 이득(Antenna Gain)의 단위로써,
  - dBi에서 i는 Isotropic Antenna(등방성 안테나, 사방으로 전력이 똑같이 나가는 안테나)의 약자이며, 등방성 안테나에 대한 특정 안테나의 방사 패턴의 상대적 크기(절대이득)의 이득 단위를 dBi라고 한다.
  - dBd에서 d는 Dipole Antenna(다이폴 안테나)의 약자이며, 다이폴안테나에 대한 특정 안테나의 방사 패턴의 상대적 크기(상대이득)의 이득 단위를 dBd라고 한다.

2. 참고사항

- 결국, 안테나 이득이 높을 수록 지향성(Directivity)이 높은 안테나가 된다.
- 0 dBd = 2.15 dBi, dBi = dBd + 2.15, 상대이득 (dBd) = 절대이득 (dBi) + 2.15 dB

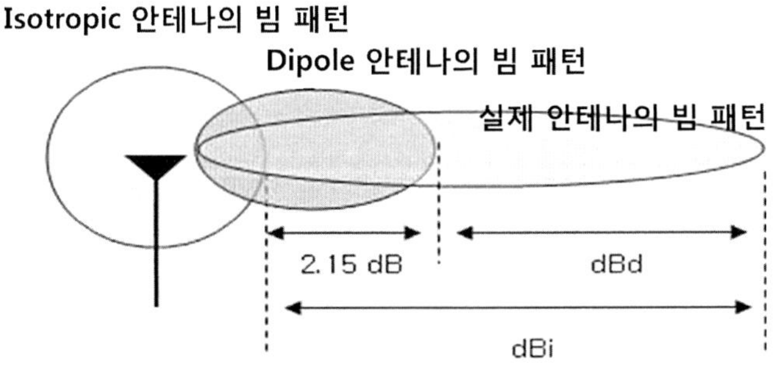


그림 4.11 **안테나별 빔 패턴**

## Antenna Pattern, Radiation Pattern, Beam Pattern
## 안테나 패턴, 방사 패턴, 빔 패턴, 안테나 빔, 복사 패턴

1. 개요

- 안테나 패턴은, 일반적으로 안테나 관련 파라미터 정보를 원격지(Far field,원방계)에서 측정하여 그래프적으로 나타낸 것을 말함
- 안테나 방사 패턴은, 방향에 따라 이득이 변화되는 모습을 나타내는 것으로써,
  - 안테나가 원하는 방향으로 전자파를 방사하거나 수신할 수 있는 특성을 말함

2. 참고사항

- 안테나 패턴으로는,
  - Field의 크기(E-plane, H-plane), 위상, 지향도 같은 것으로 표시하는 것이 대부분이며,
  - 이를 표현하는 방식으로는 구좌표계에 의한 3차원 또는 직각 좌표계에서 2차원으로 그려내어 표시한다.
- 관련용어: Main Lobe, Side Lobe, 지향성

## Directivity, Directional Coefficiency 지향성, 지향도, 지향성 계수, 방향성

1. 개요

- 지향성이란 안테나 이득이나 마이크로폰의 감도 등이 일정한 방향성을 가지는 성질

2. 안테나 지향성

- 안테나 지향성의 의미
  - 특정 방향으로 에너지를 얼마나 집중시킬 수 있는 능력
  - 따라서, 지향성은 안테나 방사패턴에 의해 결정됨
- 지향성 정의
  - 지향성은 총 방사전력이 전방향으로 균일하게 분포되었다고 가정할 때, 최대 방사전력이 이와 비교해서 얼마나 큰 지를 나타내게 된다.
  - 지향성에 대한 표현식 = ( 실제 복사세기 / 등가 무지향성 복사세기 )
  - 지향성(도)는 방향 관련 변수에 따라 그 값이 달라지나 보통 최대값으로 표시
- 지향성에 대한 도식화
  - 도식화 모양은 각 방향의 세기에 대응한 좌표점의 궤적을 수평면, 수직면으로 나눈 평면도로 도시한다.
  - 도식화된 평면도의 종류로는, 쌍향성, 단향성(단일 지향성) 등이 있다.
  - 평면상의 형상으로는, 특히 8자형, 하트형 등이 있다.

• 무지향성

- 지향성이 없는 것은 무지향성(Omni-Directional 또는 Isotropic)이라고 한다.

3. 안테나 지향도(지향성 계수, D)

• 지향도는 지향 특성을 나타내는 계수로,

- 일반적인 지향도 표현식 = ( 복사 구면상의 최대 복사강도 / 평균 복사강도 )

• 지향도의 예로,

- 등방향성 안테나의 지향도는 D = 1 = 0 dB 이며,
- 반파장 다이폴 안테나의 지향도는 D = 1.64(2.15dB) 이다.

# 4.6. 무선신호크기

## 4.6.1 신호의 세기와 신호의 구분

기본적으로 통신에서는 이러한 전파의 성질에 따라 통신 신호가 전송되며, 앞의 장에 나와 있듯 중계기의 사용 목적은 기지국과 단말기 사이의 불완전한 Coverage를 확대하는 것과 음영지역에서의 신호 전달 확률을 높이는 것이다. 기지국에서 송신되는 신호는 대기 중의 잡음과 간섭을 통해 감쇠가 일어나게 되며, 이로 인해 송신되는 전파의 세기는 점점 약해지게 된다.

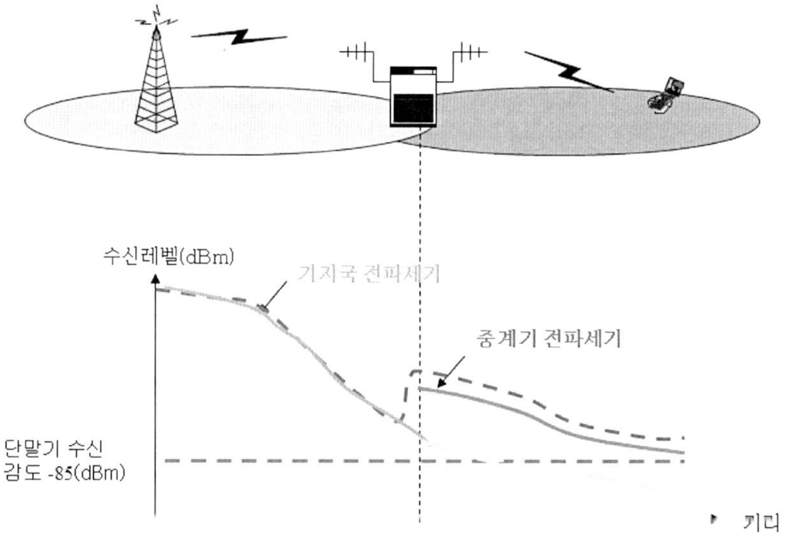


그림 4.12 **거리별 전파의 세기 변화.**

그림 4.12는 거리별 전파의 세기 변화를 나타낸 그림이다. 그래프를 보면, 전파의 세기는 점점 감쇠되어, 일정 거리를 지나면 단말기의 수신감도보다도 그 수신 레벨이 떨어져, 단말기에서 그 전파를 인식할 수 없게 된다. 이러한 문제를 해결하기 위해 중계기를 사용하게 되는 것이다. 중계기를 사용하면 기존의 기지국을 통해서만 신호를 수신할 때에 비해 신호의 세기가 증폭되어 조금 더 넓고 먼 지역까지 신호를 도달시킬 수 있게 된다.

중계기의 신호는 신호가 전송되는 경로에 따라 구분된다. 신호의 종류는 크게 송신단(Tx)에서 송신되는 신호와 수신단(Rx)로 구분된다.

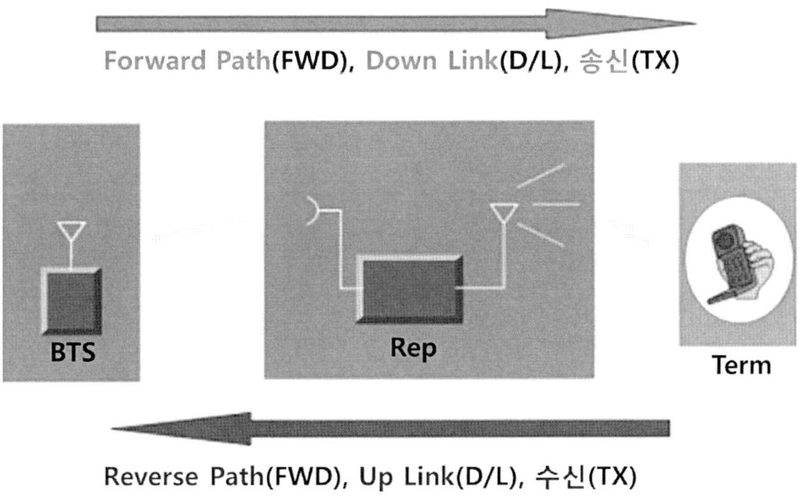


그림 4.13 **경로에 따른 신호 구분**

위의 그림은 경로에 따른 신호 구분을 그림으로 표시해 놓은 것이다. 송신신호의 경우, 기지국에서 송신된 신호를 단말에 송신하는 신호로, 다른 표현으로 Forward Path(PWD), Down Link(D/L) 라고도 한다. 수신신호의 경우, 송신 신호와 반대로 단말기에서 중계기를 거쳐서 기지국에 송신되는 신호로써, 다른 표현으로 Reverse Path (REV), Up Link(U/L)라고도 한다.

# 4.7. RF 신호 단위

## 4.7.1 데시벨

**어떤 회로망에서 입력과 출력 사이의 이득 또는 손실의 비**

어떤 측정 값을 Log Scale로 표현할 때, 10을 밑으로 하는 상용대수를 사용하여 주로 신호전력을 비교한다. 특히 주파수 신호는 그 자체의 크기(magnitude)값보다는 지수를 취한 Log 스케일에 비례하는 특성을 가지며, 개념적으로 쉽게 표현하기 위해 dB를 사용

$$dB = \log_{10}\frac{Out_{(2)}}{in_{(1)}}$$

신호의 형태에 따른 회로망의 이득 및 손실 표현

$$?dB = n\log_{10}\frac{Out_{(2)}}{in_{(1)}}$$

전력(W)일 때: $?dB = 10\log_{10}\frac{P_2}{P_1}$

전압(V)일 때: $?dB = 20\log_{10}\frac{V_2}{V_1}$

전압(V)일 때: $?dB = 20\log_{10}\frac{V_2}{V_1}$

## 4.7.2 회로망의 증폭도 계산하기

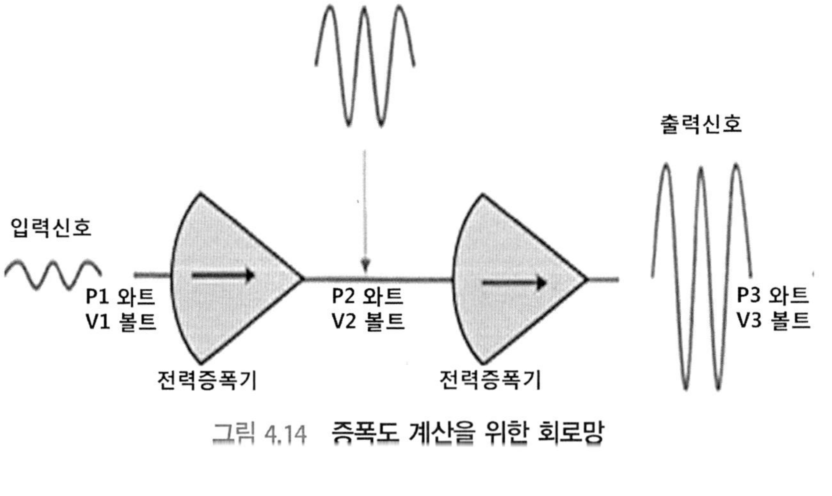


그림 4.14 **증폭도 계산을 위한 회로망**

$$전체\ 증폭도\ (dB) = 10\log_{10}\frac{P3}{P1}$$

$$= 10\log_{10}\left(\frac{P2}{P1}\right)\times\left(\frac{P3}{P2}\right) = 10\log_{10}\left(\frac{P2}{P1}\right) + 10\log_{10}\left(\frac{P3}{P2}\right)$$

### 4.7.3 신호의 배분

**균등 2 분배 결합기**

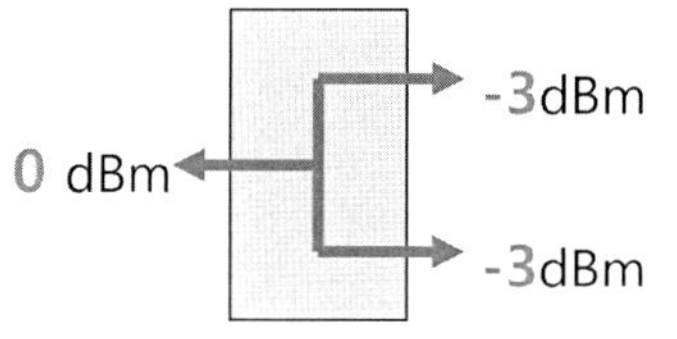


예제1) 30dBm 입력된 2분배기의 출력신호 크기

$$= \frac{30dBm}{2} = 30dBm - 3dB = 27dBm/CH$$

**불균형 2:1 분배 결합기**

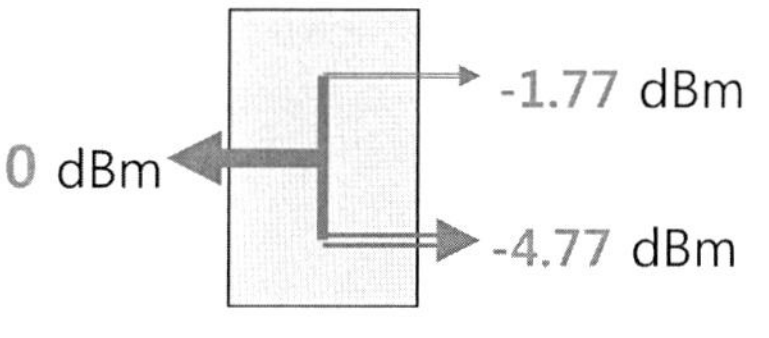


$$\Rightarrow 0dBm \times \frac{2}{3} = 0dBm \times \frac{2}{3} = 0dBm + 3dBm - 4.77dB = -1.77dBm$$

$$\Rightarrow 0dBm \times \frac{1}{3} = 0dBm + 0dB - 4.77dB = -4.77dBm$$

**절대레벨(dBm)**

보통 mW 단위의 전력을 주로 사용하는 RF장치에서 기준의 간편함을 위하여, mW 단위의 전력을 dB 스케일로 나타낼때 사용함.

증폭기나 단말장치 등의 출력 크기를 표시할 때,

**어떤 기준치를 정해 놓고 이 기준치와 비교한 레벨**

$$dBm = 10\log_{10}\frac{PmW}{1mW}$$

0 dBm 정의

600Ω 회로망에서의 흐르는 전류가 1.29mA,

부하에 걸리는 전압이 0.775v,

부하전력이 1mW일 때를 0dBm으로 정의한다.

CHAPTER

# 5

# 중계기 원리와 구성

중계기는 기지국과 단말기 사이에 위치하며, 설치된 장소에서 비교적 낮은 신호를 무선으로 수신하여 증폭하여 전송하거나 중계기를 기지국 내에 설치하여 유선으로 연결하는 목적으로 하는 곳으로 적당한 신호 크기로 재전송하는 장치를 말한다. 기존의 커버리지 확대는 기지국 신설을 통해 이루어 졌으나, 도심 외곽 지역의 SVC 커버리지는 발생 호가 적은 지역이 대부분이기 때문에 투자 대비 매출 효과가 낮다. 따라서 기지국 투자비에 비해 상대적으로 가격이 저렴한 중계기 활용을 통해서 적절한 커버리지 유지 및 투자 운용비 절감 효과를 얻을 수 있다. 중계기는 전파 음영지역(IN-BD, 터널, 지하철 등) 및 지상 도로 등 부분적인 통화불량 지역의 전파 음영을 해소하고 통화품질의 개선하는데 사용된다. 또한, 시스템 용량의 사용 효율이 낮은 기지국에 중계기를 설치 운용함으로써 기지국의 가동 효율을 향상 시키는 용도로 활용할 수 있다. 결국, 중계기의 목적은 경제적인 망 구축에 있다. 다음은 중계기의 BW&CH Select 타입, CH통과 중계기, RF&IF Select 타입, Digital signal processing 타입 별로 원리와 특성에 대해 알아보겠다.

## 5.1 BW & CH Select type

### 5.1.1 대역통과 중계기(BSR)

그림 5.1은 대역통과 중계기를 나타낸다. 가장 일반적인 RF 중계기로써 사업자의 운용 주파수 대역을 그대로 통과시키는 중계기로써 값이 저렴하고 기술 구현이 쉬우며 설치 및 유지보수가 편리하다. 그러나 개방 지역에서는 송·수신간의 간섭 현상으로 일정한 Isolation을 요구하는 단점이 있다.

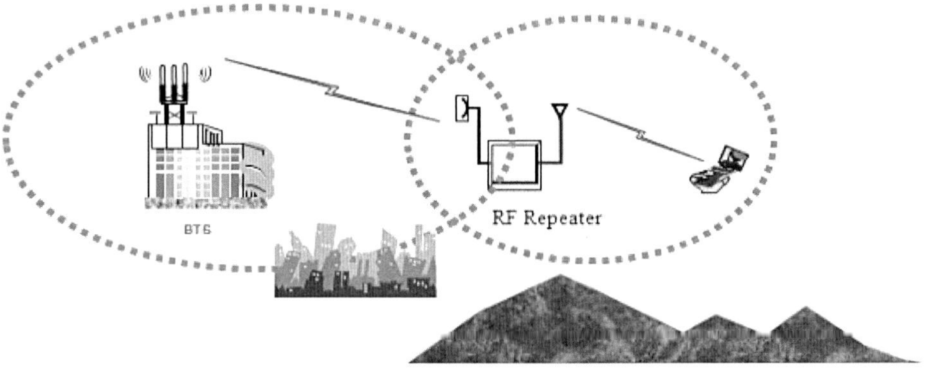


그림 5.1 **대역통과 중계기(BSR)**

그림 5. 2는 대역통과 중계기 블록도이다. ANT는 단말기와 중계기 또는 기지국과 중계기 간에 위치하여 RF 무선신호를 주고 받는다. Duplexer는 안테나로부터 송수신한 신호를 송신 경로 또는 수신 경로로 신호를 분배하거나 결합하는 고출력 경로 격리도가 높은 필터 결합기이다. LNA(Low Noise Filter)는 매우 낮은 RF신호를 증폭하여 입력신호의 잡음 성분을 최대한 억제하고 신호를 원하는 레벨로 증폭 분배한다. HPA(High Power Amplifier)sms 서비스에서 요구되는 크기로 RF신호를 고출력 증폭하여 Duplexer, ANT로 출력해 주는 장치이다.

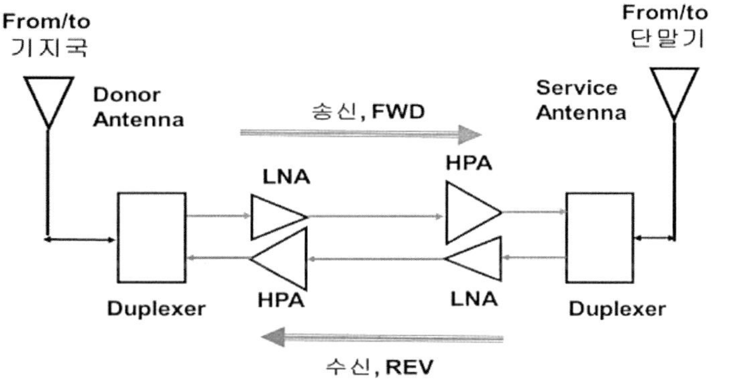


그림 5.2 **대역통과 중계기 블록도**

## 5.1.2 CH통과 중계기(CSR)

서비스 사업자의 운용 주파수 대역 중에서 특정 대역만 선택하거나 가입자 통화로 대역만큼만 분할 선택하여 다시 증폭하여 중계해 주는 방식의 중계기이다. 대역통과 중계기에 비해서 기술 구현이 복잡하고, 제조 단가가 높은 반면에 RF 신호 특성이 매우 좋은 장점이 있다. 주로 발생 호가 비교적 적은 농촌, 도서지역 등에 효율적이며 주파수 재사용에 유리하다. 해외에서는 GSM, 국내에서는 TRS 서비스 등에 주로 활용하는 장비이다.

그림 5.3은 CH통과 중계기 블록도이다. ANT는 단말기~중계기 또는 기지국~중계기간에 위치하여 RF 무선신호를 주고 받는다. Duplexer는 안테나로부터 송수신한 신호를 송신 또는 수신 경로로 신호를 분리하여 결합하는 고출력, 격리도가 높은 필터 결합기이다. LNA(Low Noise Amplifier)는 매우 낮은 RF 신호를 증폭하여 입력신호의 잡음 성분을 최대한 억제한다. CHU(Channel Unit)는 수신된 대역 신호 중에서 목적으로 하는 해당 가입자 통화로(CH) 또는 특정 대역(FA) 신호만을 필터링 한다. HPA(High Power Amplifier)는 서비스에서 요구되는 크기로 RF신호를 고출력 증폭하여 출력해 주는 장치이다.

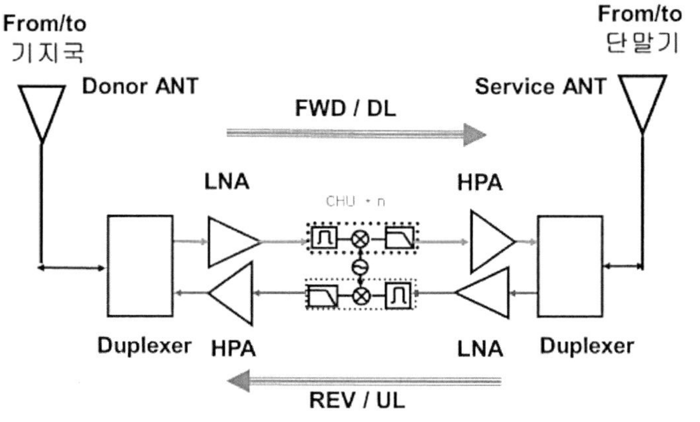


그림 5.3 **CH통과 중계기 블록도**

■ 채널 중계기 동작 원리

BTS의 서비스 범위 내에 위치하는 DU(Donor Unit)와 확장하고자 하는 서비스 지역(음영지역)의 중심에 위치하는 RU(Repeater Unit)으로 구성되며, 동작방법은 Down-link(순방향)와 Up-link(역방향)로 나누어 진다. 기지국의 송신신호는SIC 출력(4.95 MHz)의 Coupler 출력을 이용하여 DU에 접속하고, DU에서 주파수 상향 변환(IF to RF CH)하여 RU로 송신하면, RU에서는 PCS RF 신호를 받아 중간주파수(IF)로 변환하여 원하는 해당 채널만 필터링한 다음에 다시 임의 선택된 PCS 주파수(FA)로 복원시켜 가입자에 서비스를 제공한다.

마찬가지로 Up-link에서는 가입자가 송출한 RF 신호를 IF를 거쳐 RF로 복원한 다음 DU 수신 단으로 전송하면, DU 수신 단에서는 이 호를 FA 주파수 변환 과정을 거친 후 기지국에 전송한다.

채널 중계기는 10MHz 대역 내의 Reserved FA를 링크 주파수로 사용하고 자체 용량이 없기 때문에 서비스 Coverage 확대를 주목적으로 설치되며, 안테나 다이버시티는 없다. 따라서 RX Diversity gain이 BTS에 비하여 3~8 dB 감소하기 때문에 Forward 출력을 2 W 이내 규격으로 동작하도록 한다.

■ 특징

- 주장비를 설치하기엔 규모가 작은 도심 국소 음영 지역 해소 및 인구 저밀도 지역 커버리지 확장
- 1.8 GHz 내의 유휴 FA 주파수를 중계 주파수로 이용
- M/W와는 달리 가시거리 확보와 무관함
- 구현이 비교적 간단하고 M/W대비 가격이 상대적으로 저렴함

- 철로/도로변 같이 일렬로 커버리지 확장을 요하는 지역에 서비스
- 해변, 스키장 또는 골프장 같이 고립된 지역의 서비스

## ■ 블럭도

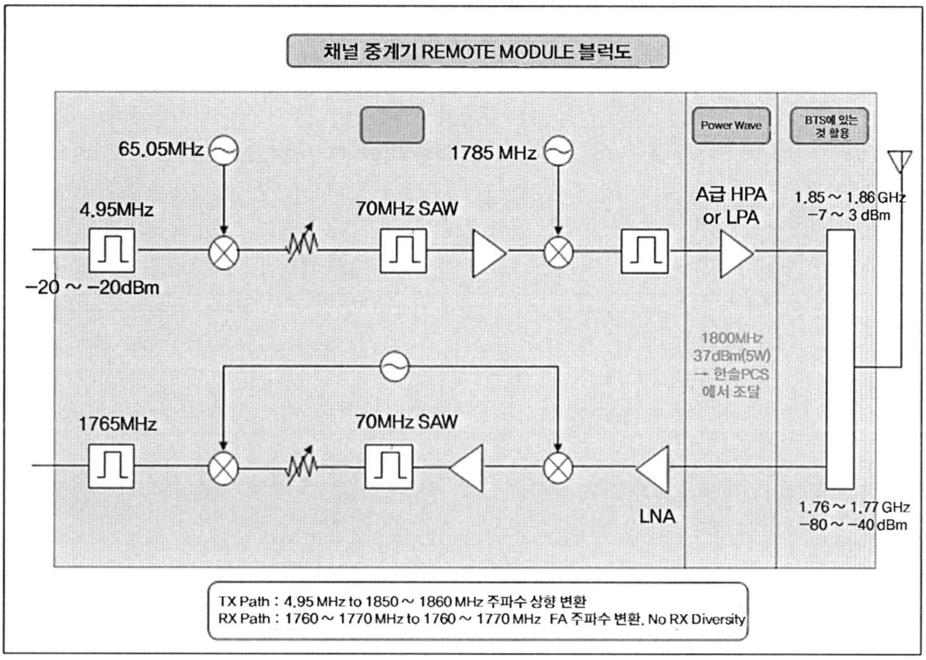


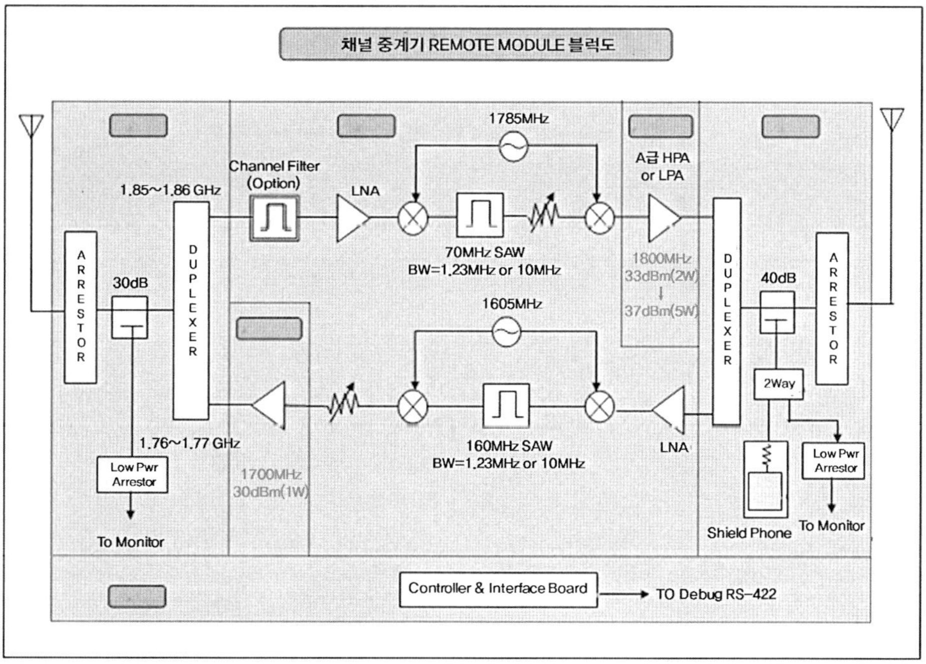

표 5.1은 대역통과 중계기와 CH통과 중계기의 특징을 보여준다. 각 중계기별로 장점과 단점을 비교한다.

**표 5.1 대역통과 중계기 & CH통과 중계기의 특징**

| 방식 | 개요 | 장점 | 단점 |
|---|---|---|---|
| CSR | 매 주 파수별 CH을 분리 증폭하여 중계하는 방식 | • 설치가 용이<br>• 운용비 저렴<br>• 신호품질이 좋다 | • 무지향 서비스 불가 |
| BSR | 인접 CH n개를 통합 증폭하여 중계하는 방식 | • 설치가 용이<br>• 운용비 저렴<br>• 제작비 저렴 (RP방식대비) | • 무지향 서비스 불가 CH간섭 증가<br>• 기지국별 CH할당나이 |

## 5.2 RF & IF Select type

일반적인 RF방식의 중계기 일종으로써 중계기 내부에서 신호 처리를 RF → IF 신호로 처리하는 경우와 중계기 출력이 IF 혹은 특정한 중간주파수(Base band)인 경우로 구분해 볼 수 있다. 통상 IF 중계기라 함은 후자에 해당된다. IF 중계기도 고출력이 가능하며, 회로 구현상 다소 복잡하고 제품 단가가 비교적 높다. 그러므로 유지보수에는 일정한 레벨의 기술력을 필요하며, 빌딩 안에 이미 설치된 CATV 동축선로 등을 활용하여 경제적인 망 구축과 서비스가 가능한 특징도 있다. 하지만 최종 서비스 지점에서는 당초의 수신된 신호로 변환해 주는 변환 유니트가 반드시 필요하게 된다. 즉 IF 신호를 Up/Down 변환하여 RF신호로 출력해야 한다.

### 5.2.1 RF 중계기

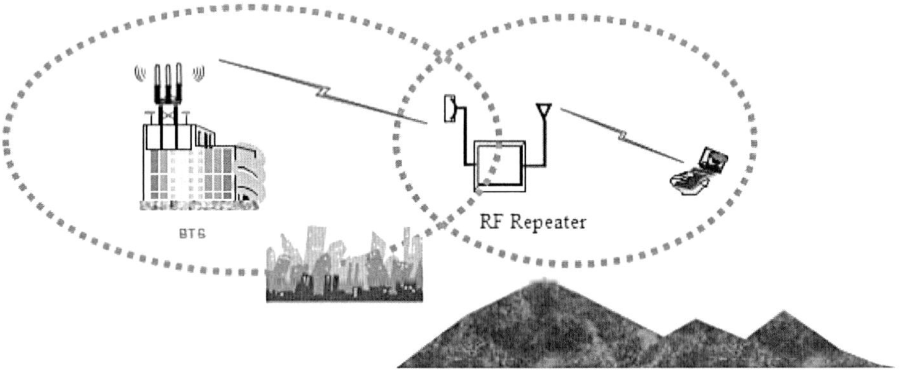


그림 5.4 **RF 중계기**

그림 5.4는 RF 중계기를 보여준다. 전파 음영지역 해소 및 IN-B/D 통화 품질 개선을 위해 개발된 RF 중계기는 당초에는 커버리지 확대 및 음영지역 해소를 위해서 옥외형으로 개발되어 상용화를 하였으나 송수신 안테나간 Isolation, 장비자체 딜레이, 장비의 불안정 등 문제가 발생하여 치국에 많은 제한을 받아 일부 지역에만 적용하였다. 그러나 FMC, MMC, 변파 중계기 등 커버리지 확장을 위한 옥외형 장비가 개발 됨에 따라 기지국 효율 향상 및 경제적인 커버리지 확대 방안이 적용되었고, RF 중계기는 IN-B/D 및 Cell plan 과정에서 생긴 좁은 음영지역과 터널과 같은 지하공간 음영지역 통화 품질 개선을 위해 사용하였다. 이 과정에서 고객은 점점 소규모의 지하 서비스를 요구하였고, 중계기 개발은 좀 더 적은 공간에 적용할 수 있는 소규모 저가형으로 발전하고 있다.

## 5.2.2 IF/BB 중계기

그림 5.5는 IF 중계기 개념도이다. 일반적인 RF 방식의 중계기 일종으로써 중계기 내부에서 신호 처리를 RF → IF 신호로 처리하는 경우와, 중계기 출력이 IF 혹은 특정한 중간주파수(Base Band)인 경우로 구분해 볼 수 있다. 통상 IF 중계기라 함은 후자에 해당된다. IF 중계기도 고출력이 가능하며, 회로 구현상 다소 복잡하고 제품 단가가 비교적 높다. 그러므로 유지보수에는 일정한 레벨의 기술력을 필요하며 빌딩 안에 이미 설치된 CATV 동축선로 등을 활용하여 경제적인 망 구축과 서비스가 가능한 특징도 있다. 하지만 최종 서비스 지점에서는 당초의 수신된 신호로 변환해 주는 변환 유니트가 반드시 필요하게 된다. 즉 IF 신호를 Up/Down 변환하여 RF 신호로 출력해야 한다.

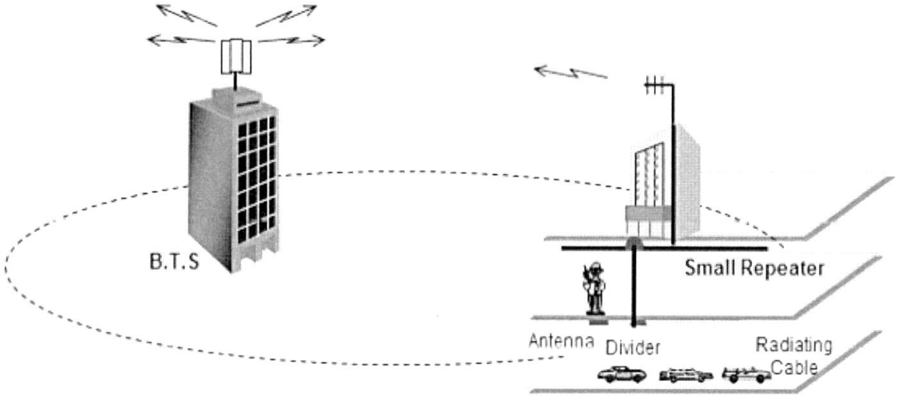


그림 5.5 **IF 중계기 개념도**

IF 중계기는 주파수의 선택도가 높아 통화품질이 좋고 IMD(Inter Modulation Distortion)가 낮아 중계기 출력 효율이 높다. 비교적 시스템의 신뢰성이 높고 사용 채널 증가에 따른 확장성이 용이하다. 기존 전파 환경을 고려하여 지상에서의 중계기 설치가 용이하다. 특정 채널만 사용하므로 인접 셀의 채널 간섭 영향이 적으며, 장비 가격이 비교적 높다. 또한 주파수 재사용에 따른 cell 배치와 엔지니어링이 용이하다.

그림 5.6은 IF 중계기의 블록도이다. ANT는 단말기와 중계기 또는 기지국과 중계기 간에 위치하여 RF 무선신호를 주고 받는다. Duplexer는 안테나로부터 송·수신한 신호를 송신 경로 또는 수신 경로로 신호를 분배하거나 결합하는 고출력, 경로 격리도가 높은 필터 결합기이다. LNA(Low Noise Amplifier)는 매우 낮은 RF 신호를 증폭하여 입력신호의 잡음 성분을 최대한 억제하고 신호를 원하는 레벨로 증폭 분배한다. HPA(High Power Amplifier)는 서비스에서 요구되는 크기로 RF 신호를 고출력 증폭하여 Duplexer, ANT로 출력해 주는 장치이다. Mixer는 RF 신호를 IF로 변환하기 위하여 국부 발진기에서 인가되는 L.0 신호와 수신된 RF 신호를 혼합하여 두 주파수의 차 또는 합의 제 3신호(IF 또는 B/B신호)를 출력하는 모듈이다. X-TAL Filter는 Mixer에서 전달된 IF 또는 B/B 신호를 정교하게 대역만 통과하도록 평활시켜 주는 모듈(Band Pass Filter)이다.

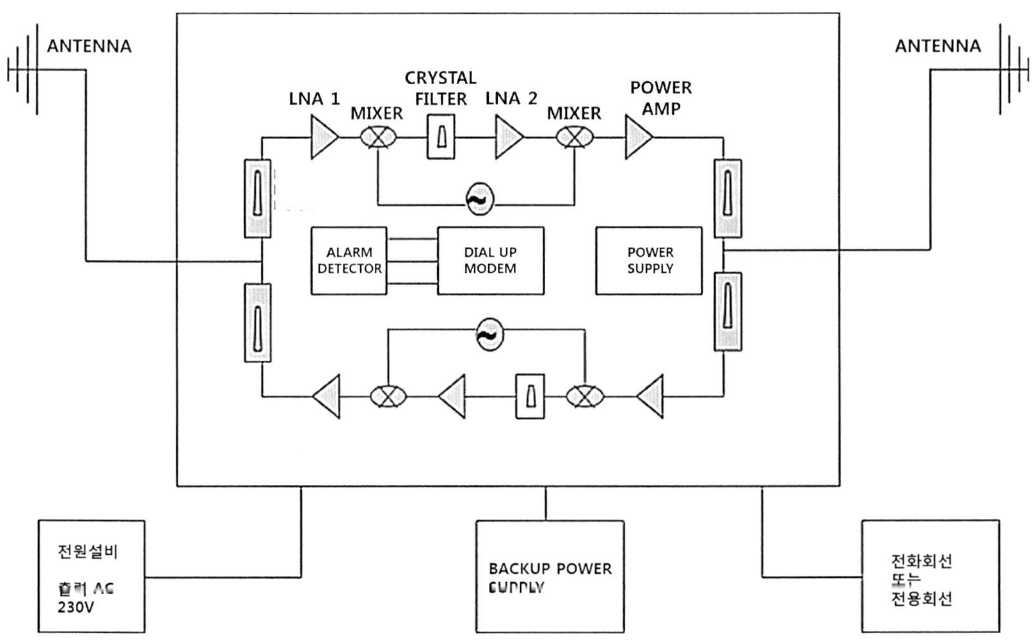


그림 5.6 **IF 중계기 블록도**

## 5.3 중계기 주요 기술

### 5.3.1 xPA기술(HPA, LPA, SSPA, MCPA)

증폭기(Power Amplifier)는 신호를 증폭시키기 위한 기능을 한다. 신호의 크기를 적당히 키워야 할 경우가 있을 때마다 앰프를 사용해야 한다는 것이다. Amp를 써야하는 이유는 당연히 원래 신호가 작기 때문이다. 무선 통신이란 말은 말 그대로 선이 없이 공중에 쏘고 받는 것이기 때문에, 유선 선로에 비해 감쇠나 잡음이 매우 심하다. 따라서 내보낼 때는 강한 전력으로 내보내야 하고, 받을 때는 신호크기가 매우 작아서 그걸 또 증폭해야 하는 일이 발생한다. 이러한 이유로 송신단과 수신단에 따라 앰프를 사용하는 이유가 다르다. 송신단에서는 안테나에서 적절한 최대전력으로 신호를 빙출해야 원하는 곳까지 진자파가 도달할 수 있으므로, 최종적으로 얼마만한 전력으로 증폭시키느냐(Power amplification)가 중요하다. 수신단에서는 외부에서 수신된 신호는 그 크기가 매우 작으며, 매우 지저분한 잡음들을 포함하고 있기 때문에 잡음을 최소화하면서 증폭하는(Low Noise Amplification) 것이 중요하다.

다음은 HPA, LPA, SSPA, MCPA의 앰프종류와 특성에 대해 설명하도록 한다.

HPA(High Power Amplifier)는 HPA는 증폭기중에서도 특히 높은 출력을 지칭하기 위한 용어이다. HPA는 서비스에서 요구되는 크기로 RF신호를 고출력 증폭하여 Duplexer, ANT로 출력해 주는 장치이다. 각 중계기가 원하는 출력으로 신호을 증폭하는 기능과 중계기의 이상 발진이나 그 밖의 이상현상으로 인하여 RX의 출력이 기지국에 영향을 주는 것을 미연에 방지하기 위하여 출력을 OFF하는 SHUTDOWN 기능을 가지고 있다(TX: Total 43dBm , RX: Total 40dBm SHUTDOWN LEVEL: 40dBm).

LPA(Linear Power Amplifier)는 HPA보다는 상대적으로 더욱 선형성이 좋도록 특수한 기법을 적용한 제품들을 통칭하고 있다. 간단한 선형성 확보를 위하여 회로적으로 간단한 아날로그 Predistortion 방법과 Feed-forward 방식 선형화 기법이 적용된 제품이 주를 이루고 있고, 주로 30W 이상의 고출력 제품이 주종을 이루고 있다. 아날로그 Predistortion 방법이란 증폭기에서 발생한 왜곡과 반대의 왜곡 특성을 가지는 소자를 증폭기의 입력단에 삽입하여 왜곡 특성을 개선하는 방법이고, Feed-Forward 방식이란 증폭기에서 발생한 왜곡 특성을 추출하여 이를 다시 증폭기의 출력단과 결합시켜 왜곡 특성을 개선하는 방식이다. 증폭기 자체의 왜곡 특성을 추출하여 선형성을 개선하였으므로 선형성 개선효과가 Feed-forward 방식에서 더욱 좋은 결과를 얻을 수 있다. 복잡성을 가지는 LPA의 경우 하나의 시스템으로 볼 수 있다.

SSPA(Solide state Power Amplifier)는 고체형 반도체 (BJT, FET)를 이용하여 만든 전력증폭기라는 의미이다. 실제 SSPA라는 용어는 주로 5~13GHz 대역을 사용하는 위성용 증폭기를 일컫는 용어로 많이 사용된다. MMIC를 패키징 없이 와이어 본딩 연결만으로 실장하고, 주변회로와 바이어스를 꾸민 다음 금속블럭으로 모듈화한 전력증폭기를 지칭하는 것이다. 위성용이라는 점에서 주로 balanced 구조로 만들어짐으로서, 한쪽 증폭기가 이상이 있더라도 나머지 한쪽이 3dB 떨어진 전력으로 동작하게 된다. 최근에는 주파수 특성상 20~40GHz 대의 BWLL(LMDS)용 전력증폭 모듈을 SSPA라고 부르기도 한다. 주파수만 다를뿐 구성형식이 위성용과 비슷하기 때문이다.

MCPA(Multi Carrier Power Amplifier)는 초선형 광대역 전력 증폭기이다. 이동 통신에서는 공간 인터페이스 전송을 위해 다중 광대역 무선 주파수가 필요한데, 다중 반송파 전력 증폭기(MCPA)는 다수의 반송파를 저전력 신호 레벨에서 전송할 수 있으므로 반송파마다 전력증폭기가 따로 필요 없는 효율적인 방법이다. 무선 신호의 왜곡을 최소화하여 증폭하는 증폭기로서 AMPS, TDMA, GSM, CDMA, W-CDMA 전송 대역에서 활용되고 있다.

### 5.3.2 LNA 기술

LNA(Low Noise Amplifier)는 저잡음 증폭기로 안테나에 의해 수신된 매우 낮은 RF신호를 Down Converter나 그 밖의 수신기 회로에서 처리하기 위해 입력신호의 잡음 성분을 최대한 억제 하고 원하는 Level로 증폭 신호를 증폭하기 위해 사용되는 기술이다. 위성방송 신호의 경우 3만 5,800km의 정지궤도에서 지상으로 송신되는 동안 신호가 많이 약해져서 증폭이 필요한데, 이때 증폭기에서 부수적으로 발생되는 잡음을 억제시키지 않으면 S/N비가 나빠져 선명한 화면수신이 어렵게 된다. 지상 MicroWave 시설 역시 마찬가지이다. 주로 필요한 응용 분야에는 CDMA, GSM, TRS Repeater이 있고, 성능은 High Gain(38dB), low Noise IP3(36dBm)을 갖는다. 최근 일본에서 HEMT(high electron mobility Tr)라는 소자를 개발해서 잡음지수를 1.3dB까지 얻을 수 있다.

### 5.3.3 L.O(Local Oscillator) 기술

LO(Local Oscillator)기술은 높은 주파수의 반송파(carrier)를 IF 혹은 기저대역(baseband) 주파수로 낮추기 위해 사용되는 발신기이다. 즉 Mixer의 L.O 주파수 입력을 위한 발신기로서, 보통 특정 주파수로 정해져 있다. 예를 들어 1Ghz의 신호를 100Mhz의 IF주파수로 낮추려면

900Mhz의 주파수를 내는 LO가 필요하다. 수신측 Mixer는 두 개의 입력, RF(반송파쪽) 입력과 LO 입력 두 개를 받아서 1G + 900M = 1.9GHz의 신호는 출력측 필터로 걸러내버리고 1G − 900M = 100Mhz의 IF를 출력측에 내보낸다. 주파수를 올리거나 낮출때 RF − 해당주파수에 해당하는 주파수를 만들어주는 것이 LO인데, 여러 주파수로 변환하고자 할 때는 LO 자체가 한 주파수만 만들면 안된다. 따라서 VCO와 같이 출력 주파수를 변화시킬 수 있어야 하는데, 이동통신에서는 주로 PLL을 LO로 사용한다. LO에서 여러 주파수 성분을 정교하게 만들어내는 역할을 할때 그것을 Frequency Synthesizer(주파수 합성기)라고 부르기도 하는데 그 대표적인 것이 PLL이다. 결론적으로 LO는 주파수 상향, 하향 변환을 하기 위한 기준 주파수원을 지칭하는 말로서, 특정 회로를 지칭하는 말은 아니다. 통신시스템 특성에 따라 LO용으로 그냥 단일주파수의 Oscillator를 쓸 수도 있고 VCO를 쓸수도 있지만 PLL을 쓰는 것이 성능이 가장 좋다.

## 5.3.4 Combiner기술

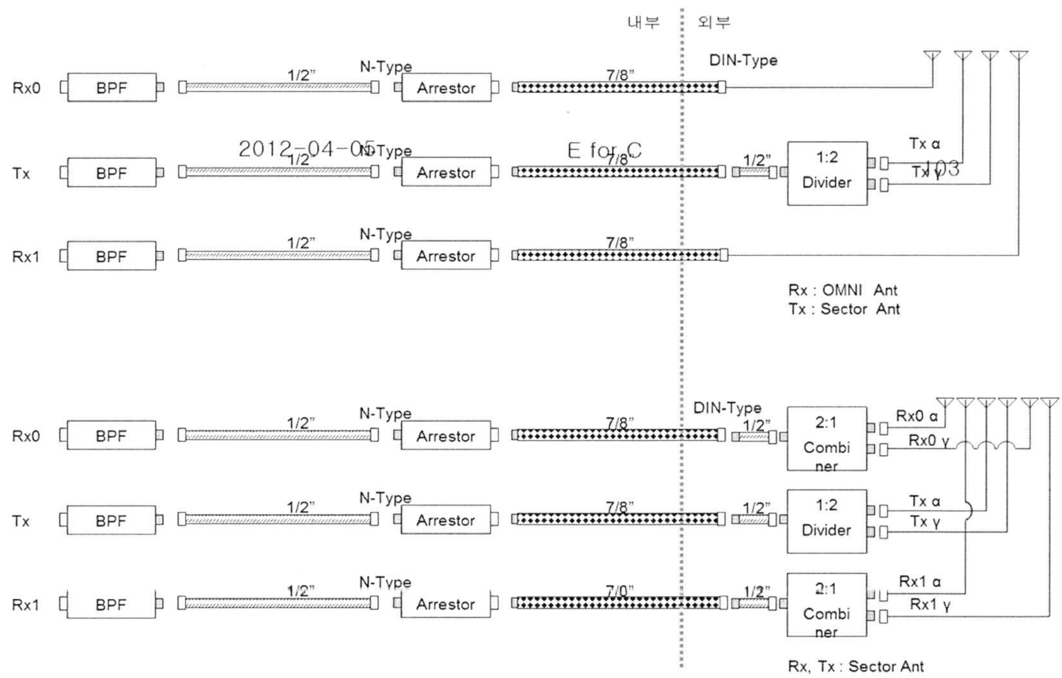

2012-04-05 E for C 103

그림 5.7 Divider(1S3S OMNI) & Combiner(1S3S Sector) 구성도

그림 5.7은 Divider와 Combiner의 구성도를 나타낸다. 그림에서와 같이 Divider의 Tx는 Divider로 3 분기하여 방향별로 Sector 안테나를 사용하고, Rx는 OMNI 안테나를 사용하는 방식으로 구성된다. Combiner의 Tx는 Divider로 3 분기하여 방향별로 안테나를 구성하고, Rx도 방향별로 Sector 안테나를 설치하고 Combiner 2개를 활용하여 각 방향의 Rx0, Rx1을 3:1로 Combine하는 방식으로 구성된다.

## 5.3.5 Filter 기술

필터는 각 사업자가 원하는 주파수 대역을 통과시키고 그 밖의 주파수는 거르는 기능을 한다 (TX: 872.715~878.865, 890.295~893.985, RX: 827.715~833.865, 845.295~848.985). 복호기에서 2진 부호를 PCM신호로 변환함으로써 초당 8,000개(fS=8000Hz)의 PCM 신호가 수신되는데, 이것은 송신 시에 음성의 낮은 레벨 부분을 보강하기 위하여 압축(Compressor)한 펄스이므로 신장기(Expander)를 통해 원래의 PCM 파형 형태로 복원된다. 복원된 펄스들은 표본화 시간 간격을 유지한 채 원래의 PAM 펄스 파형으로 존재하게 된다. 그러므로 원래의 아날로그 신호로 파형을 복원하기 위해서는 PAM 신호 사이를 채우는 표본화 유지과정이 필요한데 이것을 보간화(Filtering)라 한다. 보간화는 콘덴서의 충·방전원리를 이용한 저역 여파기로 이루어져 PCM 펄스를 저역 여파기에 통과시키면 원래의 아날로그 신호로 재생이 된다.

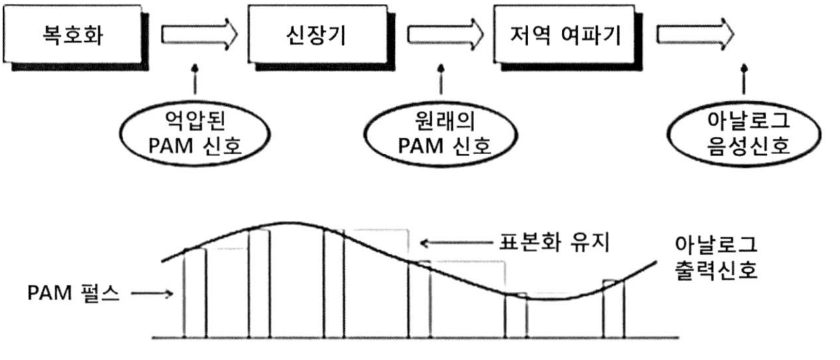


그림 5.8 **필터링 단계**

## 5.4 | 증폭기

### 증폭기란 무엇인가?

증폭기란 전기적 신호의 진폭이 선형적으로 증가하는 과정이며, 트랜지스터의 주요 특성 중의 하나이다. 트랜지스터의 입력전류는 매우 작은 값이지만 전류 이득을 곱한 만큼 증폭되어지며, 위상이 반대인 큰 전압이 출력 되도록 하는 장치이다. 우리 주변에서 가장 쉽게 접할 수 있는 증폭기는 바로 볼륨 조절 장치이다. 증폭기의 출력 전력에 따라 소리의 높낮이가 조절되어 진다. 즉, 증폭기의 출력 전력이 커지면 소리도 크게 들리게 되는 것과 같다.

통신 시스템에서 증폭기를 써야 하는 이유는 당연히 원래 신호가 작아서이다. 무선 통신이란 말은 말 그대로 선이 없이 공중에 쏘고 받는 것이기 때문에, 유선 선로에 비해 감쇠나 잡음이 매우 심하다. 따라서 내보낼 때는 강한 전력으로 증폭 해서 내보내야 하고, 받을 때는 신호크기가 굉장히 작아서 그걸 또 증폭해야 하는 일이 발생한다. 이런 이유로 송신 단이냐 수신 단이냐에 따라 증폭기를 사용하는 이유가 다른 것이다.

### 5.4.1 증폭기의 분류

- LNA(Low Noise Amplifier, 저 잡음 증폭기)

  RF 수신단에서 수신된 전력은 감쇄 및 잡음의 영향으로 인해 매우 낮은 전력레벨을 갖고 있다. 그렇기 때문에 반드시 증폭이 필요한데, 이미 외부에서 많은 잡음을 포함해서 날아온 신호이기 때문에 무엇보다도 잡음을 최소화하는 증폭기능이 필요하다. LNA는 NF(잡음지수)가 낮도록 동작 점과 매칭 포인트를 잡아서 설계된 증폭기로서, 보통 1.5~2.5 사이의 NF값이 요구되게 된다. LNA는 RF amp 중 가장 기본적인 증폭기로서, 설계의 난이도가 가장 쉬운 편에 속한다. 저잡음 특성을 만들려면 낮은 잡음지수를 가지는 트랜지스터와, 저항 등의 열잡음 소자를 적게 사용하면서 전류 역시 적게 사용해야 한다. 그와 함께 conjugate matching을 통해 최대한의 gain을 확보하게 한다.

- PA(Power Amplifier, 파워앰프, 전력증폭기)

  잡음, 이득, 전력 중에서 전력에 집중하여 만드는 증폭기이다. 최대전력을 내기 위해 트랜지스터를 병렬로 묶어서 전력을 높이는 구조를 많이 사용하게 된다. 최대전력은 보통 P1dB (1dB Gain Compression Point)점을 통해 알아내며, 높은 전력을 내려 할 때는 이득(gain)까지 높게 하기 힘들다. 그래서 전력증폭기(PA) 전단에는 이득을 보상해줄 수 있는 구동증폭기(DA)가 필요한 경우가 많다. 전력을 높이면 열이 매우 많이 발생하기 때문에, PA 설계 시에는 열 방출 부분을 잘 처리해야 한다. 또한 그런 이유로 인해 PA에서는 전력의 효율에 대한 개념이 매우 중요하며, 선형성과 효율의 선택에 따라 A, B, AB, F 급 등의 급수로 분류되기도 한다. PA는 최대 전력 출력 포인트에 매칭하기 때문에, 기본적으로 부정합(miss-matching)된 형태의 구조를 가진다.

- LPA (Linear Power Amplifier, 선형전력증폭기)

  CDMA와 같은 디지털 통신에서는 선형성이란 개념이 매우 중요하게 된다. 즉 비선형 소자로 인해 발생한 두 신호간의 IMD(상호변조) 신호들이 간섭을 일으키지 않도록, IP3를 높게 만들 수 있는 amp 설계가 필요하다. 증폭기를 선형화하기 위해서는 feed-forward 방식이나 pre-distortion등의 여러 방법이 많이 적용되며, 단순히 아날로그뿐이 아니라 디지털 제어부까지 포함되기도 하기 때문에 복잡하다.

- HPA (High Power Amplifier ; 대 전력 증폭기)

  HPA는 LPA란 용어와 혼동이 많이 되는데, 간단한 Pre-distortion 방법을 쓴 것을 HPA, Feed-forward 방식을 쓰면 LPA라고 부르는 경우도 있다. 일반적으로 HPA보다는 LPA가 구조가 복잡해서, 어떤 복잡성을 기준으로 HPA와 LPA를 구분하기도 한다. 외국에서는 Single carrier를 사용하는 HPA, Multi carrier를 사용하는 경우에는 LPA라는 식으로 대치해서 쓰기도 한다.

- DRA (Driving amplifier, 구동증폭기)

  광 중계국이란 것을 보면 광 선로를 사용하여 서비스 하고자 하는 어떠한 신호를 적당하게 main system 보다 원거리에 설치하여 운용하게 된다.

  그러다 보면 실제 광 전송장치에 입력된 RF는 광 선로, 원격지 광 중계국 내부의 passive 소자를 거치면서 많이 감쇄되게 겪게 된다. 이 경우 PA 하나만으로는 PA의 운용 RANGE 조절도 힘들 뿐더러 여러 가지 어려움을 된다. 많이 감쇄된 RF 신호를 PA의 운용환경(이동통신의 경우 대체로 PA의 1dB 억압 점(P1dB))에서 TRAFFIC을 고려하여 5~7dB 낮은 점의 출력이 나가도록 DA에서 입력 RANGE를 조정하여 주는 것이다.

## 5.4.2 증폭기 디자인 관련 지식

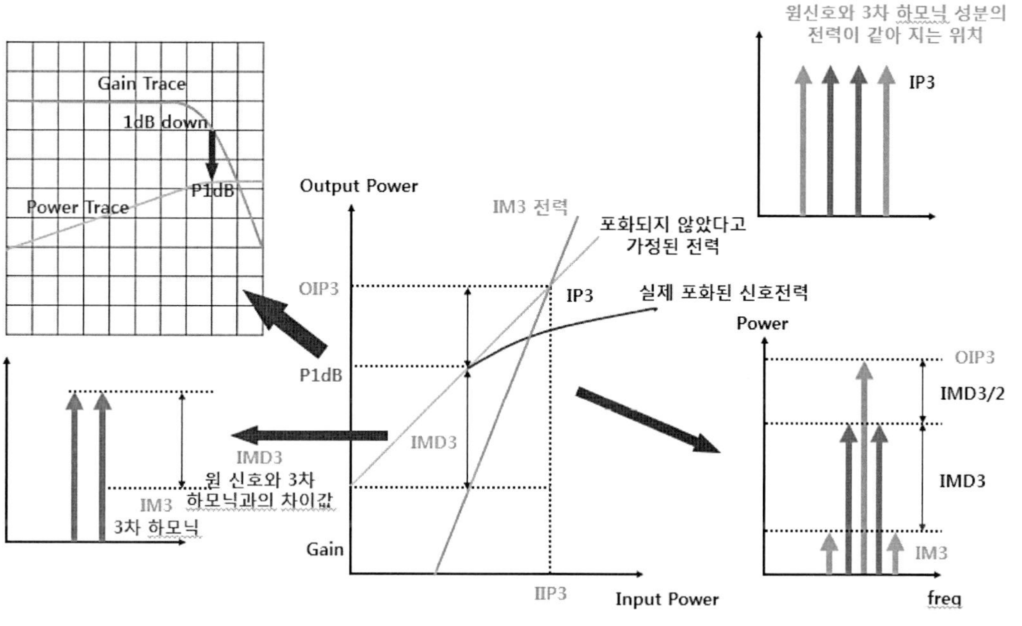


그림 5.1 **선형 증폭기의 그래프 분석**

1. Harmonic(고조파)

   Harmonic의 정의는 원천주파수(Fundamental Frequency)의 배수 주파수 성분을 말한다.

2. Inter-modulation(혼 변조)

   비선형 소자 사용시, 서로 다른 두 입력 주파수신호의 harmonic 주파수들끼리의 합과 차로 조합된 출력주파수 성분이 나오는 현상이다. 이 중 시스템의 선형성에 제일 많은 위험을 주는 것은 바로 3고조파로부터 나오는 3rd IMD (IM3)이다. 이것이 첫 번째 하모닉 주파수로부터 생성 되어진다.

3. IMD(Inter-modulation Distortion; 혼 변조 왜곡)

   inter-modulation으로 인해 발생한 왜곡신호와 fundamental 주파수와의 전력 차이의 크기를 의미한다.

   입력 전력의 증가에 따라 IM3 성분의 증가율은 fundamental 신호의 전력 증가율보다 3배의 기울기 높다.

   e.g.) fundamental: 30dBm, IM3: 6dBm일때 IMD의 크기는 –24dBc라고 말할 수 있다.

4. P1dB(1dB Gain Compression Point: 1dB 이득 압축 점)

증폭기의 선형 성을 판가름 가능한 지표로써 최대로 이용 가능한 선형 출력전력 점을 알아 낼 수 있는데, 포화되지 않는다고 가정한 전력과 실제로 포화되기 시작한 곡선과의 차이가 1dB되는 출력전력을 P1dB라 한다.

이득과 출력의 관계를 놓고 보았을 때 입력전력이 증가할수록 gain은 어느 입력 전력을 기준으로 줄어들기 시작한다. gain이 1dB 줄어든 점에서의 출력전력을 읽은 것과 같다.

5. IP3(Third Order Intercept Point: 3차 교차점)

선형 성을 가늠하는 지표로 주로 사용된다. 'fundamental 출력 전력과 IM3 성분이 포화되지 않고 계속 증가한다' 가정 하였을 때 두 전력 점이 같아지는 지점이다. IP3 Harmonic Balance 시뮬레이션으로 추출하여 예측할 수 있다.

OIP3 = IIP3 + Gain

6. ACP(Adjacent Channel Power)

= 자기 채널전력/근접 채널전력 채널밴드 30Khz

자기채널의 전력레벨과, 자기신호로 인해 옆 채널에 생성된 자기의 누설전력레벨과의 차이를 정의한다. 쉽게 말해 하나의 채널신호가 들어갔을 때 그게 PA의 비선형성에 의해 옆 채널까지 방해하는 신호를 얼마나 만들어내느냐를 말한다.

7. IIP3와 OIP3

IP3점의 입력전력을 읽으면 IIP3 (Input IP3), 출력전력을 읽으면 OIP3 (Output IP3)라고 부른다. OIP3 점은 이론적으로 P1dB 보다 9.6 dB 높다. 실제로는 대략 P1dB보다 7~10 dB 높은 지점에 위치한다. 주로 LNA는 IIP3를 PA는 OIP3를 보게 된다.

8. ACPR(Adjacent Channel Power Ratio)

=ACP+16dB = 자기 채널전력/근접 채널전력 채널밴드 1.23Mhz

CDMA에서 OIP3 대신 사용하는 선형 성 규격으로 PA가 남의 신호에 얼마나 간섭을 일으키는 지를 나타내는 선형성 지표 이다. ACP + 16dB = ACPR인 이유는 1.23MHz는 30kHz의 대역폭보다 약 41배이므로, dB 스케일로 환산 하면 약 16dB 정도 된다. ACPR 시뮬레이션은 Time domain 파형을 보는 Envelope simulation을 통해 정확하게 해석할 수 있다. 실제로 이런 결과들은 트랜지스터의 대 신호 모델을 정확하게 모델링 되었을 때 가능하다.

9. ACLR(Adjacent Channel Leakage Ratio)

= 자기 채널전력 – 근접 채널 전력

유럽 IMT2000 규격인 WCDMA 선형 성 규격

10. Load Pull Test

Power Amp에서 Tr소자의 최대 전력출력 load impedance를 찾는 과정을 말한다. 트랜지스터의 출력 임피던스를 바꾸어가면서 각각 출력전력을 측정하여, 최대출력전력을 나타내는 임피던스 점을 찾는 실험과정 혹은 시뮬레이션 과정을 의미한다

11. 선형성 개선

- **출력단 매칭:** 출력단 매칭시 고조파 성분을 제거하기 위해 LPF 또는 Notch Filter를 통해 매칭함으로써 첫 번째 고조파를 억제하여 이로부터 발생되는 IMD3를 사전에 제거한다.
- Degeneration: 트랜지스터의 접지 단에 인덕터를 달아 발진제거와 매칭 성능 향상을 꾀한다. 단점은 이득 감소이다.
- Back Off: P1dB보다 3~5dB 낮은 지점에서 동작 점을 결정함으로써 하여 안정적인 선형 성을 확보한다. 단점은 높아지는 증폭기 조건에 따른 비용 상승이다.
- Feedback: 출력을 커플링 하여, 원신호에 더해주거나 빼주는 방식이다.
- Pre-distortion: 임의적으로 트랜지스터와 반대되는 비선형 특성을 만들어 입력하여 선형성을 높인다.
- Feed-forward: 증폭기로 입력되기 전과 후의 신호를 커플링을 통해 추출한다. 입력으로부터 추출한 신호는 증폭기를 거치면서 생기는 시간 딜레이를 맞추기 위해 Time delay를 준다. 출력으로부터 추출된 신호는 –로 반전 시킨다. 그 후 두 값을 더하게 되면 –로 반전된 고조파 성분만이 남게 되는데 이것을 다시 증폭기 출력단과 결합 시킴으로 해서 고조파 성분을 제거한다.

CHAPTER

# 6

# 중계기 종류 및 특성

통신시스템에도 여러 가지 종류가 있는 것처럼, 중계기에도 용도와 규격 등에 따라 여러 가지 종류가 존재하며, 각각의 종류마다 다른 특성을 가지고 있다. 이 장에서는 이러한 여러 중계기의 종류 및 각각의 특성에 관하여 설명하고자 한다.

## 6.1 RF 중계기

RF 중계기는 전파 음영지역 해소 및 IN-B/D 통화품질 개선을 목적으로 개발된 중계기이다. 당초에는 Coverage 확대 및 음영지역 해소를 위해서 옥외형으로 개발되어 상용화를 하였으나 송·수신 안테나간 Isolation, 장비자체 Delay, 장비의 불안정 등 문제가 발생하여 치국에 많은 제한을 받아 일부 지역에만 적용하였다. 그러나 FMC/MMC/변파중계기 등 Coverage 확장을 위한 옥외형 장비가 개발 됨에 따라 기지국 효율 향상 및 경제적인 Coverage 확대 방안이 적용 되었고, RF 중계기는 IN-B/D 및 Cell Plan 과정에서 생긴 좁은 음영지역과 터널과 같은 지하공간 음영지역 통화 품질 개선을 위해 사용하였다. 이 과정에서 고객은 점점 소규모의 지하 서비스를 요구하였고, 중계기 개발은 좀더 적은 공간에 적용할 수 있는 소규모 저가형으로 발전하고 있다.

### 6.1.1 RF 중계기 주요 제원

RF 중계기는 RF 출력에 따라서 서비스 커버리지(범위)를 결정하고 특성에 따라 중형, 소형, 초소형, 극초소형의 4가지 종류로 나눠지며 각각의 중계기들의 제원 값은 다음과 같다.

표 6.1 **RF중계기의 주요 제원**

| Characteristic | 중형 | 소형 | 초소형 | 극초소형 |
|---|---|---|---|---|
| Frequency Band Width | 4+6.15MHz | 4+6.15MHz | 4+6.15MHz | 4+6.15MHz |
| Gain (Control Range, Step) | 100dB(40,2dB) | 80dB(30,2dB) | FWD: 70dB(30,2)<br>REV: 60dB(30,2) | 60dB(30,2dB) |
| System Group Delay | 8μs 이하 | 5μs 이하 | 5μs 이하 | 5μs 이하 |
| 대역 내 자처발생 Spurious Emission | −6dBm/1.23MHz 이하 | −25dBm/1.23MHz 이하 | −46dBm/1.23MHz 이하 | −46dBm/1.23MHz 이하 |

| Characteristic | 중형 | 소형 | 초소형 | 극초소형 |
|---|---|---|---|---|
| Tx/Rx Isolation | 110dB 이상 | 93dB 이상 | 80dB 이상 | 80dB 이상 |
| Characteristic Impedance | 50Ω | 50Ω | 50Ω | 50Ω |

표 6.2 **Forward Path 특성**

| Characteristic | 중형 | 소형 | 초소형 | 극초소형 |
|---|---|---|---|---|
| Frequency Range | 4+6.15MHz | 4+6.15MHz | 4+6.15MHz | 4+6.15MHz |
| Pass Band Ripple | 3dB p-p | 3.0dB p-p | 3dB p-p | 3dB p-p |
| Nomal Operating Input Pwr Range | −40~−80dBm/FA | −50~−70dBm/FA | −40~−70dBm/FA | −40~−60dBm/FA |
| Max Output Power | 28dBm/FA | 12dBm/FA | 3dBm/FA | 0dBm/FA |
| Third-Order Inter-modulation Distor-tion | 50dBc min | 45dBc min | 45dBc min | 45dBc min |
| Noise Figure | 7dB 이내 | 7dB 이내 | 7dB 이내 | 7dB 이내 |
| Input VSWR | 1.4:1 이하 | 1.4:1 이하 | 1.4:1 이하 | 1.4:1 이하 |

표 6.3 **Reverse Path 특성**

| Characteristic | 중형 | 소형 | 초소형 | 극초소형 |
|---|---|---|---|---|
| Frequency Range | 4+6.15MHz | 4+6.15MHz | 4+6.15MHz | 4+6.15MHz |
| Pass Band Ripple | 3.0dB p-p | 3.0dB p-p | 3.0dB p-p | 3.0dB p-p |
| Input Power Range | −40~−80dBm/FA | −50~−70dBm/FA | −40~−70dBm/FA | −40~−60dBm/FA |
| Max. Output Power | 26dBm/FA | 21dBm/FA | 3dBm/FA | 0dBm/FA |
| Third-Order Intermod-ulation Distortion | 50dBc min | 45dBc min | 45dBc min | 45dBc min |
| Noise Figure | 7dB 이내 | 7dB 이내 | 7dB 이내 | 7dB 이내 |
| Input VSWR | 1.4:1 이내 | 1.4:1 이내 | 1.4:1 이내 | 1.4:1 이내 |

표 6.1은 RF 중계기의 주요 제원 값을 나타낸 표이다. 이는 그 RF 중계기의 Gain 값과 밀접한 연관이 있다. 일반적으로 Gain 값이 크면 클수록, 중계기의 크기도 커짐을 확인할 수 있다. 또한 Tx/Rx Isolation 값 또한 크기가 커질수록 증가함을 확인할 수 있다.

이러한 중계기의 기본적인 제원 외에도, RF 중계기에는 Forwad path와 Reverse Path 부분의 제원이 별도로 존재한다. 표 6.2, 표 6.3은 각각의 path 부분들의 제원 값이다.

RF 중계기는 또한 크기에 따른 설치 용량이 다르다.

**표 6.4 RF 중계기 설치 용량**

| 중계기명 | 옥내 설치시 | 옥외 설치시 |
|---|---|---|
| 중형 | 3000평 이하 | 1Km 이내 |
| 소형 | 1600평 이하 | 0.5Km 이내 |
| 초소형 | 300평 이하 | |
| 극초소형 | 50평 이하 | |
| 공용화 | 50평 이하 | |

표 6.4는 RF중계기 종류에 따른 설치용량이다. 표에서 보면 소형 이상만 옥외 설치가 가능하며, 극 초소형과 공용화 중계기의 경우 50평 이하의 공간에서만 활용이 가능함을 알 수 있다.

## 6.1.2 중형 RF 중계기

### 6.1.2.1 중형 중계기의 특성 및 기능

중형 중계기는 RF 중계기들 중에서 가장 큰 Gain 과 설치 용량을 가지고 있다. IF 주파수 변환 방식을 사용하며 최소 4개(순방향 2개, 역방향 2개)의 IF 보드를 장착할 수 있어 채널 확장이 용이하다. 또한 A, A′ 대역에서 사용되는 IF 카드의 통과 대역폭은 각각 1.23MHz(FA 1개)~11.07MHz(FA 9개)까지 가변이 가능하며 가변 순서는 5, 6, 7, 8, 4, 3, 2, 1, 9 FA 순서로 대역 확장이 가능하다. 전원 ON/OFF, Gain Control, Power AMP ON/OFF 조작이 용이하며, 중계기 고장 및 발진으로 인한 이상출력 발생시 자동으로 출력을 차단하고 정상 회복되었을 때 자동으로 원상태로 돌아오는 기능을 가지고 있다(자동 절체 기능). 여기서 REV Path는 출력이 40dBm/FA 초과시 출력을 OFF 시킨다.

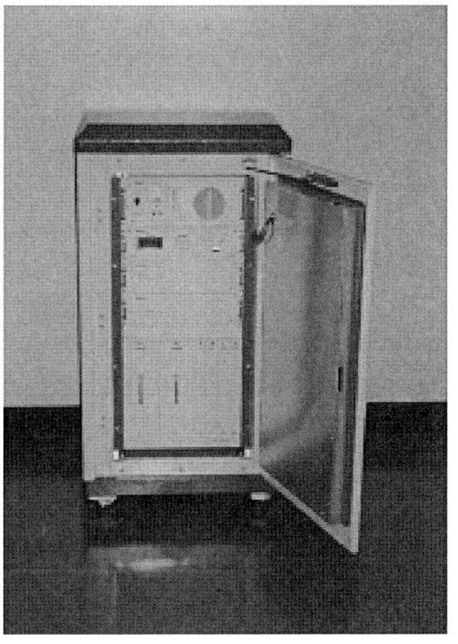

그림 6.1 **중형중계기의 형태**

함체 구조는 H × W × D = 1100 × 700 × 650 이하이며 19′ Rack에 장착 가능하다. 또한 방열을 위한 냉각팬 및 방열판이 설치되어 냉각 성능을 일정하게 유지시킨다.

#### 6.1.2.2 중형 중계기 구조

그림 6.2는 중형 중계기의 구조를 나타낸 그림이다. 각각의 수신단과 송신단으로 전송되면서 거치는 과정은 동일하며, 각 단계에서 수행하는 과정은 다음과 같다.

- Duplexer: 각 사업자가 원하는 주파수 영역에서 쌍방향 통신이 가능하게 한다. 여기서 각각의 주파수는 대략 TX는 824~849MHz, RX는 869~894MHz 이다.
- LNA: 저잡음 증폭단으로 입력신호의 잡음성분을 최대한 억제하고 신호를 원하는 Level로 증폭함으로서 신호 대 잡음성분을 유지시킨다.
- FILTER: 각 사업자가 원하는 주파수 대역을 통과시키고 그 밖의 주파수는 거르는 기능을 하며, 각각의 대역폭은 다음과 같다(TX: 872.715~878.865, 890.295~893.985 RX: 826.715~833.865, 845.295~848.985).
- ATT: Path 상의 Gain을 줄이는 기능을 한다.
- DOWN CONVERTER: RF 신호를 IF 신호로 변환시키는 기능을 한다(70MHz).
- UP CONVERTER: IF 신호를 원하는 RF 신호로 변환시키는 기능을 한다.
- DRV AMP: HPA가 원하는 입력 신호 Level로 증폭하는 기능을 한다.

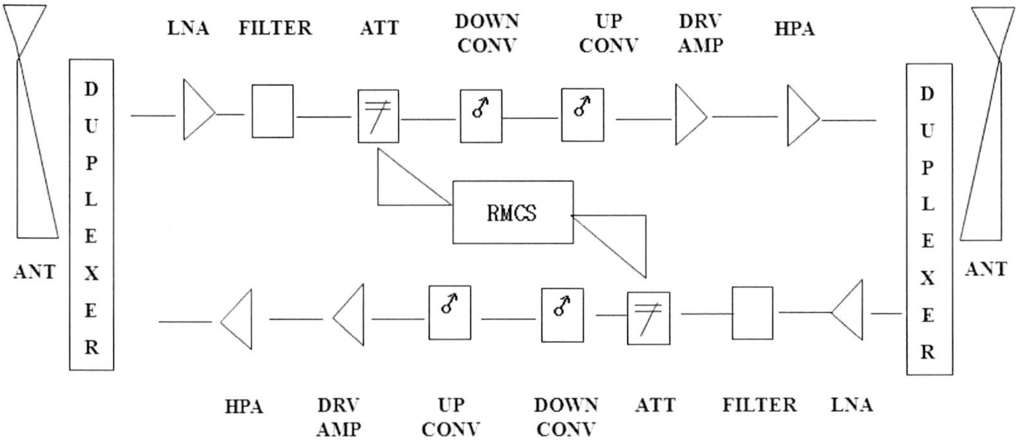


그림 6.2 **중형 중계기 Block Diagram**

- HPA: 각 중계기가 원하는 출력으로 신호을 증폭하는 기능과 중계기의 이상 발진이나 그 밖의 이상현상으로 인하여 RX의 출력이 기지국에 영향을 주는것을 미연에 방지하기 위하여 출력을 OFF하는 SHUTDOWN 기능을 가지고 있다(TX: Total 43dBm, RX: Total 40dBm, SHUTDOWN LEVEL: 40dBm).
- RMCS: TX와 RX 간에 Access되는 Power를 Control하는 기능과 모니터기능을 가지고 있다(Total: 29dBm).

## 6.1.3 소형 RF 중계기

### 6.1.3.1 소형 중계기의 특성 및 기능

소형 중계기는 옥내 및 옥외에서 사용 가능하도록 충격·온도·습도 특성이 우수한 밀폐형 구조를 띄고 있고, 장비의 단순화 및 Size의 최소화를 위해 직접 중계방식을 사용하며, 4+6.15MHz형상을 기본으로 한다(필요 시 4+11MHz로 변경 가능). 또한 6.15MHz대역의 신호중계를 선택적을 OFF 가능하다.

전원 ON/OFF, Gain Control, A+A′ Band 대역 신호 차단 조작이 용이하고, FWD, REV 출력 및 특성 시험을 위한 Test Port를 제공한다(30dBCoupler). 만약 중계기 상태표시를 위하여 직류 전류 값이 정상일 경우 녹색, 비정상일 경우 적색의 전구가 ON 되며, 중계기 고장 및 발진으로 인한 이상 출력 발생시 자동으로 출력을 차단하고, 정상 회복되었을 때 자동으로 원상복구가 되는 자동절체기능(REV Path: 출력이 29dBm/Total 초과시 OFF)을 가지고 있다.

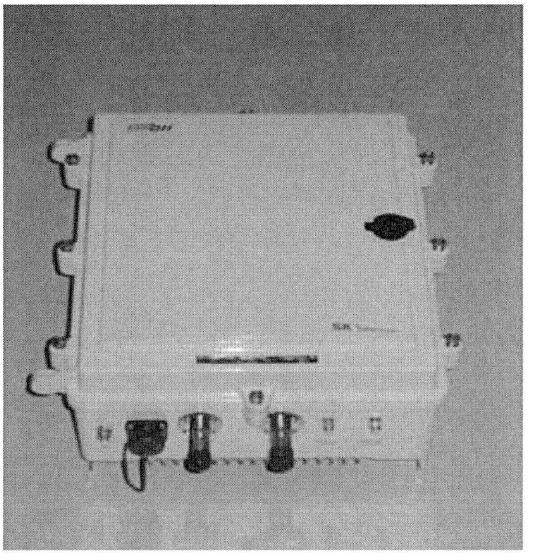

그림 6.3 **소형 중계기**

6.1.3.2 소형 중계기의 구조

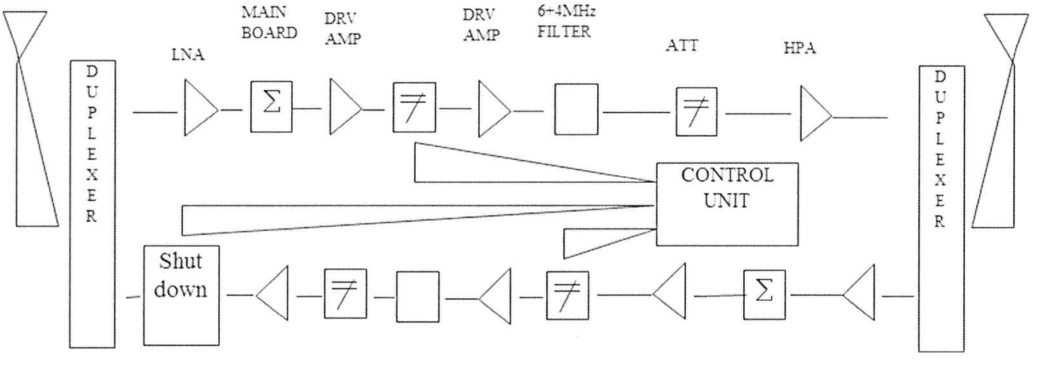


그림 6.4 **소형 중계기 Block Diagram**

그림 6.4는 소형 중계기의 구조를 나타낸 그림이다. 중형 중계기와 비교했을 때 부분부분의 차이만 존재할뿐, 전체적인 과정은 흡사하다. 소형 중계기 역시 각각의 수신단과 송신단으로 전송되면서 거치는 과정은 동일하며, 중형 중계기 구조와는 다음과 같은 차이가 있다.

- HPA: 중형 중계기에서는 원하는 출력으로 신호를 증폭하는 기능 외에도 Shutdown 기능을 가지고 있있으나. 소형 중계기에서는 오로지 신호 증폭기능만을 담당하며, 출력에도 약간의 차이가 있다(Total: 21dBm).

- Control Unit: TX와 RX 간에 Access되는 Power를 Control하는 기능과 중계기의 이상 발진이나, 그 밖의 이상현상으로 인하여 RX의 출력이 기지국에 영향을 주는 것을 미연에 방지하기 위하여 중계기의 출력을 OFF하는 SHUTDOWN 기능을 한다. 본래 중형 중계기에서는 HPA에서 함께 담당하던 기능이었으나, 소형 중계기에서는 따로 Control Unit을 두어 담당한다.

## 6.1.4 초소형 중계기

### 6.1.4.1 초소형 중계기의 특성 및 기능

초소형 중계기는 설치용량의 제한으로 인해 옥외에의 사용에는 한도가 있는 소형 중계기이다. 소형 중계기와 동일하게 장비의 단순화 및 Size의 최소화를 위해 직접중계방식을 사용하며 4+6.15MHz 형상을 기본으로 한다. 또한 FWD, REV 출력 및 특성 시험을 위한 Test Port를 제공(30dB Coupler)하고, 앞의 두 중계기와 동일하게 중계기 상태표시를 위하여 직류 전류값이 정상일 경우 녹색, 비정상일 경우 적색의 전구가 ON된다. 초소형 중계기 역시 중계기 고장 및 발진으로 인한 이상출력 발생시 자동으로 출력을 차단하고 정상 회복되었을 때 자동으로 원상 복구하는 자동 절체기능을 탑재하고 있다. 함체 구조는 H×W×D = 1100 × 700 × 650 이하이며 온도 및 습도 특성이 우수하도록 설계하였다.

### 6.1.4.2 초소형 중계기의 구조

그림 6.5 **초소형 중계기**

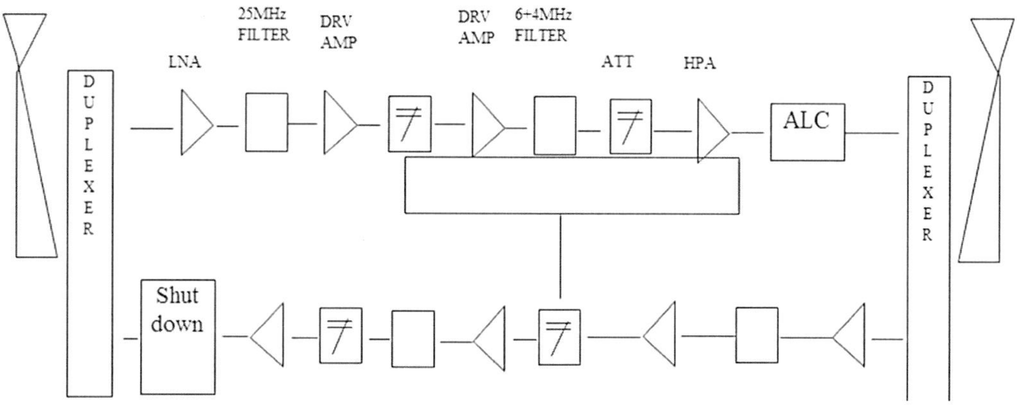


그림 6.6 **초소형 중계기의 Block Diagram**

그림 6.6은 초소형 중계기의 Block Diagram이다. 전체적으로 살펴보면 소형 중계기의 Block Diagram과 매우 비슷하며, 다음과 같은 차이점이 존재한다.

- ALC: TX와 RX 간에 Access되는 Power를 Control하는 기능을 가지는 회로로 TX Path을 기준으로 동작한다. 중형 중계기의 RMCS 기능과 비슷하다.

## 6.1.5 극초소형 RF 중계기

### 6.1.5.1 극초소형 중계기의 특성 및 기능

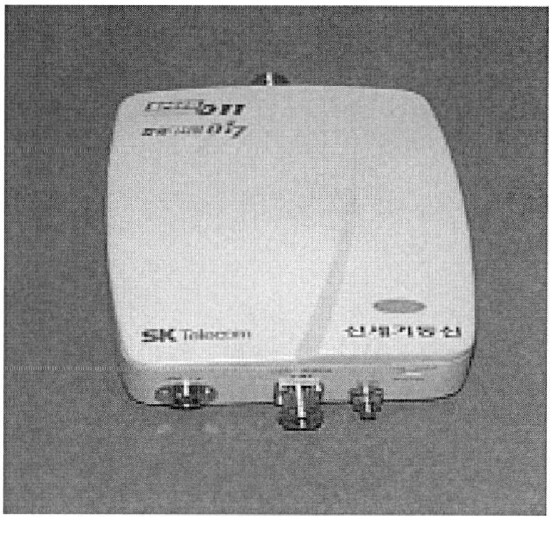


그림 6.7 **극초소형 중계기**

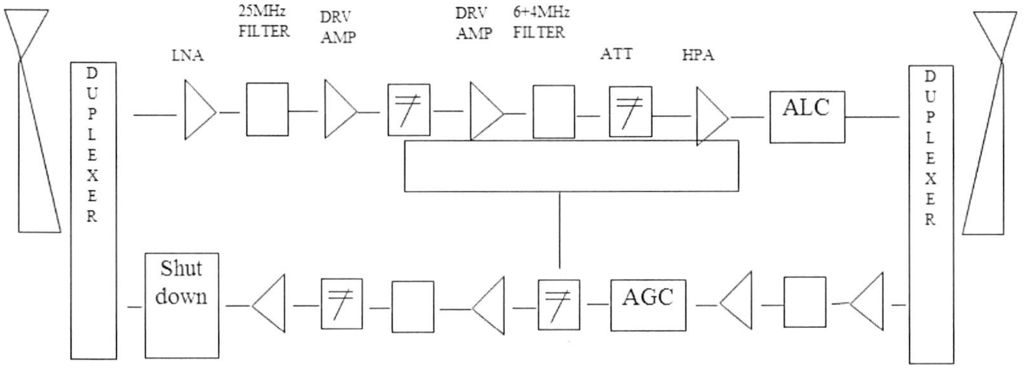


그림 6.8 **극초소형 중계기 Block Diagram**

극초소형 중계기는 RF 중계기들 중 가장 작은 크기의 중계기이며, 극초소형 중계기에도 자동절체기능이 탑재되어 있으며, 초소형 중계기와 마찬가지로 함체 구조는 H × W × D = 1100 × 700 × 650 이하이며 온도 및 습도 특성이 우수하도록 설계되었다.

#### 6.1.5.2 극초소형 중계기의 구조

그림 6.8은 극초소형 중계기의 Block Diagram이다. 전체적으로 초소형 중계기 구조와 비슷하며, 전체적인 모듈들의 출력이 낮다. 다른 중계기와 극초소형 중계기의 차이점은 다음과 같다.

- AGC: TX의 입력 신호가 작은 경우 또는 여러 대의 단말기가 동시에 Call 되는 경우에 증가하는 RX의 출력 Level을 일정하게 유지시키는 기능을 하는 회로이다(Total: 9dBm).

## 6.2 M/W 중계기

### 6.2.1 M/W 중계기의 개요

MicroWave 중계기는 기지국에서 출력되는 PCS 대역의 RF신호(1.7~1.8GHz)를 Up-converting하여 M/W 주파수(17~19GHz)로 변환하여 통신 음영지역에 송신하는 방식이다.

M/W 중계기의 종류에는 Donor rks 신호 전달을 유선으로 하는 기본형과 무슨으로 하는 중계형이 있다. 가시거리를 확보해야만 서비스가 가능한 단점이 있지만, 여타 장비에 비해 운용 비용이 적게 들고 설치 및 이설이 간편한 장점이 있다.

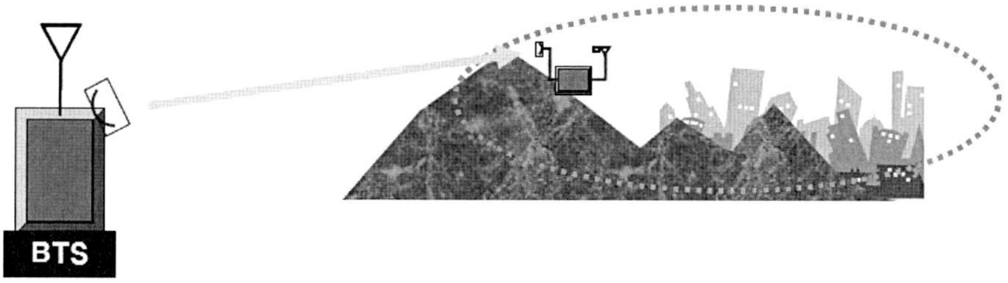


그림 6.9 **Microwave 중계기의 개념도**

- 기지국의 전파가 산이나 기타 지형지물로 인하여 차단된 지역, 유선망 확보가 어려운 산악, 도서지역 등에 설치, 고품질의 통화서비스를 제공하는 장치.
- 모기지국과 서비스 영역과의 Link 거리에 따른 다양한 솔루션 활용
  - Short & Multi: 도심권 Link 거리가 2Km 이내이며 Multi-drop이 가능
  - Medium: 도심 외곽 Link 거리가 10Km 이내의 P2P
  - Long: 도서 및 산악지역 Link 거리 30Km 이내의 P2P

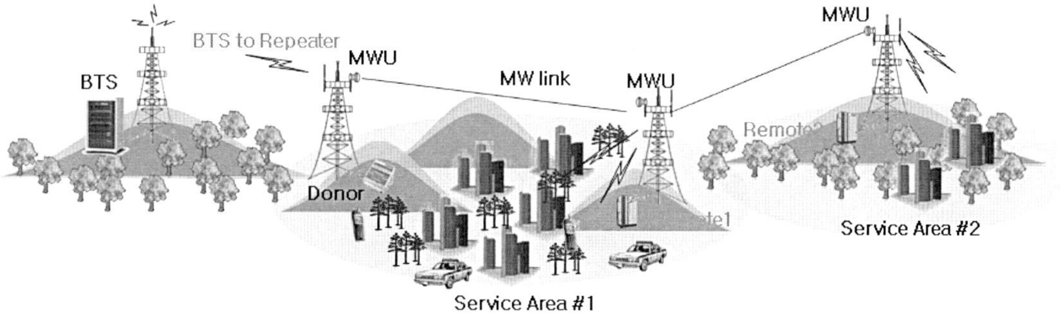


그림 6.10 **Microwave 중계기의 개념도**

## 6.2.2 M/W 중계기의 구성 및 제원

M/W 중계기는 기본적으로 CDMA, PCS, WCDMA 주파수를 MicroWave로 변환하여 전송하는 Donor부와 다시 Micro Wave를 서비스 주파수로 변환하여 음영지역을 서비스 하는 Remote부로 구성된다.

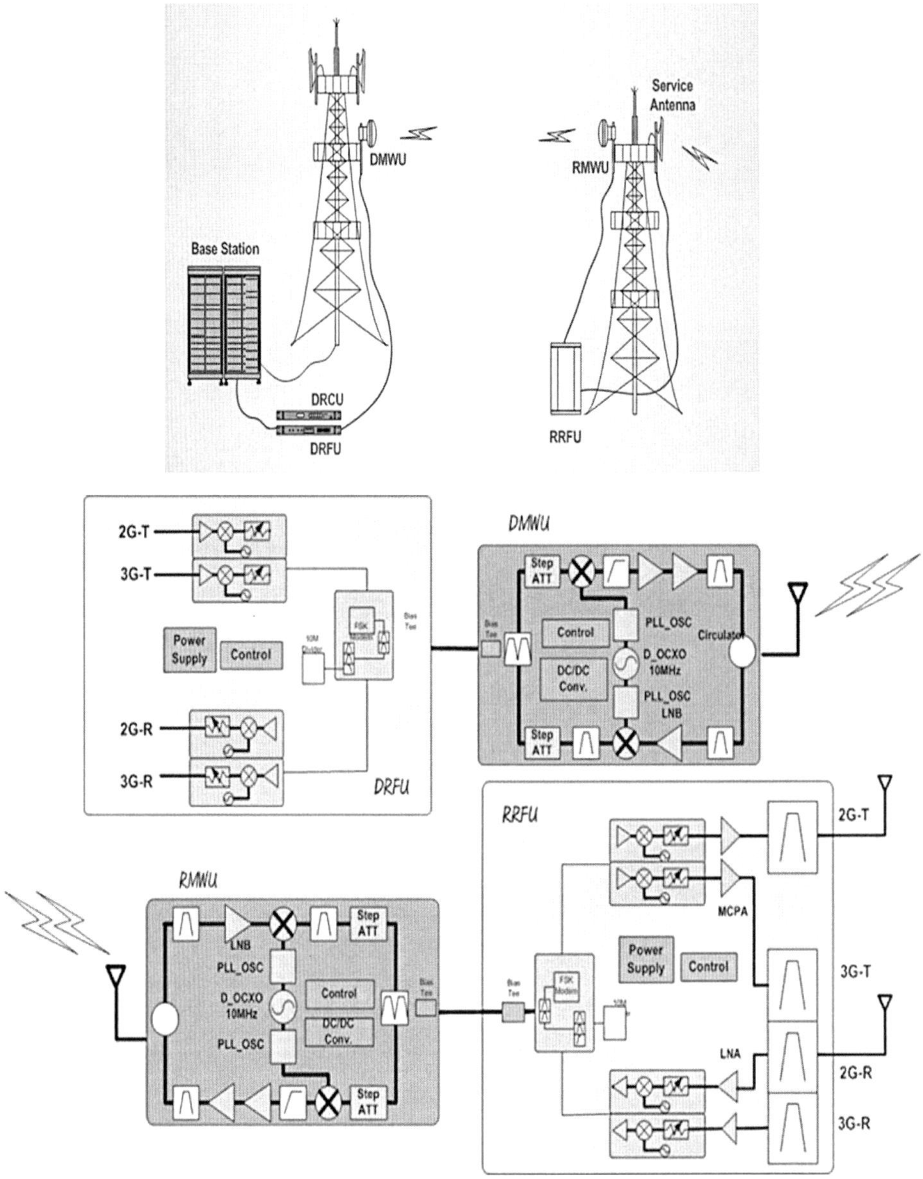


그림 6.11 **M/W 중계기의 구성도와 시스템 블럭도**

그림 6.11은 MicroWave Duo 중계기의 구성도와 시스템 블럭이다. 여기서 각각의 구성장치들은 다음과 같다.

- DRCU(Donor Remote Control Unit): 중계기의 전체적인 기능을 제어하는 역할을 한다.
- DRFU(Donor RF Unit): 중계기로 수신된 신호를 적정 level로 조정하는 역할을 한다.

- DMWU(Donor Microwave Unit): 신호의 주파수를 RF 신호(1.7~1.8GHz)를 Up-converting하여 M/W 주파수(17~19GHz)로 변환하는 역할을 한다.
- RMWU(Remote Microwave Unit): Donor에서 전송된 신호의 주파수를 Down-converting하여 RF 주파수로 변환하여 증폭하는 역할을 한다.
- RRFU(Remote RF Unit): 전달된 신호를 적절한 신호 Level로 조정하여 서비스 안테나를 통해 음영지역의 가입자에게 서비스한다.
- M/W 중계기의 각각의 RF uint과 M/W unit에는 각각의 규격이 존재하며, 각각의 규격 값은 다음과 같다.

표 6.5 **RF unit의 규격**

| 항목 | 규격(2G) | | 규격(3G) | |
|---|---|---|---|---|
| | 순방향 | 역방향 | 순방향 | 역방향 |
| Frequency Range | 869.025 ~<br>893.985MKz | 824.025 ~<br>848.985MKz | 2130.88 ~<br>2149.32MKz | 1940.88 ~<br>1959.32MKz |
| Input Power Range | −35 ~ −20dbm/FA | −50dbm/FA 이하 | −42 ~ −20dbm/FA | −50dbm/FA 이하 |
| Output Power | +43dBm/Total | +5dBm/Total | +43dBm/Total | +5dBm/Total |
| Gain | 65dB | 60dB | 82dB | 60dB |
| Frequency Stability | ±0.01ppm 이하 | | | |
| System Time Delay | 4us 이하 (Propagation Delay 제외) | | | |
| Waveform Quality & EVM | RH0: 0.97 이상 | | 5% 이하(Source 대비) | |
| PCDE | | | −35dB 이하 | |
| VSWR | 1.4: 1 | | | |
| Passband Ripple | 3dB p-p | | | |
| Spurious Emission(ACLR) & IP3 | 45dBc 이하@<br>fc±750KHz<br>60dBc 이하@<br>fc+1.98MHz | IP3: +29dBm 이상 | 45dBc 이상 @<br>fc±5KHz<br>50dBc 이상@<br>fc±10MHz | IP3: +31dBm 이상 |
| N.F | | 5dB 이내 | | 5dB 이내 |

표 6.6 M/W unit의 규격

| ITEAM | Specification | Remark |
|---|---|---|
| MW Frequency | 40MHz + 20MHz | CH7 ~ CH12 |
| Gain | 30dB Typ | |
| AGC Range | −45dB ~ −75db(30dB) min | Link Loss |
| Inband Spurious | 2G(18FA): −45dBc(±1.98MHz)<br>3G(4FA): −48dBc(±10MHz) | 15dBm/Total |
| Ripple | 2dB 이하 | @pass band |
| EVM | 5% Max | Source 대비 |
| Waveform Quality | 0.97 Min | |
| Group Delay | 1us Max | |
| Frequency Stability | 25Hz | |
| Power Requirement | 24V / 4A | 96W |
| IF Porn Connector | N Type Female | |
| MW Port | WR-75(Parabola) or SMA(Patch) | |
| RSSI Monitor Connector | BNC Female | |
| 10MHz Level | −10dBm Typ | |

## 6.2.3 M/W 중계기의 종류

M/W 중계기는 기본적으로 2가지 종류가 있는데, 이는 Wire Coupling Type과 Air Coupling Type으로 구분된다.

그림 6.12는 Wire Coupling Type과 Air Coupling Type M/W 중계기를 비교해놓은 것이다. 두 중계기의 차이는 BS에서 중계기로 신호를 전송할 때에 무선으로 전송하는가 유선으로 전송하는가의 차이가 있다.

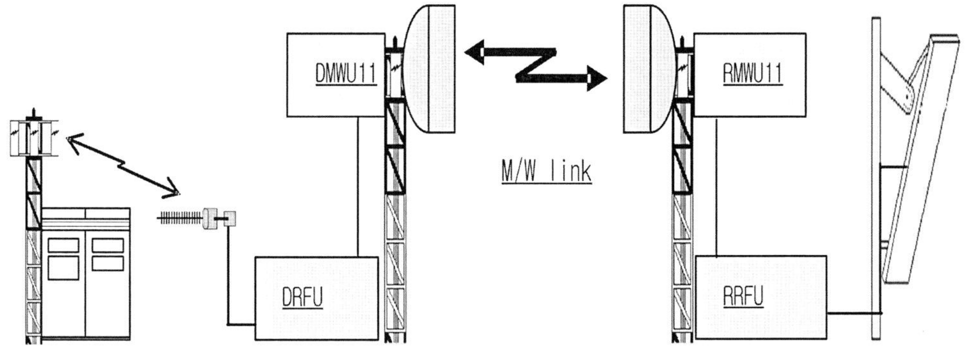


그림 6.12 **Wire Coupling Type과 Air Coupling Type M/W 중계기**

이러한 기본적인 분류 외에도, In B'd 분산형, M/W Cascade 형 등의 응용형 분류가 존재한다.

## 6.2.4 Microwave 중계기 구성 – 기본형

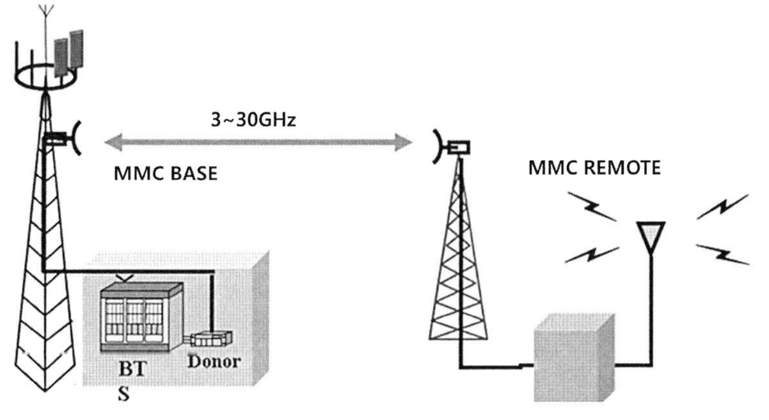


- Link 거리: 5Km (강우 감쇄 포함)
- 모국과 Remoto모듈 간 Line of Sight 확보 가능한 지역

### 6.2.5 Microwave 중계기 구성 – 중계형

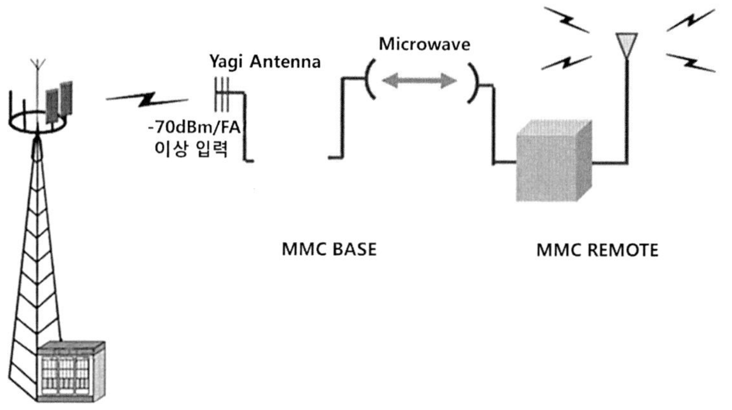


- Link 거리: 5KM (강우 감쇄 포함)
- 모국과 Remoto모듈간 Line of Sight 확보 불가능한 지역

## 6.3 변파 중계기 (FSR: Frequency Shifting Repeater)

### 6.3.1 변파 중계기의 개요 및 특징

변파 중계기는 RF 중계기의 일종으로서, 송·수신 간에 발생하는 간섭 현상을 제거함으로써 서비스 커버리지를 극대화함과 동시에 전송거리의 확장을 이루어 이동통신 서비스의 효과적인 실현이 이루어지게 한다.

변파 중계기는 사용치 않는 주파수를 도너 중계기와 리모트 중계기 사이의 링크 주파수로 사용함으로써 이러한 효율적인 서비스가 가능하다. 또한 기지국과 중계기에 주파수 변환 장치를 설치함으로써 중계기의 커버리지를 기지국과 거의 동등하게 확대시킬 수 있고, 기지국과 동일한 주파수를 사용하는 일반 중계기 방식과는 달리 핸드오프를 위한 가상주파수를 활용해 전파차단 문제 해결할수 있다. 그리고 소형,경량으로 설치가 용이하고 손쉽게 옮길 수 있어 재배치가 가능하고, 전력 소모가 적으며, Feed Back 현상에 강하다.

중계방식은 크게 링크용 주파수로 변환하는 장치를 기지국과 떨어뜨려 사용하는 방식(KTF)과 주파수 변환 장치를 BTS 내에 설치하여 채널 중계기 방식(HSP)으로 사용하는 경우로 구분된다.

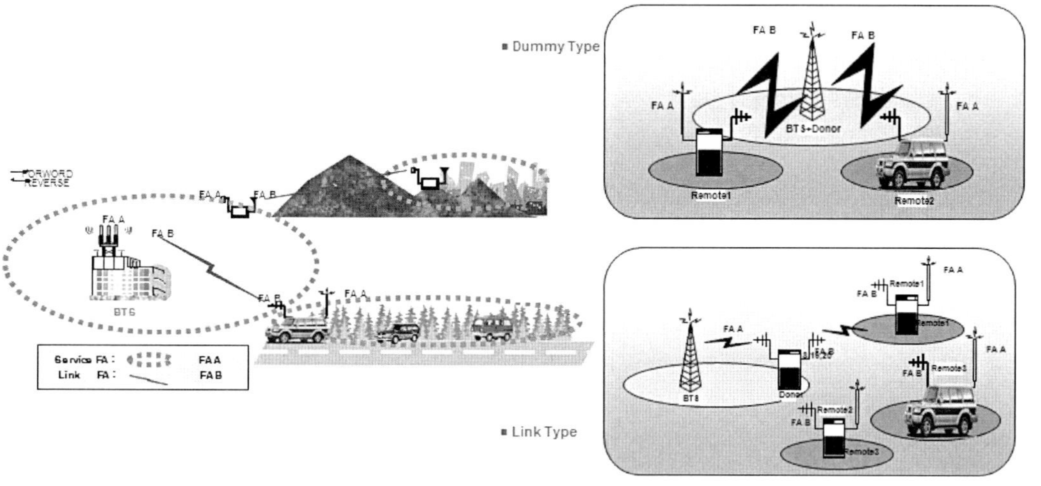


그림 6.13 **변파 중계기의 개념도**

## 6.3.2 변파 중계기의 구성과 동작

중계기의 구성은 기지국 CDMA주파수를 유휴 주파수로 변환하여 음영지역에 설치된 Remote 모듈로 송신하는 Donor부와 변환된 주파수를 수신하여 운용주파수로 재변환하여 음영지역에 서비스를 제공하는 Remote부로 구성되며, 중계기의 종류는 기지국과 Donor부를 유선으로 연결하는 기본형과 무선으로 연결하는 Link형으로 구분한다.

변파 중계기는 최대 3FA까지 운용이 가능하며 외곽지역 기지국 Coverage 확장 및 Coverage Hole제거 등의 목적으로 사용된다. 그림 6.14는 변파중계기의 한 예인 link 형의 예시이다.

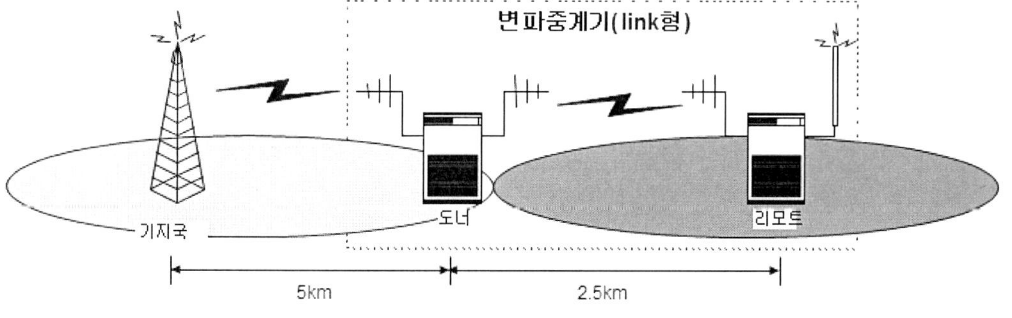


그림 6.14 **변파 중계기 예시(Link 형)**

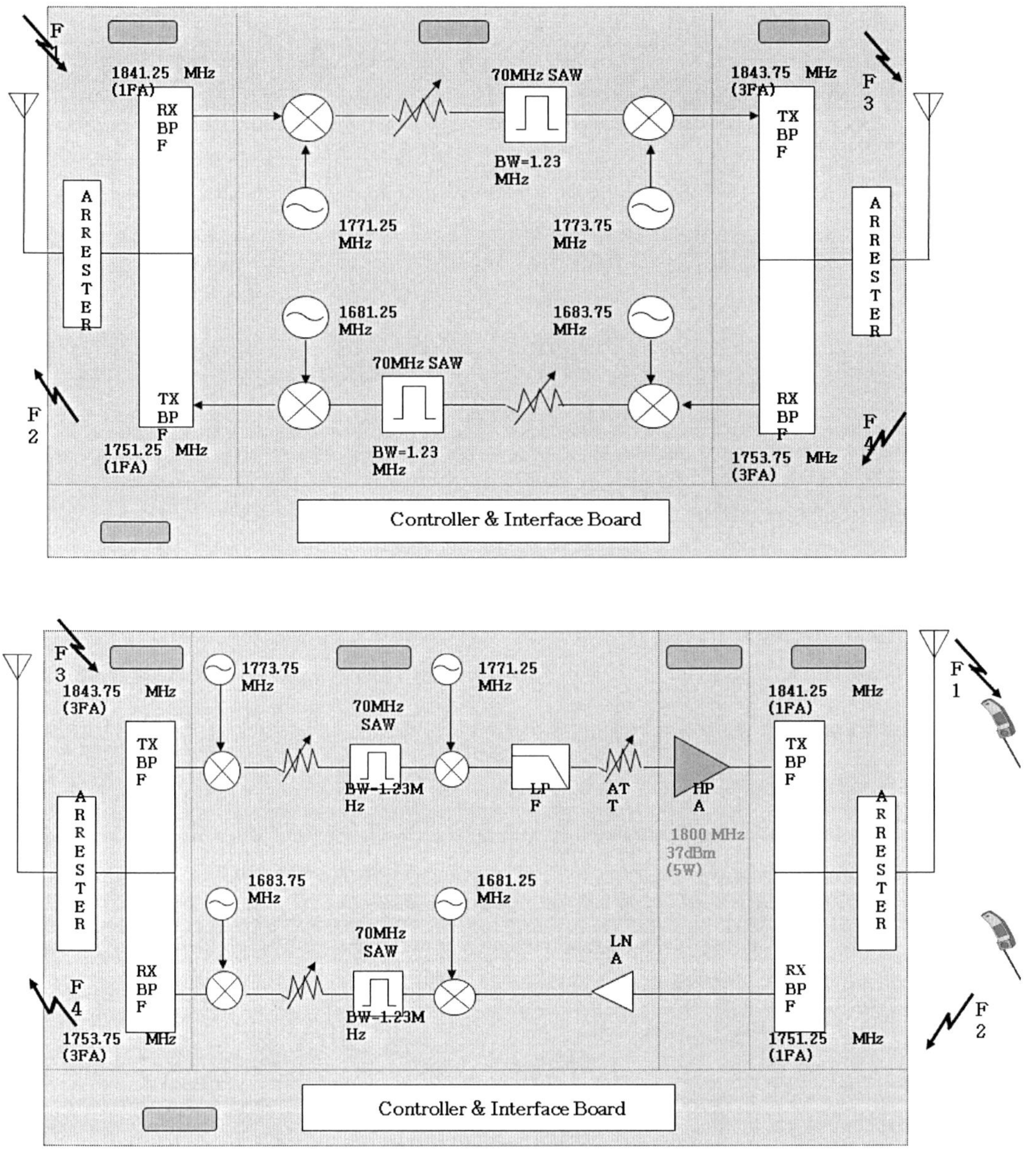


그림 6.15 **변파 중계기의 unit 구조도**

변파 중계기는 BTS의 서비스 범위 내에 위치하는 DU(Donor Unit)와 확장하고자 하는 서비스 지역(음영지역)의 중심에 위치하는 RU(Repeater Unit)으로 구성되며, 동작방법은 Down-link(순방향)와 Up-link(역방향)로 나누어 진다.

그림 6.15는 변파 중계기의 DU와 RU의 구조도이다. Spill Over에 의한 입출력의 Loop Back 현상 방지를 위해 Down-link에서는, BTS가 송출한 RF신호(F1)를 DU에서 수신하여 DU 내의 RF 모듈에서 PCS 주파수 대역 내의 다른 주파수로 변환(F3)시켜 음영지역을 커버하기 위한 RU로 전송하고, RU는 F3를 수신하여 RU 내의 RF모듈에서 기지국이 송출한 원 신호(F1)로 변환시켜 가입자에 서비스를 제공한다. 마찬가지로 Up-link에서는 가입자가 송출한 RF 신호(F2)를 RU에서 수신하여 PCS 주파수 대역 내의 다른 주파수로 변환(F4)시켜 서비스 지역 내의 DU로 전송하고, DU는 수신한 F4를 원 신호(F2)로 변환시켜 기지국에 전송한다.

## 6.3.3 변파 중계기 구성 – 기본형

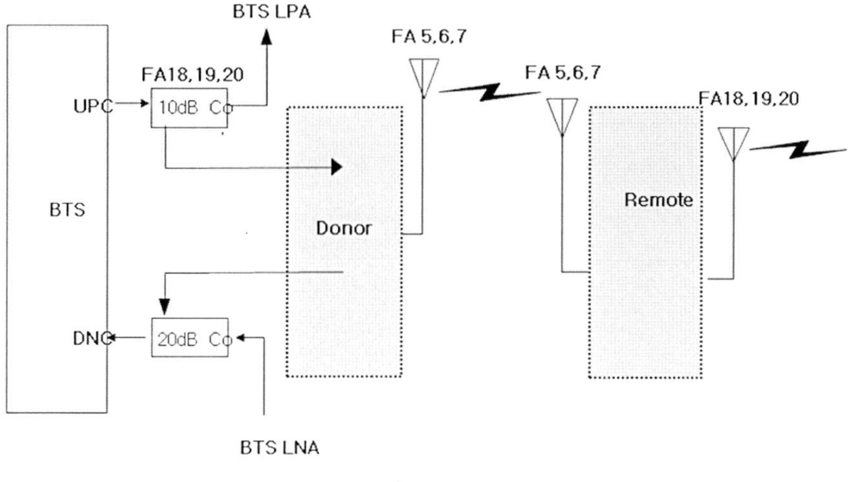


## 6.3.3 변파 중계기 구성 – 중계형

### ■ 동작 원리

BTS의 서비스 범위 내에 위치하는 DU(Donor Unit)와 확장하고자 하는 서비스 지역(음영지역)의 중심에 위치하는 RU(Repeater Unit)으로 구성되며, 동작방법은 Down-link(순방향)와 Up-link(역방향)로 나누어 진다.

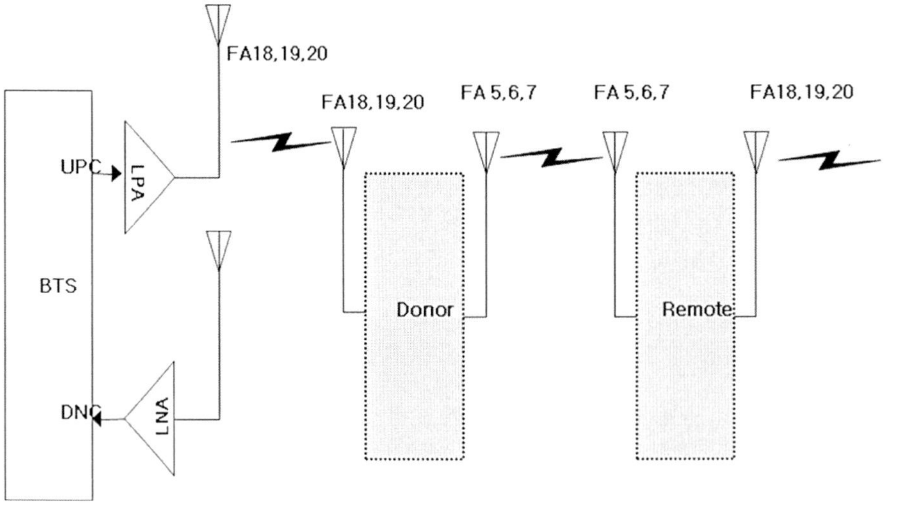


Spill Over에 의한 입출력의 Loop Back 현상 방지를 위해 Down-link에서는, BTS가 송출한 RF신호(F1)를 DU에서 수신하여 DU 내의 RF모듈에서 PCS 주파수 대역 내의 다른 주파수로 변환(F3)시켜 음영지역을 커버하기 위한 RU로 전송하고, RU는 F3를 수신하여 RU 내의 RF모듈에서 기지국이 송출한 원 신호(F1)로 변환시켜 가입자에 서비스를 제공한다. 마찬가지로 Up-link에서는 가입자가 송출한 RF 신호(F2)를 RU에서 수신하여 PCS 주파수 대역 내의 다른 주파수로 변환(F4)시켜 서비스 지역내의 DU로 전송하고, DU는 수신한 F4를 원 신호(F2)로 변환시켜 기지국에 전송한다.

■ 특징

- 기지국과 중계기에 주파수 변환 장치를 설치함으로써 중계기의 커버리지를 기지국과 거의 동등하게 확대
- 기지국과 동일한 주파수를 사용하는 일반 중계기 방식과는 달리 핸드오프를 위한 가상 주파수를 활용해 전파차단 문제 해결
- 링크용 주파수로 변환하는 장치를 기지국과 떨어뜨려 사용하는 방식(KTF)과 주파수 변환 장치를 BTS내에 설치하여 채널중계기 방식(HSP)으로 사용하는 경우로 구분
- 소형, 경량으로 설치가 용이하고 손쉽게 옮길 수 있어 재배치가 가능
- 전력 소모가 적으며, Feed Back 현상에 강함

## 6.4 광 중계기

### 6.4.1 광 중계기의 개요

기존의 중계기에서는 기지국에서 송신된 신호를 중계기를 통하여 증폭한 후 음영지역으로 방사할 경우, 증폭된 기지국의 신호가 다시 수신된 경로로 되돌아 가는 Feed Back 현상이 큰 문제점으로 나타나, 기지국 방향 안테나와 음영지역 방향 안테나의 거리를 약 30M 이상 이격 시켜 송수신 상호간의 Isolation을 만족시켜야 하는 어려움이 있었다.

광 중계기는 이러한 문제점을 해결하기 위하여 RF 신호를 광으로 변환하고 전파차단(Isolation)을 위한 파장분할다중(WDM: Wavelength Division Multiplexing)방식을 통해 광케이블 선로비용을 반으로 줄임과 동시에 기지국의 송수신 종단에 Coupling Port를 이용하여 발진현상을 막아 음영지역, 또는 치국이 어려운 지역에 양질의 서비스 품질을 공급하는 장치이다.

### 6.4.2 특징 및 구성

광 중계기는 한 기지국에 원격안테나를 부착한 3개 이상의 중계국을 설치함으로써 기지국 수를 최소화하면서도 커버리지를 확대할 수 있다. 또한 Multi FA지역에서 일반중계기를 이용하면 안테나isolation으로 인한 고출력 중계의 어려움이 발생하는 문제점을 극복하고 보다 좋은 품질로 넓은 음영지역을 해소할 수 있으며, 크기가 소형으로 설치가 용이하고 손쉽게 옮길 수 있어 환경변화에 따른 재배치와 음영지역에 대한 서비스 확장 시 신속한 대응이 가능하나 광 선로 임대 기간 동안에는 이설이 어려운 단점을 내재하고 있다. 지형적으로 기지국 철탑 설치가 어려운 지역이나 통화량이 적어 기지국 설치가 비경제적인 지역에 설치하여 적은 비용으로 서비스 지역을 확장하는데 주로 사용된다.

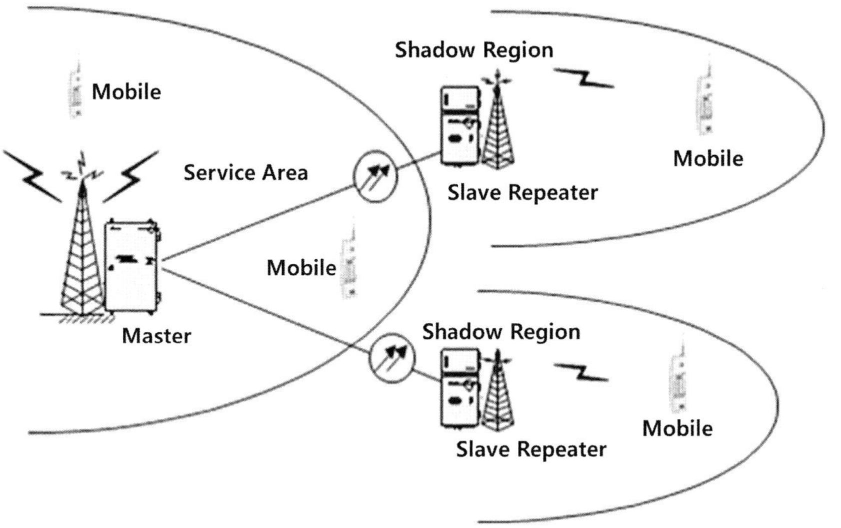


그림 6.16 **광 중계기 사용시의 전체 통신망 구성**

**특징**: 한 기지국에 원격안테나를 부착한 3개의 중계국을 설치함으로써 기지국 수를 최소화하면서도 커버리지를 확대

- 누설 동축케이블 방식과 비교해 정확한 전파의 송수신이 가능하고 기지국과 중계기 간에 유선으로 연결, 매우 적은 손실 및 안정적인 채널 환경을 보장
- SAW 필터를 채용, 타사업자 간섭을 최소화하고 Plug-In방식 및 시스템을 모듈화해 장비교체와 유지보수가 용이
- 설치가 용이하고 통화성공율이 상대적으로 높으며 손쉽게 옮길 수 있으나 설치비용이 비싸고(20~30만원/Km) 과다한 광케이블 사용료(월25~50만원/회선), 광 선로 임대 기간이 2년(최대8년)동안 정해져 있어 이설이 어려운 단점 내재
- 옥내(2Core)와 옥외(1Core)에 사용 가능
- 광대역(BW = 10MHz)이며, Feed Back 현상 없음

**기대효과**: 음영지역 뿐 아니라 통화가 가능한 지역일지라도 일부지역에 특정시간대에(출퇴근시간, 도심 밀집지역) 사용자가 폭증하여 해당 기지국의 트래픽 용량을 초과할 경우 인근의 기지국으로 트래픽을 분산시키는 효과

- 지형적으로 기지국 철탑 설치가 어려운 지역이나 통화량이 적어 기지국 설치가 비경제적인 지역에 설치하여 적은 비용으로 서비스 지역을 확장

**구성**

그림 6.17는 광 중계기 개념도이다. 기지국에서 송신된 신호를 중계기를 통하여 증폭한 후 음영지역으로 방사할 경우 증폭된 기지국의 신호가 다시 수신된 경우 증폭된 기지국의 신호가 다시 수신된 경로로 되돌아 가는 Feed Back 현상이 큰 문제점으로 나타나 기지국 방향 안테나와 음영지역 방향 안테나의 거리를 약 30m 이상 이격시켜 송수신 상호간의 Isolation을 만족시켜야 하는 어려움이 있었다.

광 중계기는 이런한 문제점을 해결하기 위하여 RF 신호를 광우로 변환하고 전파 차단(Isolation)을 파장분할다중(WDM: Wavelength Division Multiplexing) 방식을 통해 광케이블 선로비용을 반으로 줄임과 동시에 기지국의 송수신 종단에 Coupling Port를 잉용하여 발진현상을 막아 음영지역, 또는 치국이 어려운 지역에 양질의 서비스 품질을 공급하는 장치이다.

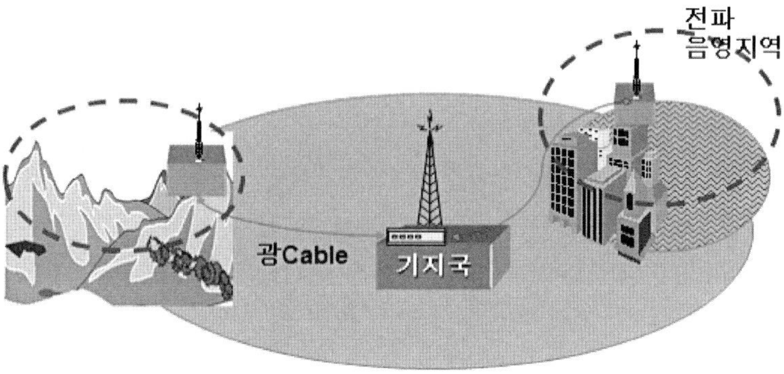


그림 6.17 **광 중계기 개념도**

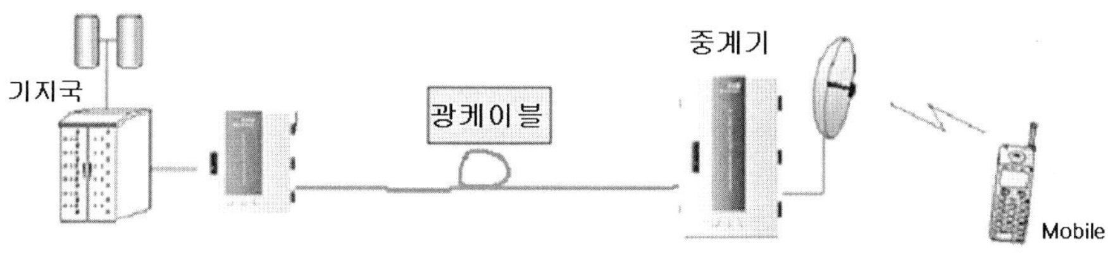


그림 6.18 **광 중계기의 전송경로**

그림 6.18은 광 중계기의 전송경로를 나타낸다. 기지국과 중계기 사이에 광케이블을 이용하여 송·수신한다. 송·수신 단계는 다음과 같다.

**RF신호 → Down Converter → 광전송로 → Up Converter → RF신호**

또한, 광 중계기는 발진 가능성이 없어 안정적인 고출력 서비스가 가능하다. 따라서 높은 품질의 신호품질을 보장한다. 그러나 회선 임대차 비용이 높다는 단점이 있다. 아날로그 광 중계기와 디지털 광 중계기로 나누어지며, 아날로그 광 중계기는 RF 아날로그 신호를 광케이블에서 전송하고 디지털 광 중계기는 RF신호를 A/D 변환하여 광케이블로 전송한다는 차이점이 있다.

그림 6.18은 광 중계기 기지국의 커버리지를 나타낸다. 광 중계기의 특징으로는 한 기지국에 원격 안테나를 부착한 3개 이상의 중계국을 설치함으로써 기지국 수를 최소화하면서 커버리지를 확대 할 수 있다. 멀티 FA 지역에서 일반 중계기를 이용하면 안테나 isolation으로 인한 고출력 중계의 어려움이 발생하는 문제점을 극복하고 보다 좋은 품질로 넓은 음영지역을 해소할 수 있다. 크기가 소형으로 설치가 용이하고 손쉽게 옮길 수 있어 환경변화에 따른 재배치와 음영지역에 대한 서비스 확장 시 신속한 대응이 가능하나 광 선로 임대 기간 동안에는 이설이 어려운 단점이 있다. 지형적으로 기지국 철탑 설치가 어려운 지역이나 통화량이 적어 기지국 설치가 비경제적인 지역에 설치하여 적은 비용으로 서비스 지역을 확장할 수 있다.

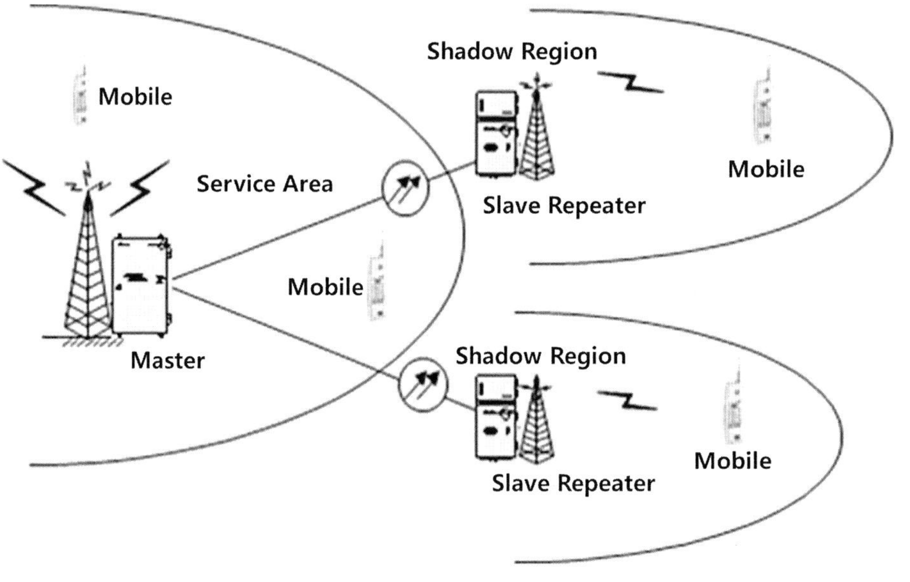


그림 6.19 **광 중계기 기지국의 커버리지**

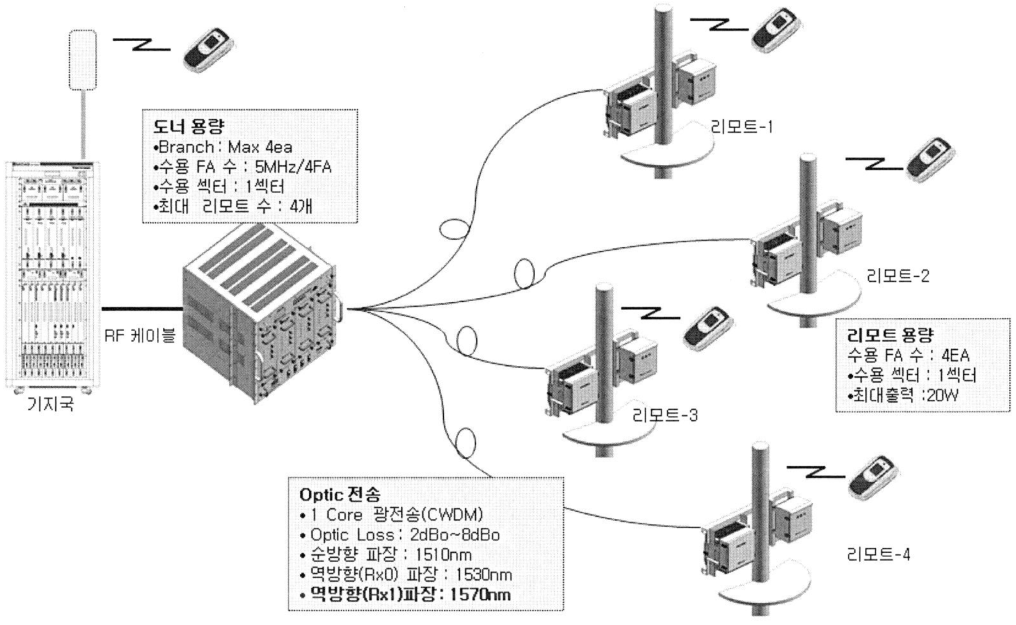


그림 6.20 **Analog 광 중계기 망 구성도**

## 6.4.2 아날로그 광 중계기

그림 3-7은 Analog 광 중계기 망 구성도를 나타낸다. Analog 광 중계기는 도너 모듈 및 리모트 모듈로 구성된다. 리모트 모듈은 RF shelf, Optic shelf, Control shelf 및 Power shelf로 구성된다. 도너 모듈은 기지국과 RF 케이블로 연결된다. 도너 모듈은 최대 4개의 Branch과 연결할 수 있다. 수용 FA 수는 5MHz/4FA이다. 수용섹터는 1섹터이다. 최대 리모트 모듈은 4개이다. 도너에서 리모트 모듈까지는 광 전송을 한다. Optic Loss는 2dBo~8dBo이다. 순방향 파장은 1510nm이고 역방향 파장은 1530nm(Rx0), 1570nm(Rx1)이다. 도너 모듈과 광 케이블로 연결된 리모트 모듈의 수용 FA 수는 4개이고 수용섹터도 도너 모듈과 같은 1섹터이다. 리모트 모듈의 최대 출력은 20W이다.

#### 제원

다음 표들은 아날로그 광 중계기의 제원과 Forward Specification, Reverse Specification, 환경제원을 나타낸다.

표 6.7 **Analog 제원**

| 항목 | 규격(SF-W20) | 규격(WAFMC-B) |
|---|---|---|
| 송신 주파수 대역 | 2130.88MHz ~ 2149.32MHz | 좌통 |
| 수신 주차수 대역 | 1940.88MHz ~ 1959.32MHz | 좌통 |
| 시스템 출력 | 20Watt/Total | 40Watt/Total |
| 사용 광파장 | 3파장 사용<br>(Tx :1510nm, Rx :1530nm, Rx1: 1517nm) | 2파장 사용<br>(Tx :1510nm, Rx0, Rx1: 1530nm) |
| Dynamic Range | 10dB 이상/4FA | 12dB 이상/4FA |
| 광손실 범위 | 2dBo ~ 8dBo | Single 구조시: 2 ~ 8dBo<br>Multi-Drop 구조시: 2 ~4dbo |
| 확장성 | MUlti-drop 기능없음 | Regenerated Multi-drop 확장<br>3대 Remote/Branch |
| 콘넥터 사양 | Donor RF: SMA Type<br>리모콘 RF: DIN Type<br>광 콘넥터: FC/APC | 좌통 |

표 6.8 **Analog 제원**(Forward Specification)

| 항목 | 규격(SF-W20) | 규격(WAFMC-B) |
|---|---|---|
| Frequency Range | 2130.88MHz~2149.32MHz | 좌동 |
| System Time Delay | 1us이하(Propagation Delay 제외)<br>35ns(P-P) @ any 3.84MKz | 1us이하(Propagation Delay 제외)<br>30ns(P-P) @ any 3.84MKz |
| Pass band Ripple | 3dB p-p | 좌동 |
| Input Power Range | −20dBm~−45dbm /FA<br>Input 신호 ATT 조정 가능 | 좌동 |
| Total Gain<br>(Control Range) | 45~85db @광 손실 8dBo시<br>@도너 ATT 0~15dB,<br>리모트 ATT 0~25db | 45~85dB @광 소실 2~8dBo 가능<br>@도너 ATT 0~15dB,<br>리모트 ATT 0~25dB |
| Gain Control Step Size<br>(오차) | 도너 ATT: 1dB(±0.7db)<br>리모트 ATT: 0.5dB(±0.7dB) | 도너 ATT: 1dB(±0.5db)<br>리모트 ATT: 0.5dB(±0.5dB) |
| Spectrum Emission<br>Mask | TS 25.143 기준 | 좌동 |

| 항목 | 규격(SF-W20) | 규격(WAFMC-B) |
|---|---|---|
| Spurious Emission | TS 25.143 기준 | 좌동 |
| Erroe Vectoe Magnitude | 15% | 좌동 |
| Peak Code Domain Error | −35dB | 좌동 |
| Input VSWR | 1.4: 1 | 좌동 |
| Adjacent Channel Leakage Ratio | 44.2dBc @ fc ±5MHz,<br>49.2dBc @ fc ±10MHz | 좌동 |
| Adjacent Channel Leakage Power | −12dBm/3.84MHz 이하<br>@ fc: 2127.5MHz이하<br>@ fc: 2152.5MHz이상 | 좌동 |

표 6.9 **Analog 제원(Reverse specification)**

| 항목 | 규격(SF-W20) | 규격(WAFMC-B) |
|---|---|---|
| Frequency Range | 1940.88MHz~1959.32MHz | 좌동 |
| System Time Dela | 1us이하(Propagation Delay 제외)<br>35ns(P-P) @ any 3.84MKz | 1us이하(Propagation Delay 제외)<br>30ns(P-P) @ any 3.84MKz |
| Pass band Ripple | 3dB p-p | 좌동 |
| Total Gain(Control Range) | 35~60dB @광손실 8dBo 조건시 | 35~60dB @광손실 2~8dBo 가능 |
| Gain Control Step Size (오차) | 0.5dB(±0.7dB) | 0.5dB(±0.5dB) |
| System Noise Figure | 5dB max @In band<br>(min~min Gain) | No Multi-Drop시 4dB,Multi-Drop시<br>4+10log N @In band(min~max Gain) |
| Third-order Intercept Point | 31dBm 이상 @Input:<br>−47dBm/1ton @50dB~55dB Gaim | 33dBm 이상 @Input: −45dBm/1ton<br>@50dB~55dB Gaim |
| Input inter modulation | -50dBm 이하 @Input:<br>-40dBm/1tone @RBW 30KHz,<br>50dB Gain @1938.5&1934.2MHz,<br>1962.8&1968.2MHz | 좌동 |
| Error Vactor Magnitude | 15% | 좌동 |

| 항목 | 규격(SF-W20) | 규격(WAFMC-B) |
|---|---|---|
| Peak Coda Domain Error | −35dB | 좌동 |
| Input VSWR | 1.4: 1 | 좌동 |
| Rx Diversity Isolation | 50dB 이상 | 좌동 |

표 6.10 **Analog 제원(환경 제원)**

| 항목 | 규격(SF-W20) | 규격(WAFMC-B) |
|---|---|---|
| 동작 온도 및 습도 | -30℃ ~ +50℃ / 0% ~90% | 좌통 |
| 저온/고온 시험 | 저온 고온 각각 5시간씩 유지<br>@1Cycle: 도너&리모트(습도0%)<br>2~3Cycle: 리모트(습도90%) | 좌통 |
| 장시간 고온 시험 | +50℃/90%(72시간), 리모트만 시험 | +50℃/90%(48시간), 리모트만 시험 |
| 저온 저장 | −30℃(12시간), 리모트전원 off | 좌통 |
| 방수 조건 | 24시간 | 좌통 |
| 진동 조건 | 1G, 1~150Hz 0.1octaves/min | 1G, 1~60Hz 0.1octaves/min |
| 염수 분무 시험 | 공인 인증 기관에서 시험 | 좌통 |
| 소음 | 65dBA 이하<br>@FAN 사용시 1.5m 이격거리 측정 | 좌통 |
| 시스템 이득 변화 | 4dB 이하 _peak to peak | 3dB 이하 _peak to peak |

그림 6.21은 Analog 광 중계기의 NMS(Network Management System) 망 구성도이다. 중계기 관리 시스템은 네트워크를 통해 Node B와 연결되고, Node B는 Hub와 연결된다. Hub는 도너 RCU와 이더넷을 통해 연결된다. 도너 RCU는 OTRU를 거쳐 리모트 RCU와 연결된다. OTRU는 FSK 38400bps로 변환하여 리모드 RCU로 전송한다.

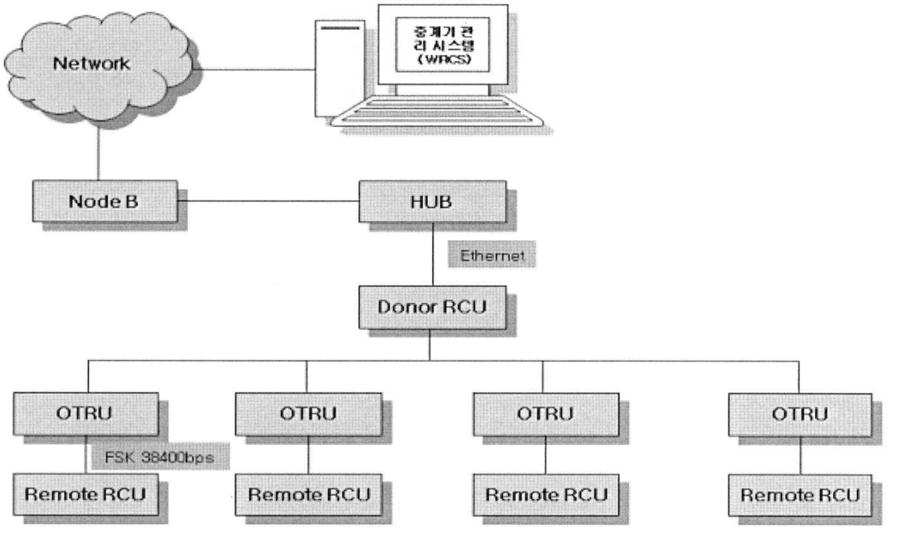


그림 6.21 **Analog 광 중계기의 NMS 망 구성도**

그림 6.22는 Analog 광 중계기 시스템의 전체 블록도이다. 도너 모듈, 리모트 모듈과 Optic 부로 구성된다. 도너와 리모트는 Optic 전송을 한다. 각각의 도너와 리모트의 Gain, 입력레벨/FA, 감쇄 수치를 나타낸다.

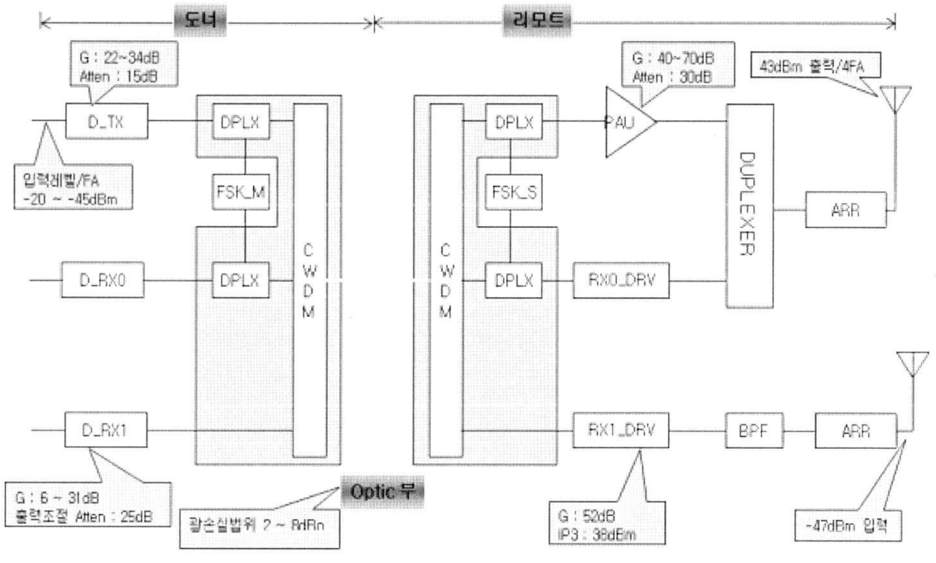


그림 6.22 **Analog 광 중계기 시스템의 전체 블록도**

## 6.4.3 광-RF 중계기(R-FMC Type)

R-FMC는 기지국 CDMA 신호를 RF 신호를 수신한 다음, 광 신호로 변환하여 Remote모듈로 전송하는 Donor모듈과, Donor모듈에서 전송되어 온 광 신호를 RF 신호로 재변환하여 음영지역에 송출함으로써 이동전화서비스를 제공하는 Remote모듈로 구성된다.

- 용도
  - 통화량이 적고 H/O를 위한 기지국(도로연계, 면 소재지 등)
  - 모국이 고지국소로 RF Link 구성시는 가깝지만 광 LINK 포설이 난해한 곳
  - Coverage 확대 및 서비스 개선지역(불량지역 및 음영지역)

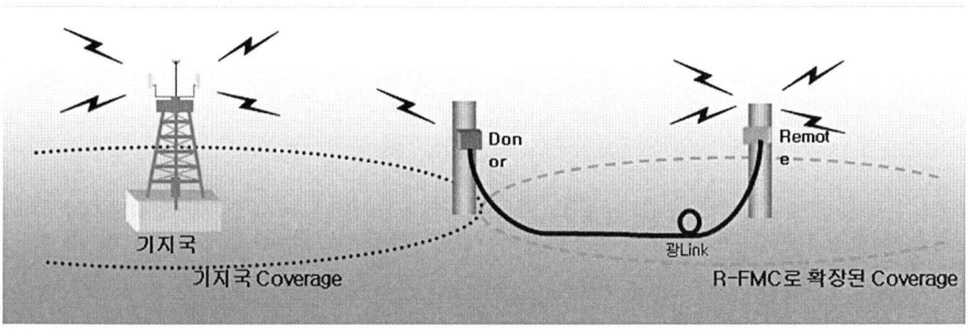


그림 6.23 **광-RF 중계기 모식도**

# 6.5 저주파 변환 레이저 중계기

저주파 변환 레이저 중계기의 장점은 다음과 같다.

- 신속한 망 확장 능력과 가시거리 확보 문제 해결
- AGC 기능을 추가, 환경(강우, 폭설, 안개 등)변화에 따른 안정성 확보
- 용이한 레이저 광 축 조정 작업으로 설계
- 광대역(BW = 10MHz)이며, Feed Back 현상 없음
- 전파 사용료 없음
- 시스템 연동 시 어려움이 뒤따라 활성화 불투명
- 투자비와 고정비 대비 효율이 높고 통화품질 크게 향상

### 6.5.1 저주파 변환 레이저 중계기 동작 원리

기지국 근처에서 양질의 통화가 가능한 PCS 신호를 원격 송수신 장치의 안테나에서 수신하여 저주파 변환을 거쳐 레이저 신호로 변환한 후 통화 상태가 불량한 지역으로 전송하고, 레이저 수신기에서 검출된 신호는 역으로 PCS 신호로 변환, 안테나를 통해 서비스 대상 음영 지역으로 전파한다. 여기서 모 기지국측과 송·수신하는 부분을 마스터(master), 마스터와 레이저 신호를 송·수신하여 커버리지를 갖게 하는 부분을 슬레이브(slave) 라고 한다.

### 6.5.2 저주파 변환 레이저 중계기 특징

- 레이저는 PCS 주파수와 서로 영향 관계가 없으므로 발진 현상이 없음은 물론 기지국측 깨끗한 신호를 그대로 음영 지역에서 복원시킴
- 마스터와 슬레이브 위치 조정을 통해 항상 가시거리 상태를 유지하도록 하여 레이저의 취약점인 가시거리 문제 해결
- CDMA 신호와 별개의 주파수 대역 신호를 이용한 기준 신호(reference tone)를 사용하여 이를 레이저 송신기를 통해 전송하고 수신측에서 이 신호의 전력 변화를 감지하여 변동된 전력 만큼을 자동이득조정회로를 통해 보상하게끔 설계를 하여 어떠한 외부 환경에 대해서도 안정적으로 동작토록 함
- 레이저 송·수신기 내에 육안으로 마스터와 슬레이브간 축을 일치시킬 수 있도록 별도로 구성된 렌즈를 설치하여 이들 렌즈간 축을 일치시킬 경우 레이저 송·수신기간 광축도 동시에 일치되도록 장비를 구성하여 광축 조정 작업을 용이하게 함
- 레이저 송·수신기에서 일부 부품(LD, PD)을 제외한 나머지 구성 요소 및 제작을 완전 국산화하여 시스템 단가를 낮춤과 동시에 외화 절감 효과도 창출
- 광 중계기 대비 설치 위치에 제한이 없으며 광 선로가 포설되지 않은 지역에도 추진이 가능함
- 신속한 망 확장 능력을 갖춤

### 6.5.3 블럭도

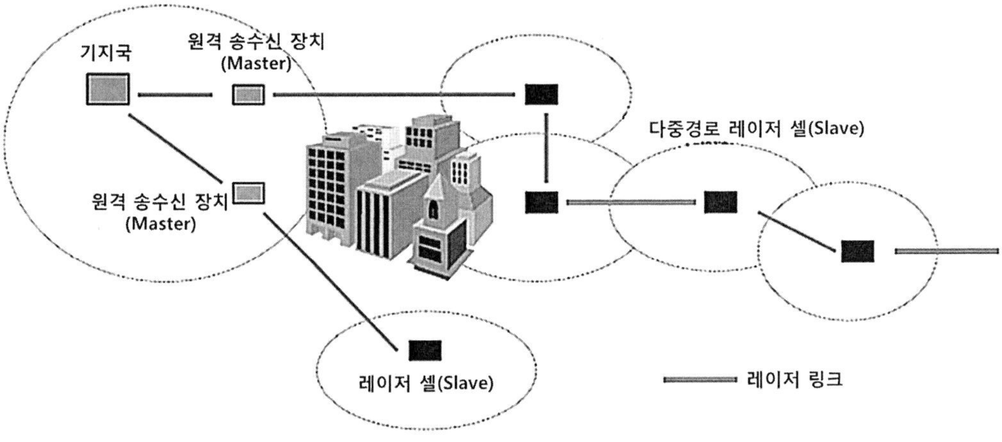


그림 6.24 **저주파 변환 레이저 중계기 시스템 구성도**

## 6.6 MPR(Metropolitan Pole Repeater)

### 6.6.1 MPR 개요

통합형 디지털 광분산 중계기로 도심 내 주택밀집지역이나 아파트 등의 주변 환경여건에 의하여 발생하는 소규모의 통화 불량을 해소하고 무선 환경을 개선시키기 위한 장비이며 Pole, 전신주나 벽면에 부착하여 소규모로 분산된 음영지역의 서비스 품질을 개선할 수 있는 용도로 사용된다.

또한 아파트 단지 내 지하 주차장 및 인빌딩 내 지하나 음영지역에 기지국과 RF(무선) 및 유선으로 연결되어 효과적으로 사용할 수도 있다.

이 시스템은 디지털 광 선로를 통한 광분산 방식과 RF 선로를 이용한 RF 분산 방식으로 구성되어 현장에서 효율적으로 망 운용이 가능하다.

### 6.6.2 MPR 구성

MHU-D(Main Hub Unit for Duo), OMHU-D(Optic Main Hub Unit for Duo), RHU-D6(Remote Hub Unit 6W for Duo), RHU-D30(Remote Hub Unit 30W for Duo), RAU-D6(Remote Antenna Unit 6W for Duo)으로 구성되며 총 3개의 Node로까지 구성이 가능하며 최대 1:16:16까지 확장 연결이 가능하다.

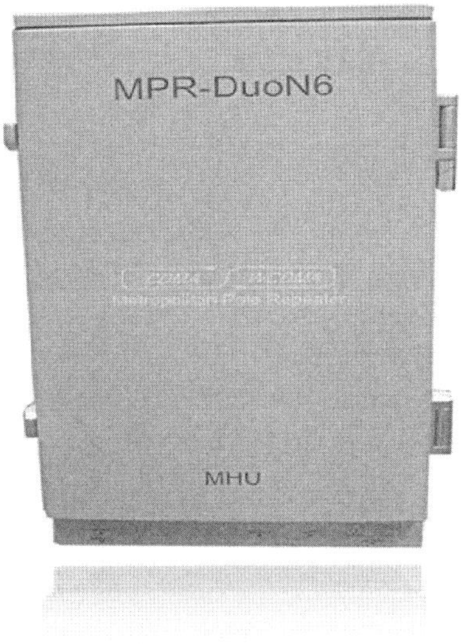


그림 6.25 MPR

NMA 및 부가 기능

1) 운용 및 감시 기능
2) Total Power Limit 기능
3) Reverse 과입력 Auto Shutdown 기능
4) WCDMA FA Digital Filtering On/Off 기능
5) RF 선로 보상 기능
6) 원격 Download 기능
7) Alam Mask 기능
8) 기울임 감지 기능
9) 제원 벙보 및 감시 기능
10) 제어 기능
11) 알람 감지 기능
12) 위치 감지 기능

## 6.6.3 MPR 제원

표 6.11 **MPR 제원(CDMA)**

| 항 목<br>무선(MHU) | | 성능 요구조건 | | 비 고 |
|---|---|---|---|---|
| | | 무선(MHU) | 유선(OMHU) | |
| Freq. Bandwidth | | 25MHz / TBDMHz | | 20FA/TBD FA |
| Tx-to-Rx Isolation | | 110dB 이상 | | |
| Rx-to-Tx Isolation | | 110dB 이상 | | |
| 타 서비스간 Band Rejection | CDMA Tx → WCDMA Tx | - | 80dB 이상 | |
| | CDMA Tx → WCDMA Rx | 110dB 이상 | 110dB 이상 | |
| | CDMA Rx → WCDMA Tx | 110dB 이상 | 110dB 이상 | |
| | CDMA Rx → WCDMA Rx | - | 80dB 이상 | |
| 주파수 안정도 | | ± 0.05ppm 이하 | | |
| Characteristic Impedance | | 50 Ohm | | |

표 6.12 **MPR 제원(WCDMA)**

| 항 목<br>무선(MHU) | | 성능 요구조건 | | 비 고 |
|---|---|---|---|---|
| | | 무선(MHU) | 유선(OMHU) | |
| Freq. Bandwidth | | 20/30/10+20MHz | | 5MHz,<br>4FA/6FA |
| Tx-to-Rx Isolation | | 110dB 이상 | | |
| Rx-to-Tx Isolation | | 110dB 이상 | | |
| 타 서비스간 Band Rejec-tion | WCDMA Tx → CDMA Tx | - | 80dB 이상 | |
| | WCDMA Tx → CDMA Rx | 110dB 이상 | 110dB 이상 | |
| | WCDMA Rx → CDMA Tx | 110dB 이상 | 110dB 이상 | |
| | WCDMA Rx → CDMA Rx | - | 80dB 이상 | |
| 주파수 안정도 | | ± 0.05ppm 이하 | | |
| Characteristic Impedance | | 50 Ohm | | |

## 6.7 ICS(Interference Cancellation System) 중계기

### 6.7.1 ICS 중계기의 개요 및 특징

ICS 중계기는 기지국의 RF신호를 무선으로 중계기에 전송하고, 중계기는 원래의 신호 그대로를 재송신하는 방식으로, 이때 재 송신 신호가 수신 안테나로 재 유입되는 간섭(Interference) 신호를 제거(발진방지)하는 DSP (Digital Signal Processor) 기술을 이용한 신개념의 간섭제거 중계기 시스템이다.

기존의 고출력 RF 중계기에서는 기지국에서 송신된 신호를 중계기를 통하여 증폭한 후 음영지역으로 방사할 경우, 증폭된 기지국의 신호가 다시 수신된 경로로 되돌아가는 Feed Back 현상이 발생하여 기지국 방향 안테나와 서비스 방향 안테나의 거리를 이론상 수 십 M 이상 이격 시켜야 송·수신 상호간의 Isolation을 만족하는 어려움이 있었다. 이러한 feedback 신호는 중계기 발진 또는 Shut-Down 현상을 일으켜, 해당지역의 서비스 불가 현상을 초래하는가 하면, 해당 기지국 또는 인접 기지국 서비스에 장애를 발생 시킨다. 또한 호 개통 불가 또는 통화 절단현상을 야기하며, 데이터 전송율 저하 또는 음성 품질 저하를 일으키는 등의 여러 가지 해로운 현상을 발생시켰다.

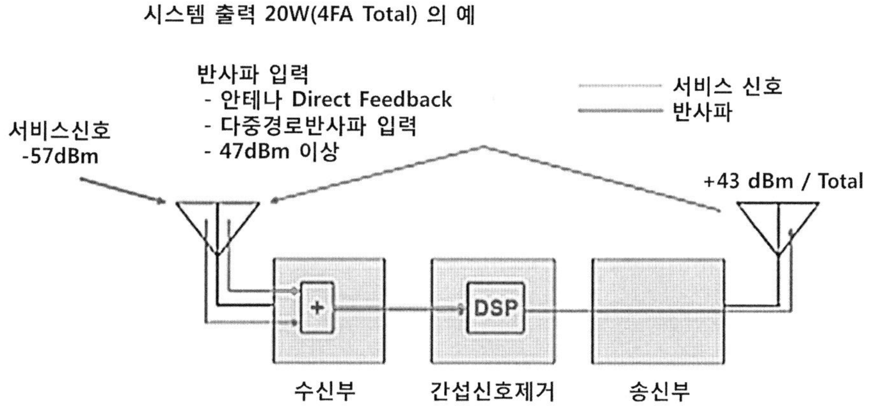


그림 6.25 **ICS 중계기에서의 고성능 DSP기술 적용**

ICS 중계기는 안테나간 아이솔레이션 확보 문제로 옥외에서 사용할 수 없었던 대형 RF 중계기에 고성능 DSP 기술을 적용하여 송·수신 안테나간 또는 주변 지형 지물에 의한 Multi path Fading 상황에서도 안정적으로 동작할 수 있는 성능 확보한 중계기이다. 또한 고이득 100dB 이상, 고출력(20W, 40W)에서도 불요파 방사 규격을 만족하며(Cancellation 30dB 이상), Multi path Feedback 신호에 대한 Cancellation 기능을 탑재하여 feedback 신호에 대한 저항력을 높였다. 그리고 7u sec(왕복 약 2Km 이상)의 Delay된 신호가 장비의 수신 안테나로 입력되어도 안정적으로 시스템이 동작하며, 중계기 설치가 용이하며 운용 비용을 최소화 할 수 있다(Donor와 Remote 일체형). 그리고 표준화를 통한 출력별 순방향 LPA만 교체를 할 경우 정상적인 동작이 가능하다.

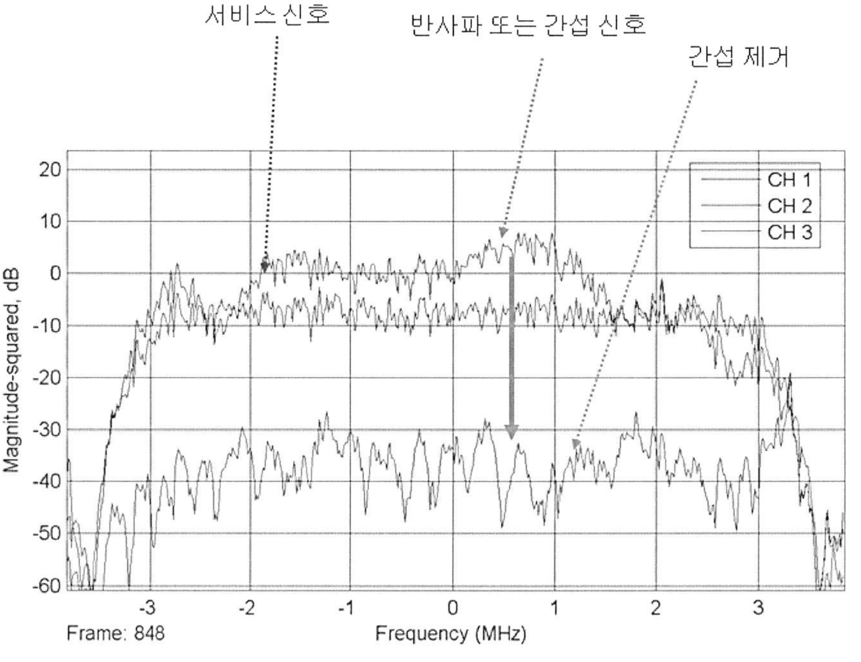


그림 6.26 **ICS 중계기에서의 간섭 제거**

그림 6.26 는 ICS 중계기에서의 간섭 제거를 나타낸 것으로, 위의 그래프처럼 ICS 중계기는 입력 신호 보다 높은 간섭 신호를 제거하여 서비스 품질 유지한다(3G EVM 12.5 % 이하). 아래의 그림은 ICS 기술을 적용하기 전과 후의 비교 그림이다.

Spectrum mask에서 나타나듯, 적용 전의 그래프보다 적용 후의 그래프가 훨씬 더 안정적인 모습을 보임을 알 수 있다.

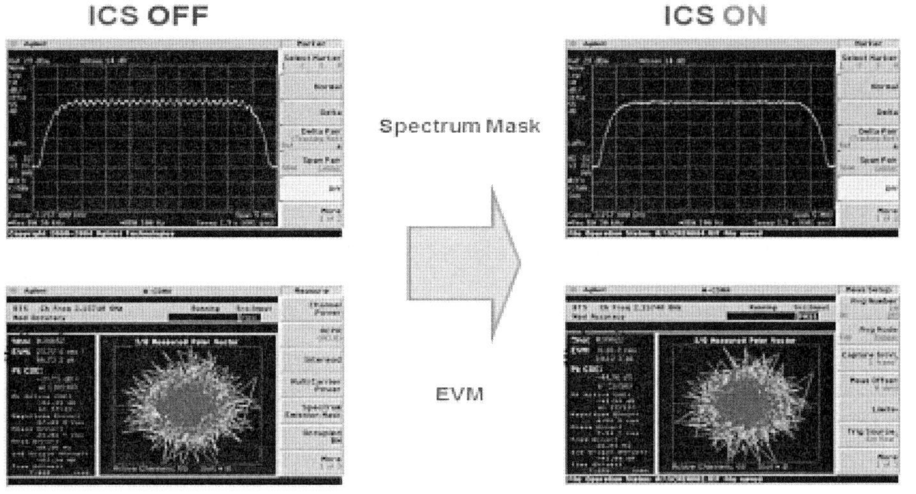


그림 6.27 **ICS 기술 적용 전, 후의 결과 비교**

## 6.7.2 ICS 중계기의 특성

일반 RF 중계기와 동일한 방식으로 구성되고 ICS Algorithm을 통해 Antenna 사이의 충분치 않은 격리도로 인한 발진현상을 극복하여 충분한 Cell Coverage를 확보할 수가 있으며, 주변 환경 변화에 따른 입력 및 Feedback 신호의 변화에 능동적으로 대처하여 최적의 신호 품질 및 출력을 보장하며, RF 신호를 Digital로 처리하기 때문에 간섭제거 전후 상황, 정확한 Isolation 및 Gain 설정 등 많은 운용상의 Data 제공이 가능하다.

- ICS 기능
  - 무선구간에서 발생하는 간섭신호를 직접 찾아 제거함으로써 안정적인 통신서비스를 제공
- 적용범위
  - 무선환경이 열악한 도심지, 시골지역 및 고속도로 등에 폭넓게 적용
- ICS 역할
  - 휴대인터넷(WiBro)과 WCDMA, CDMA 등 차세대 이동통신용 중계시스템의 핵심설비
- 연계산업의존도
  - 기술장벽이 높으며, 이동통신사에 대한 귀속력 강함 (수주산업)
- 시장추이
  - 모든 중계기 시장은 ICS 중계기로 급격하게 전환하는 추세

### 6.7.3 ICS 중계기의 특징

- 기술적 장점
  - OPEN AREA에 사용이 가능 → 서비스 권역 확장
  - 음영지역 해소에 탁월한 성능 입증
  - 재중계가 가능 → 기지국, 중계기에서 모두 신호수신 가능
  - 설치 및 위치 변경 용이, 유지보수 간편
- 경제적 장점
  - 시설투자비 획기적인 절감
    a. 광 중계기와 비교시 광cable 시설비 및 장비투자비 절감
    b. 재중계 가능으로 시설투자비 절감
  - WiBro 사용자 유치 및 증가에 신속한 대처 가능

### 6.7.4 ICS 중계기 구성 및 기능

구성은 Feedback 신호 제거 부분(ICM), RF 신호 증폭 부, 통신 및 제어 Processor 부, NMS을 위한 단말기 부로 구성된다.

이 System의 기본 구조는 8Watt PAU을 내장하는 중계기이며, 높은 출력의 PAU로 교체함으로써 고출력의 중계기로의 전환이 가능하다. 그리고 함체의 구조를 CDMA와 WCDMA를 통합하는 구조로 가져가면서 CDMA Service와 WCDM Service의 영향을 최소화할 수 있도록 설계하여 안정적인 현장운용이 가능하다.

**주요 기능**

1) Download 기능
2) ICS Gain 설정 기능
3) FA Alloaction Mode
4) Total Power Limit 기능
5) Auto Recovery 기능
6) Up Link Auto Shutdown Mode
7) NMS 동작 정의

표 6.13 **ICS(CDMA제원)**

<table>
<tr><th colspan="2">항목</th><th>규격</th><th>비고</th></tr>
<tr><td colspan="2">Frequency Range</td><td>869.025MHz ~ 893.985MHz<br>824.025MHz ~ 848.985MHz</td><td></td></tr>
<tr><td colspan="2">Filter 구조</td><td>Donor Antenna 측(BTS): Duplexer<br>Service Antenna 측(단말기) :<br>Duplexer or Simplexer</td><td></td></tr>
<tr><td colspan="2">대역 평탄도</td><td>Down Link: 4dB 이하<br>Up Link: 4dB 이하</td><td>Peak to Peak<br>(−30˚C ~ 50˚C)</td></tr>
<tr><td rowspan="2">최대 출력</td><td>Down Link</td><td>+24dBm/FA, +37dBm/Total</td><td rowspan="2">장비 종단 기준</td></tr>
<tr><td>Up Link</td><td>+27dBm/Total</td></tr>
<tr><td rowspan="2">입력 레벨</td><td>Down Link</td><td>−77dBm ~ −47dBm/FA</td><td rowspan="2"></td></tr>
<tr><td>Up Link</td><td>−100dBm ~ −50dBm/Total</td></tr>
<tr><td rowspan="2">System 이득</td><td>Down Link</td><td>70dB ~ 100dB</td><td>1dB Step</td></tr>
<tr><td>Up Link</td><td>65dB ~ 95dB</td><td>1dB Step</td></tr>
<tr><td colspan="2">System 시간 지연</td><td>10us 이하 − RF Window & C&S Microwave<br>12us 이하 − SK 텔레시스 & 쏠리테크</td><td></td></tr>
<tr><td colspan="2">TX/Rx Isolation</td><td>110dBc 이상</td><td></td></tr>
<tr><td rowspan="2">Spuri-ous Emis-sion</td><td>Down Link</td><td>fo±750KHz: 45dBc<br>fo±1.98MHz: 60dBc<br>33dBm ~ 28dBm: −27dBm<br>Under 28dBm: 55dBc<br>fo±3.125MHz: −13dBm/100KHz<br>896MHz이상: −32dBm/100KHz</td><td></td></tr>
<tr><td>Up Link</td><td>fo±750KHz: 45dBc<br>fo±1.98MHz: 60dBc<br>fo±3.125MHz: −13dBm/100KHz</td><td></td></tr>
<tr><td colspan="2">$2^{nd}$ Harmonics</td><td>80dBc 이하</td><td></td></tr>
</table>

표 6.14 **ICS(WCDMA제원)**

<table>
<tr><th colspan="2">항목</th><th>규격</th><th>비고</th></tr>
<tr><td colspan="2">Frequency Range</td><td>2130.88MHz ~ 2149.32MHz<br>1940.88MHz ~ 1959.32MHz</td><td></td></tr>
<tr><td colspan="2">Filter 구조</td><td>Donor Antenna 측(BTS): Duplexer<br>Service Antenna 측(단말기): Duplexer</td><td></td></tr>
<tr><td colspan="2">대역 평탄도</td><td>Down Link: 3dB 이하<br>Up Link: 3dB 이하</td><td>Peak to Peak (−30℃ ~ 50℃)</td></tr>
<tr><td rowspan="2">최대 출력</td><td>Down Link</td><td>+31dBm/FA, +37dBm/Total</td><td rowspan="2">장비 종단 기준</td></tr>
<tr><td>Up Link</td><td>+27dBm/Total</td></tr>
<tr><td rowspan="2">입력 레벨</td><td>Down Link</td><td>−69dBm ~ -39dBm/FA</td><td rowspan="2"></td></tr>
<tr><td>Up Link</td><td>−50dBm/Total</td></tr>
<tr><td rowspan="2">System 이득</td><td>Down Link</td><td>70dB ~ 100dB</td><td>1dB Step</td></tr>
<tr><td>Up Link</td><td>65dB ~ 95dB</td><td>1dB Step</td></tr>
<tr><td colspan="2">System 시간지연</td><td>8us 이하 − RF Window & C&S Microwave<br>10us 이하 − SK 텔레시스 & 쏠리테크</td><td></td></tr>
<tr><td colspan="2">EVM</td><td>12.5%</td><td></td></tr>
<tr><td colspan="2">TX/Rx Isolation</td><td>110dBc 이상</td><td></td></tr>
<tr><td colspan="2">Out-band ACLR</td><td>45dBc 이상(@Fc±5MHz)<br>50dBc 이상(@Fc±10MHz)</td><td></td></tr>
<tr><td colspan="2">2nd Harmonics</td><td>80dBc 이하</td><td></td></tr>
</table>

## 6.8 RRU-T (Remote RF Unit-Triple mode)

### 6.8.1 개요

WCDMA, Mobile WiMAX, CDMA 각각의 독립 RF 모듈을 하나의 랙에 실장하여 운용 가능한 대역 통합 RRU(Remote RF Unit) 시스템이다.

RRU-T는 WCDMA, Mobile WiMAX, CDMA의 3개의 서비스를 동일한 광 선로를 이용하여 운용함으로써, 경제적, 효율적으로 커버리지 확대가 가능한 RRU 시스템이다. RRU-T를 이용하여 서비스 망을 구성하여, 운용 사업자의 투자비 및 운용비를 절감할 수 있다.

RRU-T는 RF Unit 기능만 제공함으로, 단독으로 운용되지 않고 기지국에 종속되어 운용되며, 커버리지 확대나 음영지역을 해소하는 것을 목적으로 운용할 수 있다.

### 6.8.2 구성

RRU-T 시스템의 RF Unit은 WCRU(WCDMA RF Unit) 보드, WIRU(Mobile WiMAX RF Unit) 보드, CARU(CDMA RF Unit) 보드로 구성되어 있다.

표 6.15 **RRU-T 제원1**

| 항목 | 내 용 | | 비 고 |
|---|---|---|---|
| 송/수신 주파수 대역 & Duplexing | CDMA | Tx(869~894MHz)<br>Rx(824~849MHz) | FDD 방식 |
| | WCDMA | Tx(2130~2150MHz)<br>Rx(1940~1960MHz) | FDD 방식 |
| | WIBro | 2300MHz~2327MHz | TDD 방식 |
| 시스템 출력 | CDMA | 40W/Total(20FA) | • 최종단 출력기준<br>• WiBro MIMO 적용 (15W/Path/3Carrier) |
| | WCDMA | 40W/Total(4FA) | |
| | WiBro | 30W/Total(20FA) | |
| 송수신 Path | 3 Port | | |
| 기지국 interface | CDMA | RF (20FA 지원) | 10MHz 지원<br>T-Sync.지원 |
| | WCDMA | CPRI (4FA 지원) | |
| | WiBro | CPRI (3FA 지원(2x2)) | |
| 도너 - 리모트 | 아날로그 광 & Digital | | |

| 항목 | 내용 | | 비고 |
|---|---|---|---|
| 광 파장 | CDMA | 1310/1330/1550 | 1Core 8파장 사용 |
| | WCDMA | 1510/1570 | |
| | WiBro | 1450/1470/1490 | |
| 시스템 무게 | 약 120 Kg | | |
| 전 원 | • 입력 전원: AC 220V / DC 27V<br>• 시스템 소모 전력: 1,300W (Total)<br>• 외부 배터리 연결 Port, 리튬 폴리머 배터리 연결 Port 제공 | | |

표 6.16 **RRU-T 제원2**

| ITEMS | WCDMA | WiBro | CDMA |
|---|---|---|---|
| Air Standard | 3GPP | IEEE 802.16e OFDMA-TDD | 3GGP2 |
| RF Conf. | 1T 2R | 2T 2R | 1T 2R |
| No. of Carrier | 4 carrier | 3 carrier | 20 carrier |
| No. of sector | 1 | 1 | 1 |
| Output Power | 40W / Total(4FA) | 10W / Carrier / Path @ 1Carrier<br>7.5W / Carrier / Path @ 2Carrier<br>5W / Carrier / Path @ 3Carrier | 40W/Total(20FA) |
| Operating band-width | 20MHz | 27MHz | 25MHz |
| Channel band-width | 5MHz | 8.75MHz | 1.23MHz |
| Frequency | 2130 MHz~2150 | 2300~2327 MHz | 869~894MHz |
| Ant. Tech. | - | 2x2 MIMO | - |
| DU interface | Baseband I/Q | Baseband I/Q | RF |
| Operating Volt-age | 220VAC | 220VAC | 220VAC |
| Max cascade RRU | 3 (Total 3개) | 3 (Total 3개) | - |

## 6.8.3 응용분야

### 6.8.3.1 대형 건물 서비스

응용 Solution으로는 대형 건물 서비스가 있다. 'Dual band InB'D multi distributed system'은 중 대형 빌딩에 대한 무선 환경을 개선하기 위한 용도로 사용된다. 기지국 및 단말기의 PCS 및 WCDMA RF 신호를 디지털 신호로 변환하여 광 전송한다. MHU(주장치), SMHU(보조장치), RFE(RF 확장장치), RU(원격중계장치)로 구성된다. 한 대의 MHU는 PCS 1섹터, WCDMA 2섹터까지 확장 가능하다. 한 대의 SMHU는 PCS 2섹터, WCDMA 2섹터까지 확장가능하다. SMHU는 MHU, 다른 SMHU 및 RFE, RU와 송수신이 가능하며, 기지국과 연결시 MHU를 통한 유선 중계를 기본으로 하고 PCS의 경우 필요시 무선접속이 가능하다. SMHU에는 RU 확장용 분산포트가 있으며, PCS 2섹터, WCDMA 2섹터 중 임의의 1섹터 신호를 선택하여 RU와 송·수신이 가능하다. RU는 최대 10대까지 확장 가능하다. RFE는 PCS 2섹터, WCDMA 2섹터 중 임의의 1섹터 신호를 선택하여 RU와 송수신한다. RU는 PCS, WCDMA를 동일함체에 수용 가능하도록 설계하여, 선택 구매가 가능하다. GUI, Key-pad 및 원격 운용이 가능하며, 표준화 설계로 각 제조사간 유닛 단위로 호환된다.

표 6.17은 InB'D 시스템을 적욕한 예를 보여준다. InB'D의 구성은 MHU, SMHU, RFE, RU로 이루어진다. 시스템 용량은 PCS 1섹터, WCDMA 2섹터이다. MHU~RFE 구간은 디지털 광전송 구간이다. SMHU는 1회에 한하여 Cascade 될 수 있다. SMHU는 옵션 모듈을 장착함으로써 RU와의 연결을 위한 인터페이스가 가능한 구조이다. LGT 서비스를 위한 공용화 RF 입력은 SMHU에서 이루어진다. KT PCS 신호는 SMHU로 입력될 수 있다. 옥외 서비스를 위한 RU의 옥외 설치 시에는 RFE를 포함하여 옥외에 설치하므로 옥내외간의 전송은 디지털광으로 한다. RU는 하나의 함체로 PCS 및 WCDMA 서비스가 가능한 듀얼 장비 구조이며 PCS 및 WCDMA 모듈에 대한 옵션 구매가 가능한 구조이다.

그림 6.28~6.39는 InB'D 시스템을 적용한 블록도를 나타낸다. 기지국과 빌딩 사이를 무선인터페이스와 유선인터페이스로 나누어 구성하였을 때, 인 빌딩 서비스, 옥외 서비스, 인접 빌딩 서비스 형태를 볼 수 있다.

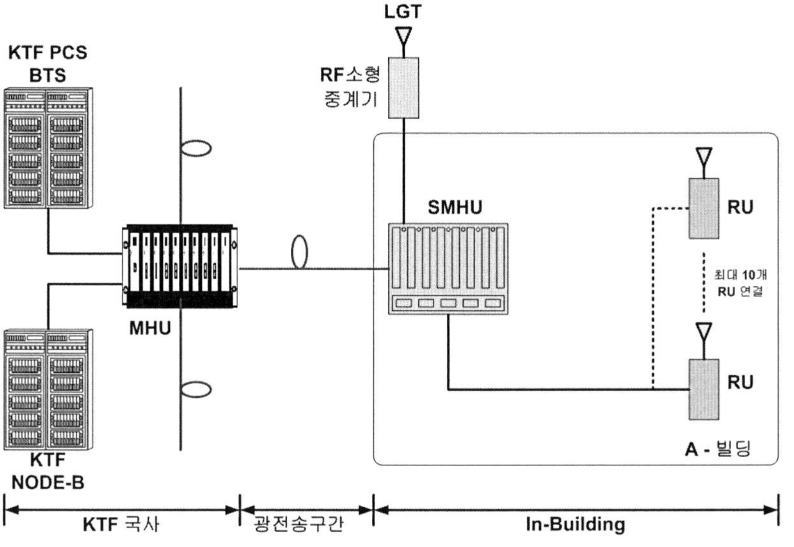


그림 6.28 **기지국과 유선인터페이스(1): MHU-SMHU-RU**

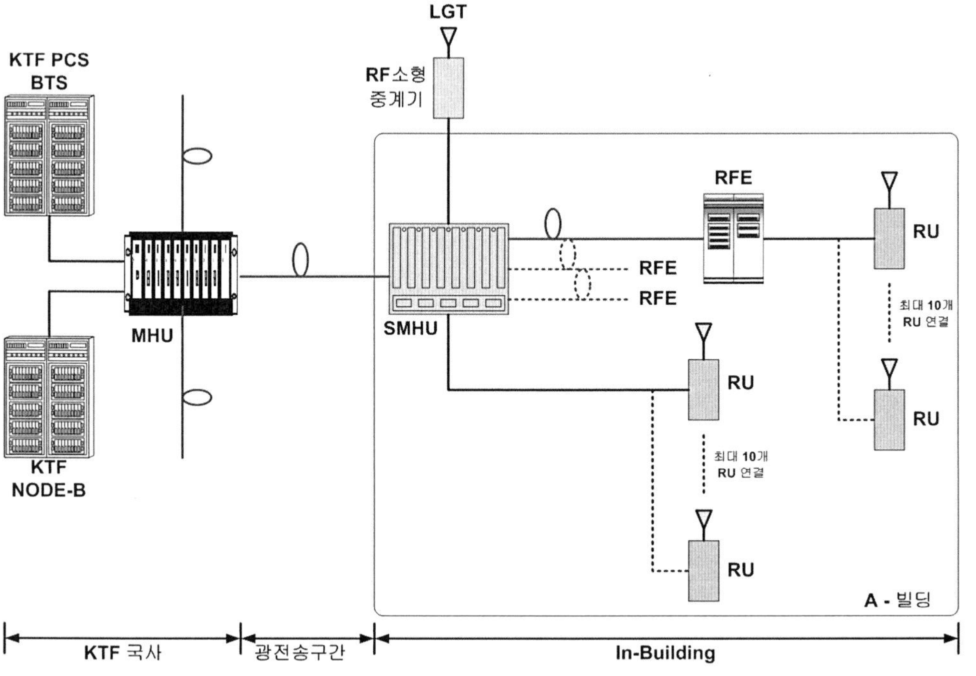


그림 6.29 **기지국과 유선인터페이스(2): MHU-SMHU-RFE-RU**

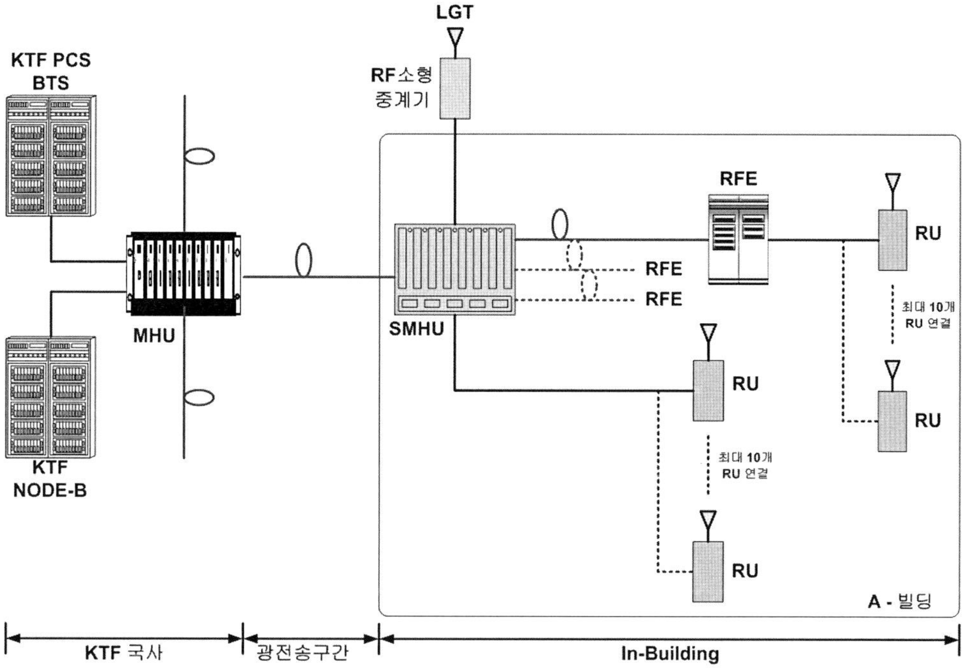


그림 6.30 **기지국과 유선인터페이스(3): RU 옥외 서비스**

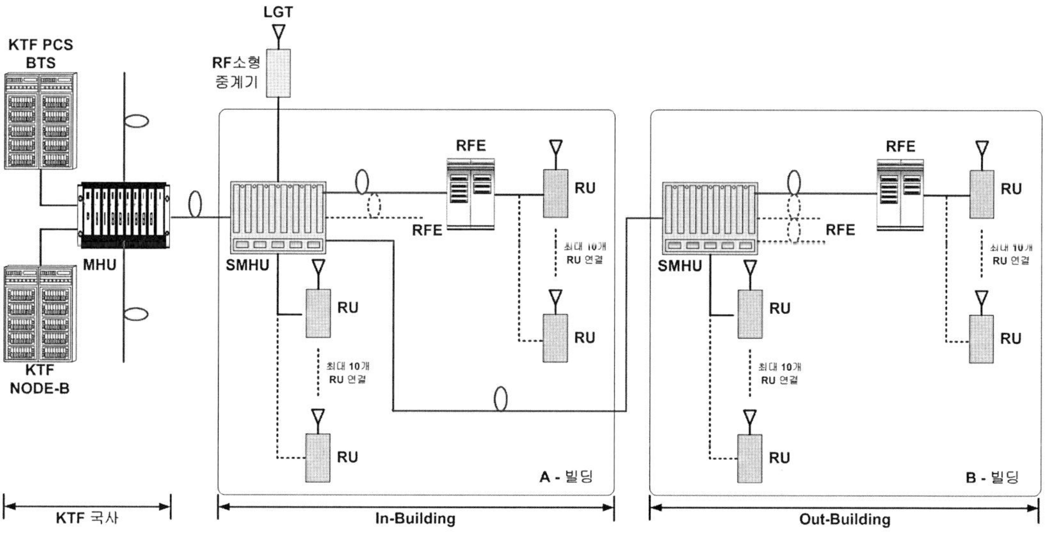


그림 6.31 **기지국과 유선인터페이스(4): MHU-SMHU-SMHU-RFE-RU**

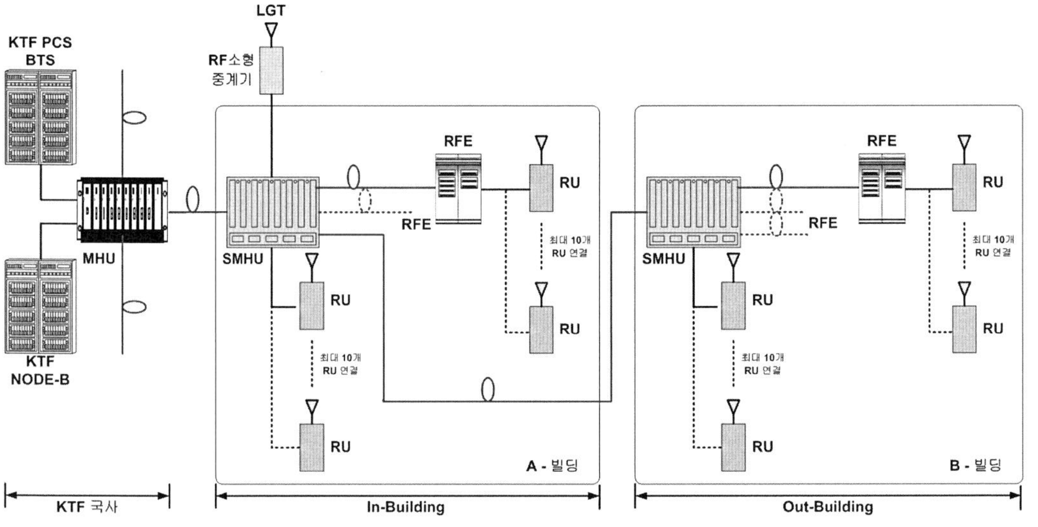


그림 6.32 **기지국과 유선인터페이스(5): 인접빌딩 서비스**

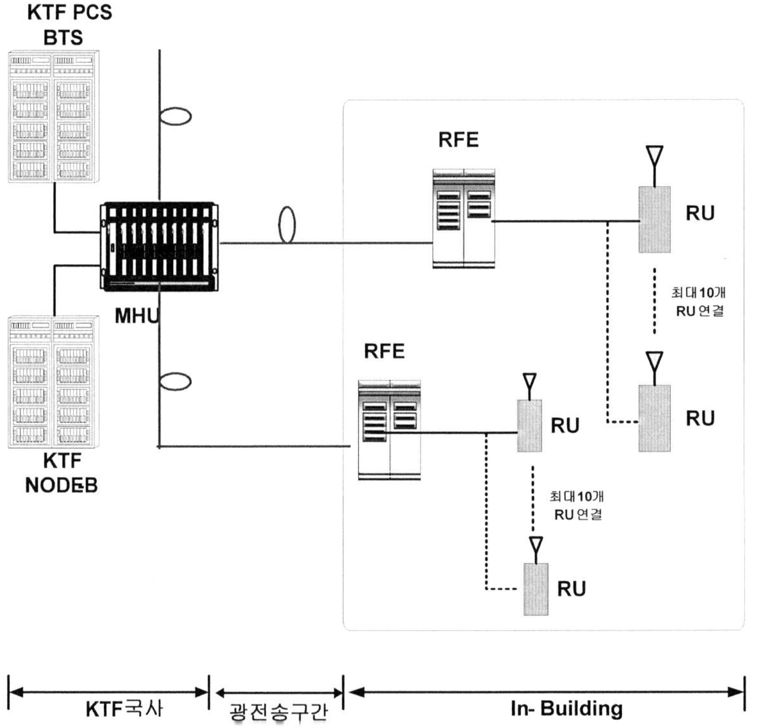


그림 6.33 **기지국과 유선인터페이스(6): MHU-RFE-RU**

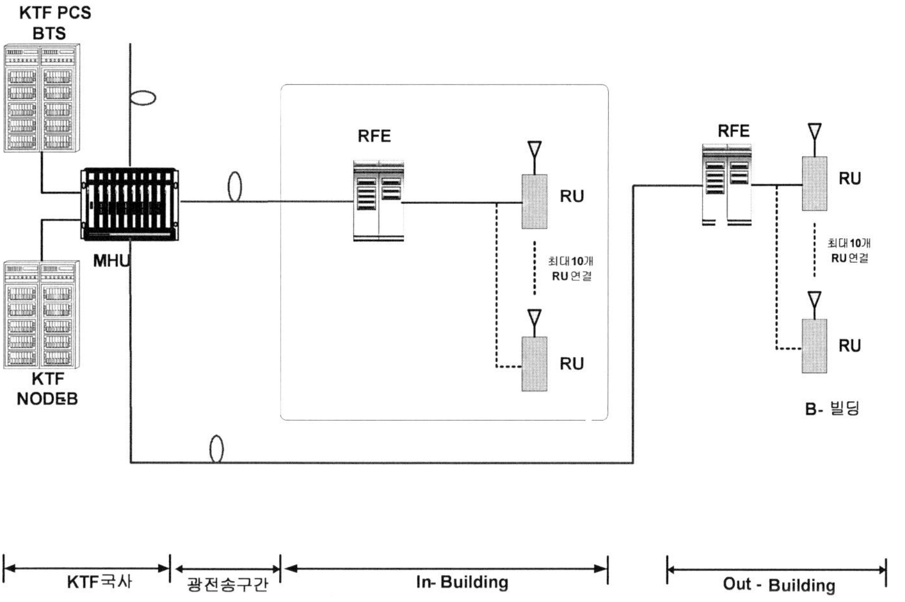


그림 6.34 **기지국과 유선인터페이스(7): MHU-RFE-RU (RU 옥외 서비스)**

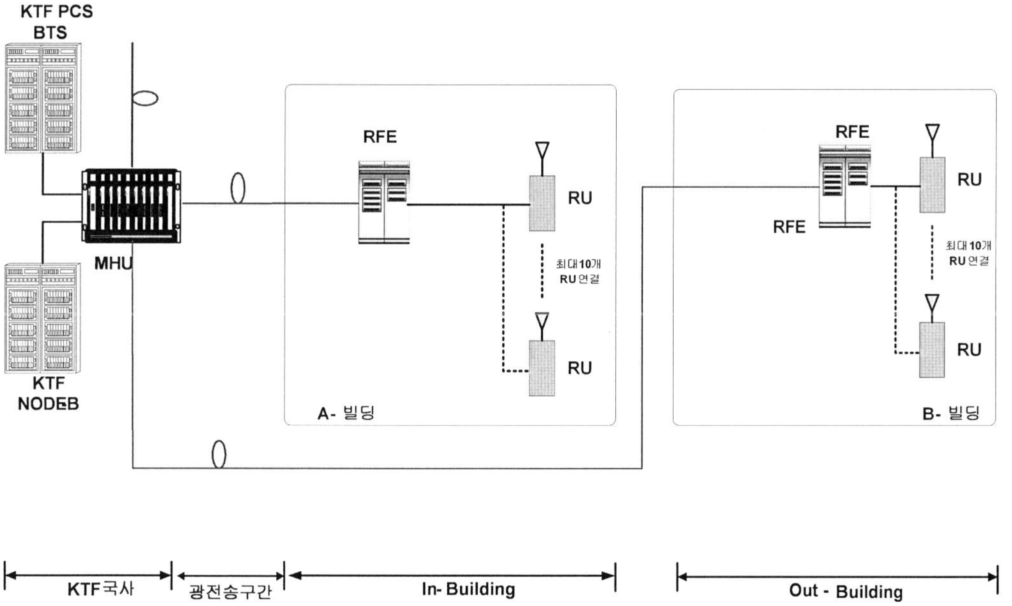


그림 6.35 **기지국과 유선인터페이스(8): MHU-RFE-RU 인접빌딩서비스**

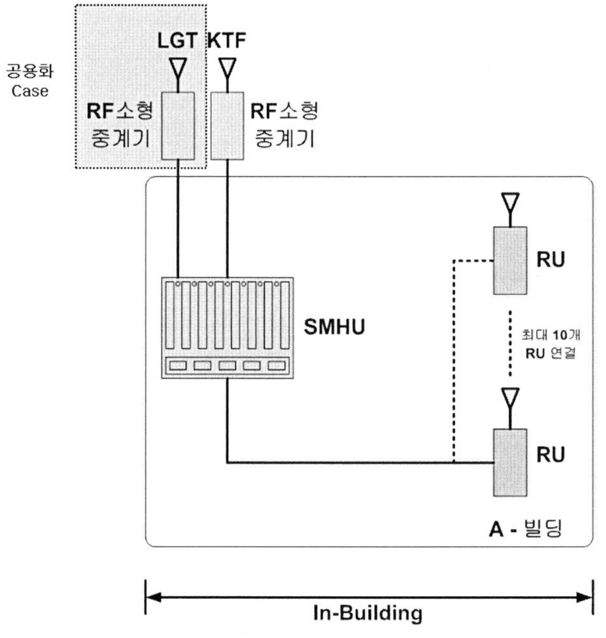


그림 6.36 **기지국과 무선인터페이스(1): SMHU-RU**

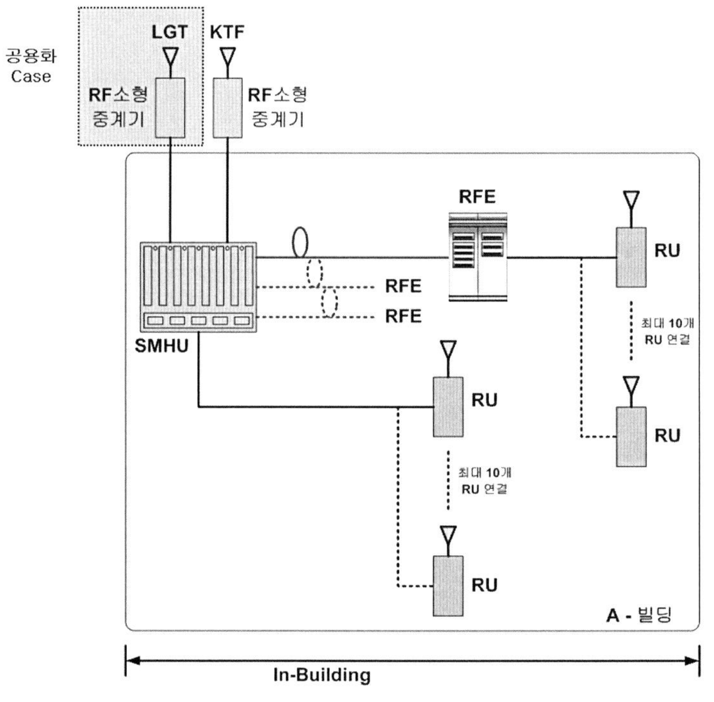


그림 6.37 **기지국과 무선인터페이스(2): RU 옥외서비스**

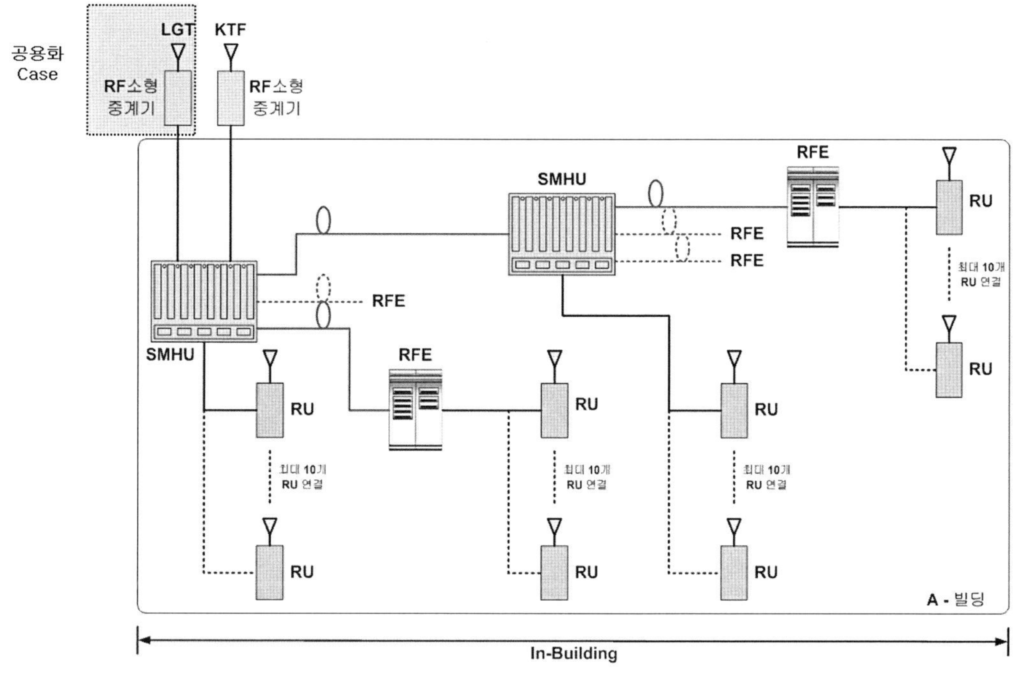


그림 6.38 기지국과 무선인터페이스(4): SMHU-SMHU-RFE-RU

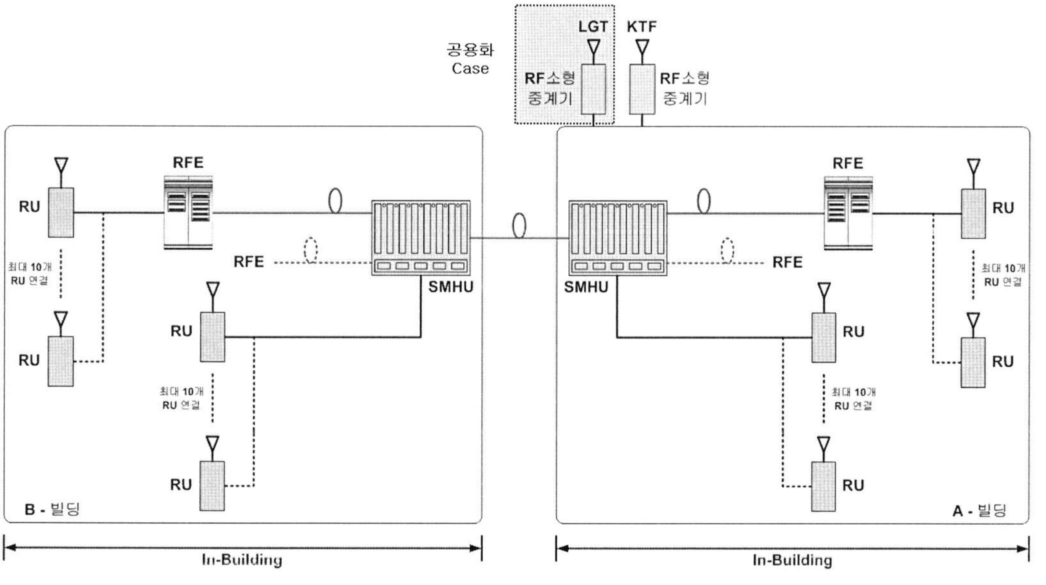


그림 6.39 기지국과 무선인터페이스(5): 인접빌딩 서비스

## 6.8.4 시스템 형상

다음의 표 들은 MHU, SMHU, RFE, RU의 시스템과 InB'D 시스템의 시스템 제원을 나타낸다.

표 6.17 **MHU 시스템 형상**

| | |
|---|---|
| MBIU-2G | 입력 순방향 2G RF 신호를 IF 신호로 변환<br>입력 역방향 2G IF 신호를 RF 신호로 변환 |
| MBIU-3G | 입력 순방향 3G RF 신호를 IF 신호로 변환<br>입력 역방향 3G IF 신호를 RF 신호로 변환 |
| MRFU | 기지국으로부터 10MB 신호를 입력을 받아 MBU에 필요한 Local 신호 발생<br>10M 신호를 MDTU로 전송 |
| MDTU | 입력 순방향 IF 신호를 광신호로 변환<br>역방향 입력 광신호를 IF 신호로 변환<br>각 BR로 부터 전송되어진 역방향 광 신호를 디지털 신호로 복원하여<br>Digital Summing 디지털 광모듈의 DCC 채널을 통하여 NMS 통신기능 수행 |
| MCPU | 시스템 상태조회 및 각종 제어 |
| MPSU | 입력 DC +27V 또는 AC 220V로부터 MHU에 필요한 각종 DC전원을 각 유니트에 공급 |

표 6.18. **SMHU 시스템 형상**

| | |
|---|---|
| SBIU | KTF(LGT) RF 중계기로부터 입력되는 순방향 PCS RF 신호를 IF 신호로 주파수 변환하여 SDTU로 전송<br>SDTU로부터 입력되는 역방향 PCS IF 신호를 RF 신호로 변환하여 KTF(LGT) RF 중계기로 전송 |
| SRIU_2G | SDTU로부터 입력되는 순방향 PCS IF 신호를 RF 신호로 주파수 변환하여 SRFU로 전송<br>SRFU로부터 입력되는 역방향 PCS RF 신호를 IF 신호로 주파수 변환하여 SDTU로 전송 |
| SRIU_3G | SDTU로부터 입력되는 순방향 WCDMA IF 신호를 RF 신호로 주파수 변환하여 SRFU로 전송<br>SRFU로부터 입력되는 역방향 WCDMA IF 신호를 RF 신호로 주파수 변환하여 SDTU로 전송 |
| SRFU | 순방향은 SRU 신호를 받아서 PCS 및 WCDMA 신호를 결합하여 RU로 전송<br>역방향은 RU로부터 받은 신호를 PCS 및 WCDMA 신호를 분리하여 SRIU로 전호 |
| SDTU | MHU로부터 전송되어진 디지털 광신호를 수신하여 Clock Recovery<br>SBIU로부터의 순방향 IF 신호를 A/D 변화하고 역방향 디지털 PCS 신호를 D/A 변환하여 SBIU로 전송<br>순방향 PCS 및 WCDMA 디지털 신호를 A/D 변환하여 각각 SRIU_2G와 SRIU_3G로 전송<br>역방향 PCS 및 WCDMA IF 신호를 A/D 변환하여 Digital Summing<br>RF Module 10MHz Clock 공급 및 MHU 미연동시 OCXO Path로 공급 |

| SCPU | 각종 감시 및 제어 기능 |
|---|---|
| FANU | 장비의 열을 방출하기 위한 FAN |
| SPSU | 입력 AC 220V로부터 SMHU에 필요한 각종 DC 전원을 발생하여 각 유니트로 공급 |

표 6.19 **RFE 시스템 형상**

| EDTU | SMHU와의 디지털 광전송 및 RU와의 RF 신호 전송<br>SMHU로부터 신호를 복원하여 D/A 변환하여 UDCU_3G로 전송<br>UDCU_2G와 UDCU_3G의 역방향 IF 신호를 A/D 변환 SMHU로 전송<br>디지털 광모듈의 DCC 채널을 통하여 NMS 통신 기능 수행 |
|---|---|
| UDCU_2G | EDTU로부터 입력되는 순방향 PCS IF 신호를 RF 신호로 주파수 변환하여 EFEU로 전송<br>EFEU로부터 입력되는 역방향 PCS RF 신호를 IF 신호를 주파수 변환하여 EDTU로 전송 |
| UDCU_3G | EDTU로부터 입력되는 순방향 WCDMA IF 신호를 RF 신호를 주파수 변환하여<br>EFEU로 전송<br>EFEU로부터 입력되는 역방향 WCDMA RF 신호를 IF 신호를 주파수 변환하여<br>EDTU로 전송 |
| EFEU | 순방향 PCS 및 WCDMA, 역방향 PCS 및 WCDMA 신호를 분리 및 경험 |
| ECPU | 각종 감시 및 제어 기능 |
| EPSU | 입력 AC 220V로부터 SMHU에 필요한 각종 DC 전원을 발생하여 각 유니트로 공급 |

표 6.20 **RU 시스템 형상**

| RFEU | 2G, 3G 신호의 결합 분리<br>FSK 모뎀 신호 송 수신, 선로 보상용 파일럿 신로 검출 |
|---|---|
| RFU-2G | 순방향/역방향 2G RF 신호 증폭, 이득제어<br>역방향 KTF/LGT 2G 신호의 분리 및 결합 |
| RFU-3G | 순방향/ 역방향 3G RF 신호 증폭, 이득제어 |
| HPA-2G | 순방향 2G RF 신호 고출력 증폭 |
| HPA-3G | 순방향 3G RF 신호 고출력 증폭 |
| 4-PLX | 2G 순방향/역방향 신호와 3G 순방향/역활향 신호의 분리 및 경험<br>2G/3G 순방향 출력신호의 모니터 포트 제공 |
| RCPU | 시스템의 상태조회 및 각종 제어 |
| RPSU | 입력 220 VAC로 부터 시스템에 필요한 DC 전원 발생 |

표 6.21 **시스템 제원**

| 구분 | Size [W x H x D mm] | 무 게 | 소비 전력 | 수용 섹터 수 | 수용 Br 수 | 최대 출력 | FA별 최대 출력 |
|---|---|---|---|---|---|---|---|
| MHU | 19 Inch × 8U × 383 | 24kg | 입력전압:220v or DC27V 소모전력:84W | 2G:1Sec 3G:2Sec | 3 Branch | +5dBm (2G, 3G Rx) | −8dBm (2G Rx) −1dBm (3G Rx) |
| SMUH | 700 × 465 × 230 | 33.5kg (40kg) | 입력전압:220V 소모전력:100W | 2G:1Sec 3G:2Sec | 3Branch | +5dBm (2G Rx) | −8dBm (2G Rx) |
| RFE | 570 × 370 × 200 | 25.5kg (29.5kg) | 입력전압:220V 소모전력:74W | 2G:1Sec 3G:2Sec | 1 Branch | | |
| RU (10W) | 650× 450 × 260 | 43.2kg (50kg) | 입력전압:220V 소모전력:350W | 2G:1Sec 3G:1Sec | 1 Branch | +40dBm (2G,3G Tx) | +27 dBm (2G Tx) +34dBm (3G Tx) |
| RU (20W) | 830 × 470 × 350 | 65kg | 입력전압:220V 소모전력:700W | 2G:1Sec 3G:1Sec | 1 Branch | +43dBm (Tx) | +30 dBm (2G Tx) +37 dBm (3G Tx) |

## 6.8.5 상위단 관리

### 6.8.5.1 MHU(Master Hub Unit)

그림 6.40은 MHU 구성도이다. MHU는 기지국 인접에 설치한다. 섹터 확장 모듈 추가로 4FA/3섹터 수용 가능하다. 최대 3개의 Branch 확장이 가능하고 Branch별 최대 4개의 ROU(Remote Optic Unit) 수용이 가능하다. 역 방향 Diversity 안테나 수용이 가능하고 2.5G 광 송수신한다.

Arrester와 Multiplexer는 도너 안테나 REU부에 해당하고, 신호의 필터링 역할을 수행한다. RF 모듈은 순방향 및 역방향 RF 모듈로 일체형 구조이며, 주파수 변환과 Local 생성(PLL)이 가능하고, 역방향 PA가 내장되어 있다. Duo TM은 아날로그와 디지털 신호 변환과 디지털 신호처리의 역할을 한다. 디지털 광 모듈은 변환된 디지털 신호를 광신호로 변환하여 RHU와 연결하고, 역방향 광신호를 디지털 신호로 변환한다. 전원 공급 및 배터리 백업을 위해 PSU가 사용되고, CPU는 제어 감시 및 상위 NMS를 담당하고, 모뎀을 통한 상위 NMS 통신 채널을 제공한다.

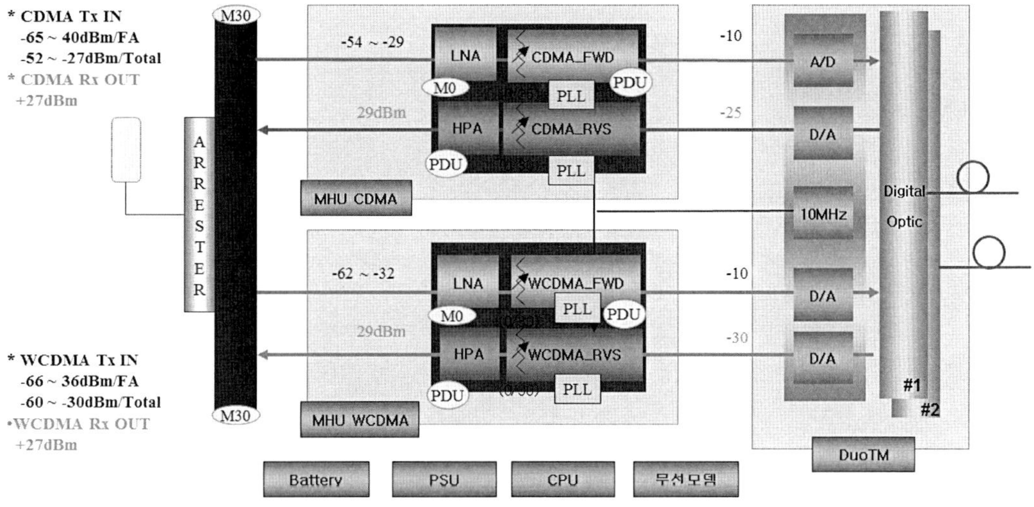


그림 6.40　MHU 블록도

## 6.8.6 하위단 관리

### 6.8.6.1 RHU(Remote Hub Unit)

그림 6.41은 RHU의 블록도를 나타낸다. Arrester와 Multiplexer는 서비스 안테나 FEU부로 신호를 필터링하는 역할을 수행한다. RF 모듈은 주파수 변환과 Local 생성(PLL)이 가능하고,

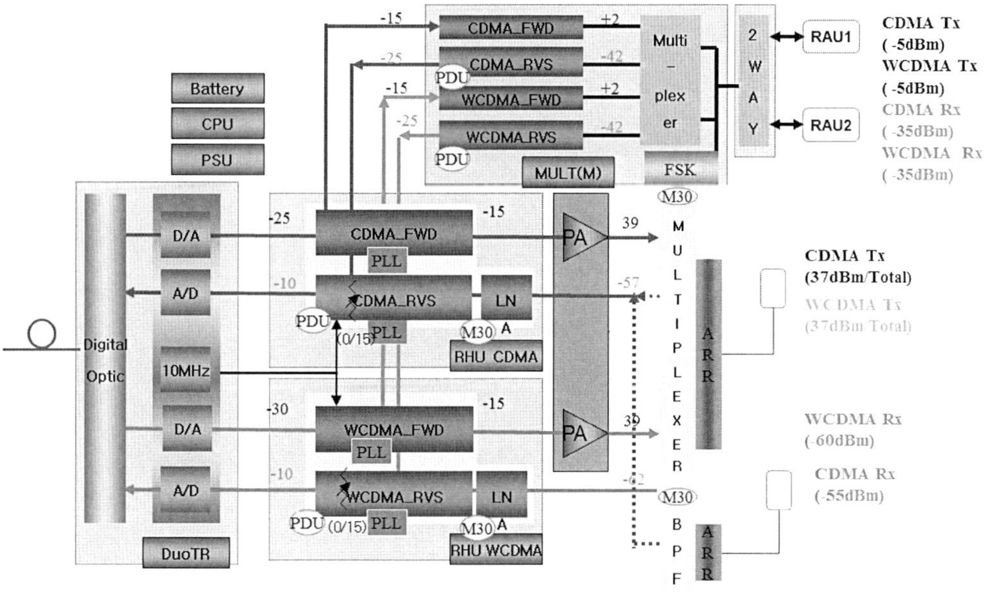


그림 6.41　RHU 블록도

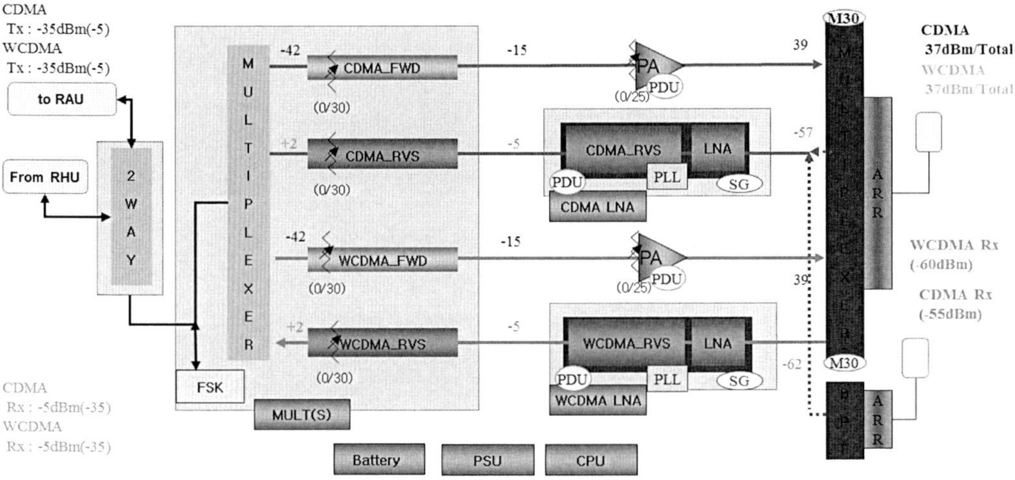


그림 6.42 **ROU 블록도**

RAU 인터페이스 신호를 제공하고 역방향과 입력 보호 기능을 한다. Duo TR은 아나로그나 디지털 신호를 변환하고 디지털 신호를 처리한다. 디지털 광모듈은 MHU와 광 인터페이스를 구성하여 광 신호를 디지털 신호로 변환하고, 하위 RHU의 광신호 Branch를 제공한다. 전원 공급과 배터리 백업을 위해 PSU를 사용하고, CPU는 상태 감시 및 제어, RAU와 NMS과의 통신을 한다. MULT(M)은 RAU와의 NMS 통신용 FSK 모뎀이 내장 되어 있고, RF 신호를 두 개가 분기시킨다.

### 6.8.6.2 ROU(Remote Optic Unit)

그림 6.42는 ROU의 블록도를 나타낸다. ROU는 서비스 원격지에 설치한다. 4FA/1섹터 수용이 이 가능하고, Dynamic cell 할당이 가능하다. 연결형 포트가 제공되고 광 모듈 추가로 종단, 연결 형태로 구성한다. 역 방향 Diversity 안테나를 수용한다. 2.5G 광 송수신한다.

Arrester와 Multiplexer는 서비스 안테나 FEU부이고, 신호의 필터링 기능르 수행한다. ROU는 RHU로부터 오는 RF 신호를 분기 하여 하위 RAU로의 포트를 제공한다. MULT(S) 모듈은 상위 RHU와의 통신용 FSK 모뎀과 순방향, 역방향 RF 선로 보상 회로가 내장되어 있다. LNA는 CDMA와 WCDMA의 역방향 Low noise 증폭 기능 및 SAW 필터가 내장되어 있다. RF 선로 손실 보상을 위한 SG의 내장가 입력 보호 기능이 있다. PSU는 전원 공급 및 백업 기능을 수행하고, 제어 감시 및 상위 RHU와 통신을 위해 CPU가 사용된다. FSK 모뎀은 상위 RHU와의 통신채널을 제공한다.

- 상기의 옥외형 중계기는 각 중계기별 특·장점이 확연히 차이가 있어 각 사업자들은 지형·환경에 따라 다양한 중계기로 최적의 효과를 누릴 수 있고, 주파수 대역이 넓어 광대역 무선신호를 모두 수용할 수 있는 특성을 지니고 있기 때문에 WLL, LMDS, IMT-2000과 같은 차세대 통신방식에서도 약간의 기술적 사양 변경으로 적용이 가능
- 광 중계기 대비 설치 위치에 제한이 없으며 광선로가 포설되지 않은 지역에도 추진이 가능

## 6.8.7 중계기 비교

| 구분 | 광 중계기 | RF중계기 | ICS중계기 |
|---|---|---|---|
| 기지국연결 | 유선(광케이블) | 무선(RF방식) | 무선(RF방식) |
| 설치지역 | • 대형: 도심지역, 지하철 | 중/소형: 빌딩, 지하<br>대형: 외곽 음영지역 | 대형: 도심지역, 외곽 음영지역, 지하철, 빌딩지하 |
| 장점 | • 품질우수<br>• Cell Planning 용이 | • 운영비 절감<br>• 설치 및 이전 용이 | • 간섭 제거로 인한 품질 우수설치 및 운영 용이 운영비 절감 |
| 단점 | • 설치 및 운영이 어려움<br>• 선로 이용료 고가 | • 신호품질이 낮음<br>• 간섭 작용으로 중계기 내부발진 현상 | |

CHAPTER

# 7

# 디지털 중계기

## 7.1 디지털 중계기

일반적으로 서비스 신호의 전송은 Analog 신호 형태의 RF 신호 또는 광통신 신호로 단말기와 중계기, 기지국과 중계기 사이에 이루어지지만, 중계기 내부에서의 신호 처리 방식이 디지털 신호 형태를 띄는 것을 디지털 방식의 중계기라 부른다. 이러한 디지털 중계기는 신호의 가공 중, 처리를 압출하여 중계할 것이냐 아니면 압축하지 않고 중계할 것이냐에 따라서 장치의 분류 등 차이를 보이고 있다. 국내의 디지털 중계기는 낮은 디지털 신호계위에서는 비압축 신호로 부호화하며, 상위계위에서는 STM-n 단위로 국제 규격에 준하는 신호 형태를 가지고 있다. 실제 20MHz 운용대역폭을 갖는 경우에 디지털 신호 처리는 다음과 같다.

**대역폭 20MHz × 샘플링 8,000 × 14bit = 2.24 Gbit**

결국 낮은 계위에서의 신호 압축 단계는 없으며, 원 신호를 그대로 디지털화하여 IF 혹은 I, Q 신호 형태로 가공되어 광 중계기, M/W로 전송되어 중계 역할을 하게 된다. 물론 특정한 중간중파수로 세분하여 InB'D 서비스, 멀티드롭 방식의 중계망을 구성하기도 한다. 하지만 최종 서비스 지점에서는 당초의 수신된 신호로 변환을 위한 A/D 혹은 D/A 신호 변환 유니트가 반드시 필요하게 된다.

### 7.1.1 Digital Signal Processing type

디지털 신호처리(DSP) 과정으로서 데이터나 정보가 포함된 아날로그 신호를 디지털 신호로 변환하여 전송한다.

**아날로그 신호(데이터, 정보) → 디지털 신호**

디지털 중계기는 기지국의 서비스 영역 확장과 음영지역의 해소를 위한 시스템으로 기존의 아날로그 광 중계기에서 발생하는 통화 품질의 열화, 전송거리 제한, 유지 보수비용 상승 등의 단점을 보완하기 위해 기지국의 RF 전송신호를 디지털 광 신호로 변환하여 전송하는 시스템이다. 선로 손실 보상을 위한 조정이 필요하지 않다. ROU의 출력이 40W로서 도심의 Cascade가 필요한 지역에도 적용이 가능하다. 다중 Sector 방식 및 선택적 FA 전송을 할 수 있어 유연한 망 설계와 효율적인 통화량 관리가 가능하다. M/B 사용과 Plug-in 타입 유닛 구성으로 내부 배선과 유지 보수가 용이하다. ROU 시스템 고장 시 자동 절체로 하위 ROU 정상 서비스가 가능하다.

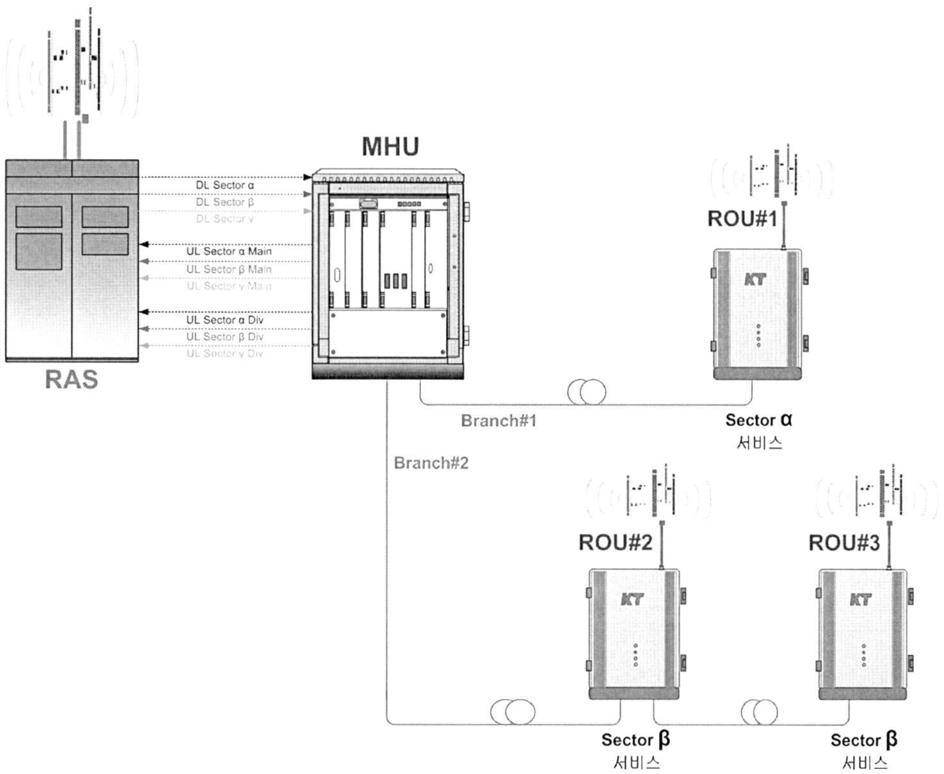


그림 7.1 **디지털 광 중계기 시스템 구성도**

그림 7.1과 그림 7.2는 디지털 광 중계기의 시스템 구성도와 디지털 광 중계기의 시스템 계통도이다. 디지털 광 중계기는 MHU(Master Hub Unit)와 ROU(Remote Optic Unit)으로 구성된다. MHU는 기지국에 인접하여 설치된다. 섹터 확장 모듈을 추가하여 4FA/3섹터 수용이 가능하다. 최대 3개의 Branch까지 확장이 가능하며, 각 Branch당 최대 4개의 ROU를 수용할 수 있다. 역 방향 Diversity 안테나를 수용하고 2.5G 광 송수신이 가능하다. 기지국과 IF 인터페이스는 DL 125MHz, UL 75MHz(Main/Diversity)이다. Star, Cascade 형태 등 다양한 망 구성이 가능하다. Secter별, Branch별 확장이 가능하여 최대 6개의 Branch와 3개의 Sector까지 확장된다. Dynamic Cell 컨트롤을 하고 TDD 동기 신호처리가 가능하여 기지국에서 입력되는 동기 신호를 ROU까지 전송한다. 광 선로 거리 측정 기능이 있고 딜레이 이퀄라이저를 사용한다. ROU는 서비스 원격지에 설치된다. 4FA/1섹터를 수용한다. 즉, Dynamic Cell 할당이 가능하다. 연결형 포트를 제공하여 광 모듈 추가로 종단, 연결 형태로 구성된다. 마찬가지로 ROU도 역 방향 Diversity 안테나를 수용하고 Diversity 안테나는 UP Link에 사용된다. 광 모듈 경제성을 고려하여 2.5G 광 송수신을 한다. 1 Sector와 Omni, 수신 Diversity 안테나를

사용한다. 광 전송 용량은 DL 1.45Gbps, UL 2.45Gbps이다. Sampling Rate은 100MHz이다. ADC Resolution은 DL 14bit, UL 12bit이다. Branch당 한 개의 Secter를 할당 받는다.

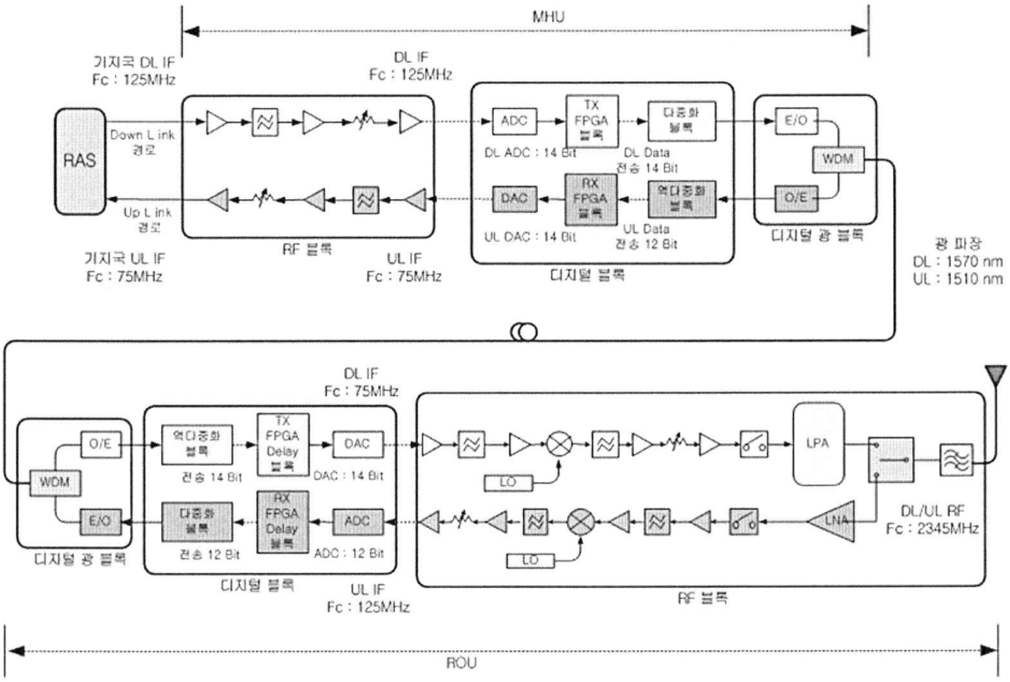


그림 7.2 **디지털 광 중계기 시스템 계통도**

## 7.1.2 Digital 제원

다음의 표 들은 Digital 광 중계기의 Digital 제원을 보여준다.

표 7.1 **광 중계기 Digital 제원**

(a) **Digital 제원(광 특성)**

| 구 분 | | 성능 요구조건 | 비고 |
|---|---|---|---|
| 중심 파장 | 순방향 | 1570±5nm | |
| | 역방향 | 1510±5nm | |
| 레이저 Type | | DFB with Isolator | |
| 광 출력 파워 | | −5 dBm 이상 | |

### (b) Digital 제원(전기적 특성)

| 구 분 | | 성능 요구조건 | 비고 |
|---|---|---|---|
| 이득조절 구간 | 순방향 | 46 – 76dB | |
| | 역방향 | 40 – 60dB | |
| 입력 레벨 | 순방향 | −30 ~ 0dBm | 4FA기준 |
| | 역방향 | −120 ~ −65dBm | |
| 출력 레벨 | 순방향 | +46dBm 이상 | 4FA기준 |
| | 역방향 | −5dBm 이하 | |
| Delay 조징 | 조정 범위 | 최대 80us | Rou간 |
| | 조정 간격 | 2us | |
| | 조정 오차 | 1us | |

### (c) Digital 제원

| 구 분 | | 성능 요구조건 | 비고 |
|---|---|---|---|
| **순방향 항목** | | | |
| ALC | 설정 범위 | +40 ~ +47dBm | 순방향/4FA 시 |
| 불요파 특성<br>(대역 외) | 9kHz~800MHz | −13dBm이하 | RBW 1kHz |
| | 800~1870MHz | | RBW 10kHz |
| | 2300~2400MHz | | RBW 100kHz |
| | 1GHz~12.75GHz | | RBW 1MHz |
| 불요파 방사 특성<br>(대역내) | +/− 2.5MHz | −14dBm | @43dBm, 1FA시/<br>RBW 30kHz |
| | +/− 3.5MHz | −26dBm | |
| | +/− 4.0MHz | −26dBm | |
| | +/− 8.0MHz | −13dBm | @43dBm, 1FA시/<br>RBW 1MHz |
| **역방향 항목** | | | |
| 3rd Order Intercepted Point(IP3) | | 20dBm이상 | −65dBm,<br>2CW최대 이득시 |
| 시스템 잡음지수(NF) | | 5dB 이하 | |
| Rx0 – Rx1간 Isolation | | 50dBm이상 | |

(d) **Digital 제원(MHU 구성)**

| 품명 | 수량 | 용도 및 기능 | 비고 |
|---|---|---|---|
| MFCU | 3 | Tx: 기지국으로부터 받은 RF 입력 신호를 IF 대역으로 Down Conversion 및 이득 조절 가능 | Sector 수에 따라 수량 변경됨. |
| MREU | 1 | 기지국에서 10MHz를 공급받아 PLL의 Reference로 공급되며 MFCU의 Tx, Rx의 Up, Down Conversion을 위한 Local을 공급 | |
| METC | 1 | System 방열을 위한 Fan 및 VFD, Key Pad, LED로 구성<br>Rx Diversity Local을 분배하는 3Way Divier기능 | |
| MPSU | 1 | 입력 전압: 27V or AC 220V<br>출력 전압: +24V, 8V, 5V, 3.3V<br>전면에 각종 ALM LED, Test Port 제공 | |
| MCPU | 1 | System 상태 감시 및 각 모듈의 상태 및 제어를 담당<br>원격을 통해 ROU의 RCPU와 통신 수행 | |
| MDRU | 1 | Digital 및 Optic부로 구성<br>Tx Path: IF신호를 받아 A/D를 거친 후 광모듈을 통해 ROU로 전송<br>Rx M, Rx D: ROU에서 전송된 Optic 신호를 광모듈을 거친 후 D/A 처리한 후 MFCU Rx Path로 전송<br>광모듈은 최대 3개까지 실장 가능 | Br수량에 따라 광모듈 수량 변경됨 |

(e) **Digital 제원(ROU 구성)**

| 품명 | | 수량 | 용도 및 기능 | 비고 |
|---|---|---|---|---|
| 배터리 함체 | AC/DC | 1 | AC 220V입력, DC 27V, 12V 출력 | DC 27V기준 |
| | Battery | 2 | AC전원 이상 시 시스템 전원 공급을 위한 축전지<br>최대 1시간 서비스 지속 가능 | |
| | 함체 | 1 | Fan방열 구조<br>옥외 환경에서의 정류기 및 축전지 보호 | |

(f) **Digital 제원(예비전력).**

| 품명 | 수량 | 용도 및 기능 | 비고 |
|---|---|---|---|
| RFCU | 1 | Tx: IF신호를 RF신호로 Up Conversion및 이득조절 기능<br>Rx M, Rx D: LNA로부터 받은 RF입력 신호를 IF대역으로 Down Conversion 및 이득 조절 기능 | |
| RCPU | 1 | 각 Unit 상태 감시 및 제어<br>경보 검출 및 표시<br>MHU와 NMS기능 수행 | |
| RDRU | 1 | Digital 및 Optic부로 구성<br>AD/DA변환 기능<br>연결형 ROU의 경우 종단형 ROU에 OMUR 추가<br>종단형 ROU의 경우 OMTR만 구성 | |
| LPA | 1 | Tx 신호를 60W로 최대 증폭<br>Gain 55dB | |
| RPSU | 1 | Battery 함체로부터 DC 27V, DC 12V를 입력 받아 ROU에 필요한 DC를 전원공급하는 DC/DC Converter | |
| LNA | 2 | 단말기로부터 인가된 신호를 저잡음 증폭<br>Gain 40dB, NF 1 이하 | |

## 7.1.3 디지털 광 중계기의 신호지연

그림 7.3은 표준 디지털 광 중계기의 방식을 보여준다. 표준 디지털 광 중계기는 SAW 필터를 이용한 방식과 디지털 필터를 이용한 방식으로 나뉜다. SAW 필터 방식의 시간지연은 다음과 같다.

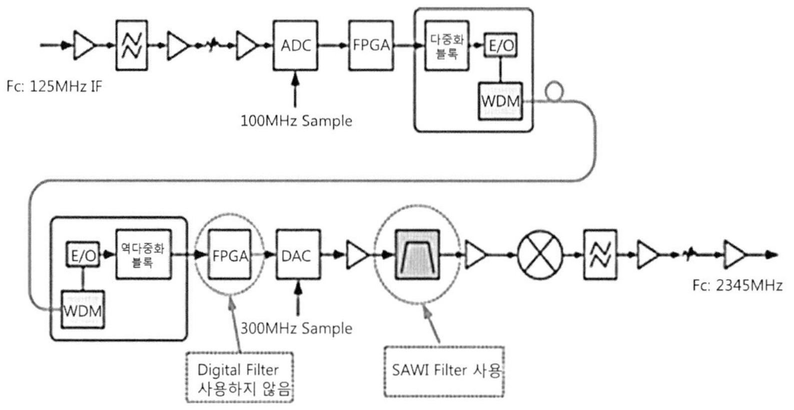


(a) **SAW 필터 방식**

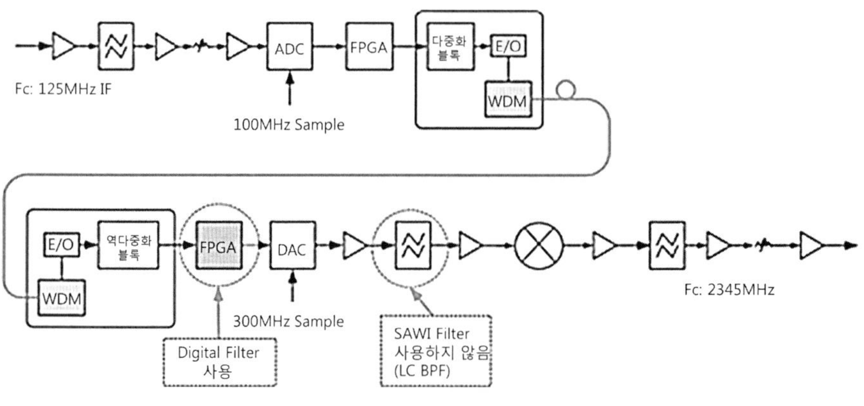


(b) **디지털 필터 방식**

그림 7.3 **표준 디지털 광 중계기 방식**

(a) SAW Filter 방식 시간지연: SAW Filter 지연 + 광 모듈 연동지연 + 기타(RF)
= 2.5 us + 0.7 us + 0.2 us = 3.4 us

디지털 필터 방식의 시간 지연은 다음과 같다.

(b) Digital Filter 방식 시간지연: Digital Filter 지연 + 광 모듈 연동지연 + 기타(RF)
= 0.15 us + 0.7 us + 0.2 us = 1.05 us

SAW 필터를 이용한 방식과 디지털 필터를 이용한 방식의 system 시간 지연의 차이는 약 2.35us(광 선로 0.5Km)이다.

## 7.2 FomiCell(Fiber optic Micro Cell)

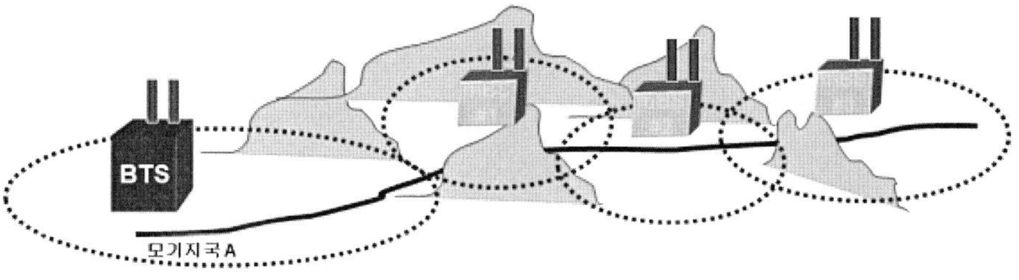


그림 7.4 FomiCell 구조도

FomiCell은 IF신호(200~300MHZ)를 광신호로 변환하여 전송하며 1Sector당 최대 4개까지 Multi Drop 할 수 있어 경제성이 우수하다. 또한 3FA 이하 Traffic이 적은 외곽지역의 Coverage 확장을 위해 사용한다.

- 주파수: 송·수신 Band가 4Mhz이며 최대 3FA만 수용 가능
- 출력: AMP는 20W HPA를 사용하며 1~2W/FA 출력까지 가능
- 기타
  - Multi_Drop 형태의 확장이 가능(최대 3개의 Remote)하다.
  - 외곽지역의 트래픽이 적은 도로지역에 적용이 가능하다.
  - Multi_Drop 형태로 구성되어 Single 설치시 보다 전송로 비용을 절감할 수 있다.

## 7.3 Femto Cell

### 7.3.1 개요

Data Femto는 기존 WCDMA Femtocell을 이용하여 유선인터넷을 Backhaul로 사용하는, 최대 출력 50mW 이하 수준의 WCDMA 옥내형 기지국으로 적은 비용으로 WCDMA 데이디 시비스를 원활히 제공하는 데 그 목적이 있다.

Macrocell의 무선 자원을 이용하여 단순히 Cell Coverage만 확장하였던 중계기와 달리 Data Femto는, Macro cell과 같이 서비스 Zone에서 무선 자원을 8 채널까지 지원하며, 음성 서비스와 영상서비스, 단문 메시지 서비스(SMS, Short Message Service) 뿐만 아니라 고속 데이터 서비스를 지원하여 웹 검색과 같은 인터넷 서비스, NATE Service를 통한 VOD 스트리밍 서비스, VOD/VM Download 서비스 등의 다양한 멀티미디어 서비스를 지원한다.

## 7.3.2 기능

Data Femto는 기존 WCDMA 망에서 Node B와 이를 제어하는 RNC의 기능을 통합한(collapsed) 장치다. 따라서 이들 시스템에서 제공하는 대부분의 기능들을 기본적으로 제공 한다. 이와 더불어, 공용 인터넷 망을 통해 핵심망과 통신하는 네트워크의 구조적 특수성으로 인하여, 공용 인터넷 망과 연동하는 데 필요한 기본적인 기능들을 갖추고 있다.

1) 자동기동 기능
2) WCDMA 호처리 기능
3) OAM

## 7.3.3 펨토 규격 및 사양

■ WCDMA Femto Module Specification

■ Operating Band

- 3G UMTS FDD Operating Band 1
- Tx: 2110 ~ 2170 MHz Rx: 1920 ~ 1980 MHz

■ Specification

- 3GPP TS25.104, TS25.141 Local Area BS (R6) Partially Compliance

■ Transmitted Power

- Max. +17dBm (50mW) / FA
- Antenna Type: Patch Antenna or Omni Antenna

■ FA Configuration

- 2FA / Omni

## ■ WCDMA Channels

FA마다 다음과 같은 채널을 지원

- Downlink common channels: P-SCH, S-SCH, P-CPICH, P-CCPCH, S-CCPCH, PICH, AICH
- Uplink common channels: PRACH (1 Scrambling code, 12 Sub-channels, 1xPreamble signature, 1x Message demodulator)
- R99 DCH
  - 8xbidirectional 12.2kbps AMR voice
  - 8xbidirectional 64kbps PS/CS data
  - 8xbidirectional 128kbps PS data
  - 4xbidirectional 384kbps PS data
- HSDPA channels
  - 15xOVSF codes for HS-PDSCH (QPSK, 16QAM), 2xHS-SCCH

## ■ WCDMA Channels

- HSUPA channels
  - 1xE-DPDCH (minimum SF4, E-DCH 2ms or 10ms TTI)
  - 1xE-AGCH, 1xE-RGCH/E-HICH

## ■ Sniffer

- 2110 ~2170 MHz (3G macro cell monitoring function)

## ■ Synchronization

- NTP

## ■ IPSec

- Directly supports DES, 3DES, AES, ARC-4, SHA-1, MD5

## ■ WiFi Router Module Specification

## ■ Operating Band

- 2.4GHz

## ■ Specification

- IEEE 802.11b/g/n

■ Authentication

- WEP(Wired Equivalent Privacy)
- WPA(Wi-Fi Protected Access)

■ Transmitted Power

- Max. +15dBm (50mW) / FA
- Antenna Type: Patch Antenna

## 7.4 DDR(Digital Distributed Repeater)

### 7.4.1 개요

도심 내 주택 밀집 지역, 아파트 지하 및 지하주차장 등의 통화 불량을 해소하고 무선 환경을 개선시키며 CDMA(IS-95A/B, 1X, EV-DO), WCDMA(HSDPA 포함) 및 WiBro 통합형 디지털 광 분산중계기와 CFR 및 DPD 기술을 적용한 디지털 광 분산중계기

### 7.4.2 구성

CMHU(Cabled Main Hub Unit), SHU(Sub Hub Unit), RO(Remote Optic), RAU(Remote Antenna Unit) 혹은 MOU(Main Optic Unit), RO(Remote Optic)로 구성되어 있으며, 시스템 연결은 최대 8개의 하위 RO를 확장 할 수 있는 구조로 되어 있다.

### 7.4.3 장비의 노드 별 주요 기능

(1) MOU(Main Optic Unit)

- 유선 RF 신호를 디지털 광 신호로 전환 및 전송하는 기능(DL).
- 디지털 광 신호를 유선 RF 신호로 전환 및 증폭, 전송하는 기능(UL).
- 1Core 광섬유를 통하여 하위 RHU를 연결할 수 있는 기능.
- 최대 8개의 하위 RO 연동기능.
- 양방향 디지털 광 포트는 하나(1 Branch)를 제공.
- 기준 주파수(10MHz, OCXO)를 내장하는 기능.
- 상위 NMS를 위한 통신용 모뎀을 내장하는 기능.
- 하위 RO를 집중 감시할 수 있는 기능.
- 상전 정전 시 운용을 위한 Back-Up Battery 기능지원 or 제공(910mAh B-type).

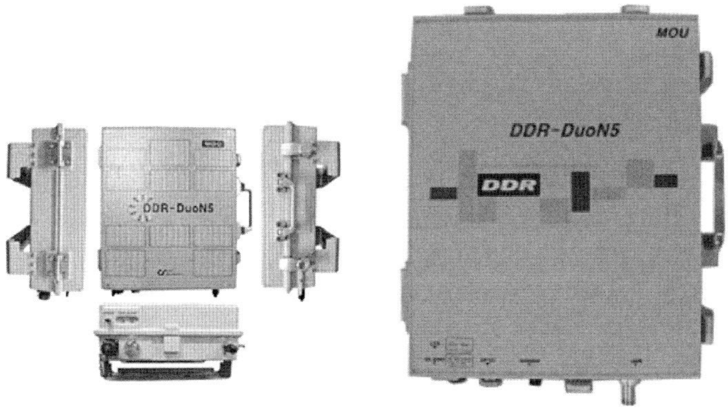


그림 7.5 **펨토셀 형상**

### (2) RO(Remote Optic)

- 출력은 CDMA 30dBm(1W)/Total/WCDMA 각 37dBm(5W)/Total
- 디지털 광신호를 RF 신호로 전환하는 기능(DL).
- RF 신호를 디지털 광신호로 전환하는 기능(UL).
- 상위 MOU와 광 인터페이스 기능.
- 단일방향의 디지털 광 연결포트를 제공하여 하위 RO로 Cascade 기능.
- 전원 OFF시 광 절체 기능 제공(Optic Switch Option 적용 시).
- 상위 MOU와 Digital Frame 내의 별도채널을 이용한 통신
- 상전 정전 시 운용을 위한 Back-Up Battery 기능제공(3.2Ah B-type).
- CPU 보드 내 GPS 모듈을 연결 포트(함체 연결 포트 없음)

**부가기능**

1) 원격 펌웨어 다운로드 기능
2) Total Power Limit 기능
3) Reverse과 입력 Auto Shutdown 기능
4) FA 수에 따른 입력 파워 자동 설정 기능
5) 순방향 FA Digital Filtering ON/OFF 기능
6) Alarm Mask기능
7) FAN 조절기능
8) AMP 사용유무 설정에 따른 Alarm Mask 기능
9) 역 제어 기능
10) 역방향 Gain 표시기능

11) 역방향 Gain 설정기능(Gain Balance 기능)

12) 기타 기능 등

표 7.2 **주요 규격**

(a) **DDR(제원)**

<table>
<tr><th colspan="2">항 목</th><th colspan="2">규 격</th><th>비 고</th></tr>
<tr><td rowspan="4">사용광<br>파장</td><td rowspan="3">DFB–B</td><td>1470 ± 8nm(환경)</td><td>WiBro MIMO</td><td rowspan="4">1570nm는 옵션으로 WCDMA 단독 일 경우 광 파장이 기존 시스템과 겹치는 경우 사용</td></tr>
<tr><td>1510 ± 8nm(환경)</td><td>CDMA/WCDMA Rx1</td></tr>
<tr><td>1550 ± 8nm(환경)</td><td>CDMA/WCDMA Tx/Rx0</td></tr>
<tr><td>DFB–C</td><td>1570 ± 8nm(환경)</td><td>WCDMA Tx/Rx</td></tr>
<tr><td colspan="2">광 Connector Type</td><td colspan="2">FC/APC</td><td></td></tr>
<tr><td colspan="2">광 트랜시버 Type</td><td colspan="2">SFP(송신, 수신 겸용)</td><td>1510nm<br>(송신,수신분리)</td></tr>
<tr><td colspan="2" rowspan="2">광 Link 손실</td><td colspan="2">Max 10dBo</td><td>CWDM 미삽입시</td></tr>
<tr><td colspan="2">Max 8dBo</td><td>CWDM 삽입시</td></tr>
<tr><td colspan="2">광 전송 거리</td><td colspan="2">10Km 이하</td><td>각 광구간</td></tr>
<tr><td colspan="2" rowspan="2">IN/OUT RF Connector</td><td colspan="2">DIN–Type Female</td><td>RO</td></tr>
<tr><td colspan="2">SMA–Type Female</td><td>CMHU</td></tr>
<tr><td rowspan="6">모니터<br>단자<br>CDMA<br>WCDMA<br>WiBro</td><td>CMHU 입력</td><td colspan="2">–20dB ±1.5dB</td><td>순방향 입력</td></tr>
<tr><td>CMHU 출력</td><td colspan="2">–20 dB ±1.5dB</td><td>역방향 출력</td></tr>
<tr><td>RO 안테나 출력</td><td colspan="2">–40 dB ±1.5dB</td><td>순방향 출력</td></tr>
<tr><td>RO LNA 출력</td><td colspan="2">+30 dB ±1.5dB</td><td>역방향 입력</td></tr>
<tr><td>RAU 안테나 출력</td><td colspan="2">–30 dB ±1.5dB</td><td>순방향 출력</td></tr>
<tr><td>RAU LNA 출력</td><td colspan="2">+30 dB ±1.5dB</td><td>역방향 입력</td></tr>
<tr><td>케이블 손실<br>보상</td><td>보상 범위 및 정확도</td><td colspan="2">30 dB ± 1.5dB</td><td>분기 및 케이블<br>손실 보상</td></tr>
<tr><td colspan="2">CDMA/WCDMA Delay<br>제어 기능</td><td colspan="2">Max 50us, 1us/step</td><td></td></tr>
<tr><td colspan="2">WiBro Delay 제어 기능</td><td colspan="2">Max 50us, 1us/step</td><td></td></tr>
<tr><td rowspan="2">기지국<br>10MHz</td><td>입력 레벨</td><td colspan="2">–15dBm 이상</td><td rowspan="2">CMHU OTRU 기준</td></tr>
<tr><td>Spurious</td><td colspan="2">90dBc 이하</td></tr>
</table>

| 항 목 | 규 격 | 비 고 |
|---|---|---|
| 시스템 함체의<br>포트 구성 | Optic port: 2EA, 예비 port: 1EA,<br>전원 port: 1EA, 배터리 port: 1EA,<br>GPS port: 1EA<br>Wi-Fi 안테나 port: 1EA,<br>안테나 port: 각 서비스 별 구성 | |
| CMHU 10MHz<br>OCXO 모듈 규격 | Warm-up time@ 25°C:<br>2분 이내(With in ±1×10 −7 Hz)<br>출력: −5dBm 이상<br>Harmonics: −25dBc 이상 | OCXO 단독<br>동작 시 규격 |

(b) **DDR(공통규격)**

| 항 목 | | 규 격 | 비 고 |
|---|---|---|---|
| Frequency Range | | 2130.88MHz ~ 2149.32MHz<br>1940.88MHz ~ 1959.32MHz | |
| Filter 구조 | | Donor Antenna 측(BTS): Duplexer<br>Service Antenna 측(단말기): Duplexer | |
| 대역 평탄도 | | Down Link: 3dB 이하<br>Up Link: 3dB 이하 | Peak to Peak<br>(−30°C ~ 50°C) |
| 최대<br>출력 | Down Link | +31dBm/FA, +37dBm/Total | 장비 종단 기준 |
| | Up Link | +27dBm/Total | |
| 입력<br>레벨 | Down Link | −69dBm ~ −39dBm/FA | |
| | Up Link | −50dBm/Total | |
| System<br>이득 | Down Link | 70dB ~ 100dB | 1dB Step |
| | Up Link | 65dB ~ 95dB | 1dB Step |
| System 시간지연 | | 8us 이하 – RF Window & C&S Microwave<br>10us 이하 – SK 텔레시스 & 쏠리테크 | |
| EVM | | 12.5% | |
| TX/Rx Isolation | | 110dBc 이상 | |
| Out-band ACLR | | 45dBc 이상(@Fc±5MHz)<br>50dBc 이상(@Fc±10MHz) | |
| 2nd Harmonics | | 80dBc 이하 | |

## 7.5 WiBro 중계기

### 7.5.1 WiBro의 개념과 특징

Wibro란 휴대 인터넷 단말을 이용하여, 정지 및 이동중에도 언제, 어디서나 고속으로 무선 인터넷 접속이 가능한 서비스를 말한다.

그림 7.6은 WiBro 서비스의 구성도이다. 유선 IP에서 스위치와 라우터를 통해 100m 내의 근거리에서는 공유기를 통한 2.4GHz 대역의 무선랜 서비스를, 100m 이상의 반경 1Km 이내의 지역에서는 2.3GHz대역의 휴대 인터넷을 서비스하는 것이다. 또한 역, 공항 등의 공공장소에서는 Hot spot을 이용하여 무선 인터넷 서비스를 지원한다.

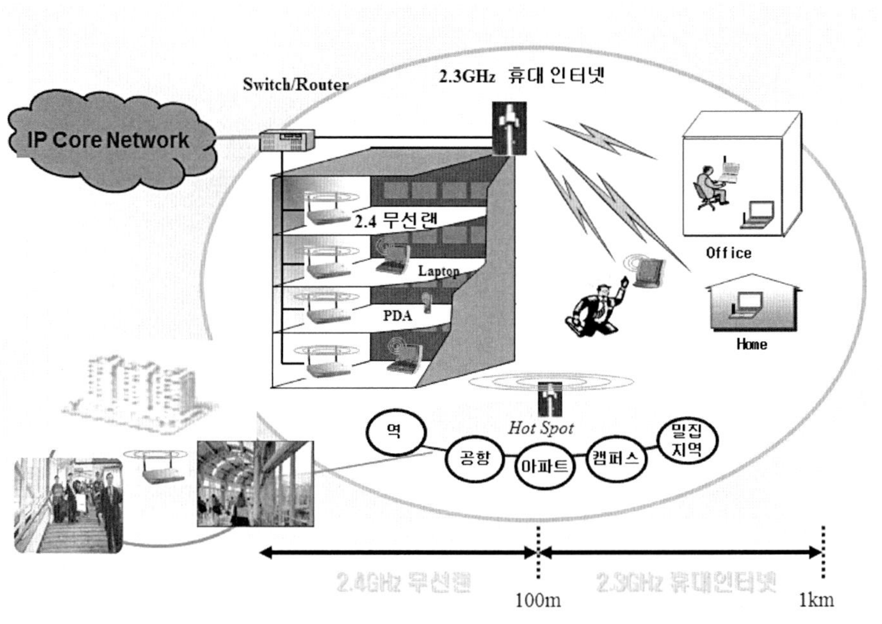


그림 7.6 **WiBro 서비스의 구성도**

그림 7.7은 WiBro 서비스의 가용 주파수 대역이다. 그림에서 보듯이, WiBro서비스의 주파수 대역은 2.3GHz 대역에서부터 10MHz 단위로 끊어서 총 10개의 band로 운영되고 있으며, 2.3~2.33GHz는 SK에서, 2.33~2.36GHz 대역은 KT에서 사용하고 있다. 그리고 그 뒤의 30MHz 대역은 KT에서 testbed로 운영하고 있다. 다음의 표는 휴대인터넷 주요 Parameter 및 필수 요구사항이다.

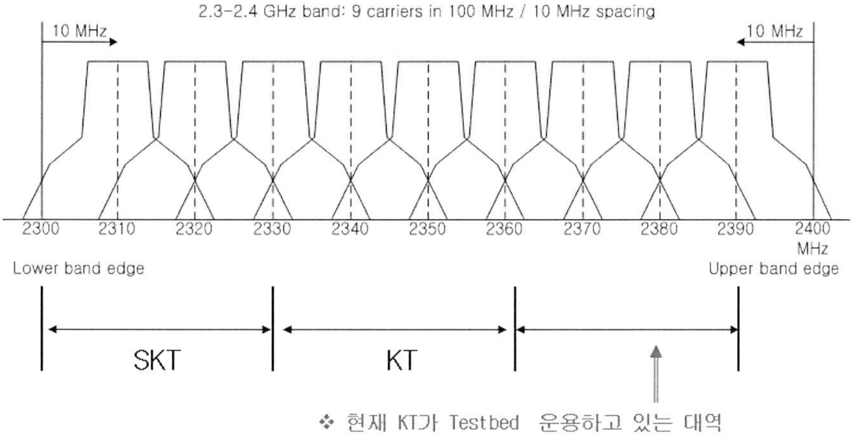


그림 7.7 **WiBro 서비스의 가용 주파수 대역**

표 7.3 **휴대인터넷 주요 Parameter 및 필수 요구사항**

| 항 목 | 방식 또는 값 |
|---|---|
| 이중화 방식 | TDD(Time Division Duplexing) |
| 다중 접속 방식 | OFDM(Orthogonal Frequency Division Multiple Access) |
| 채널 대역폭 | 9MHz 이상 |
| 가입자 당 전송속도 | 최대(DL: 3Mbps, UL: 1Mbps)<br>최소(DL: 512kbps, UL: 128kbps) |
| 주파수 재사용 계수 | 1 |
| 주파수 효율 bps/Hz/<br>cell(sector) | 최대 주파수 효율: DL/UL(6/2)<br>최소 주파수 효율: DL/UL(2/1) |
| 핸드오프 | 기지국 내 셀간, 기지국 간, 주파수 간: 150ms 이하<br>(사업자간 로밍 가능) |
| 이동성 | ~60km/h |
| 서비스 커버리지 | Macro(1km), Micro(400m), Pico(100m) |

## 7.5.2 WiBro에서의 중계기 응용

WiBro에서의 중계기는 크게 광 중계기, RF 중계기의 2가지로 구분할 수 있다.

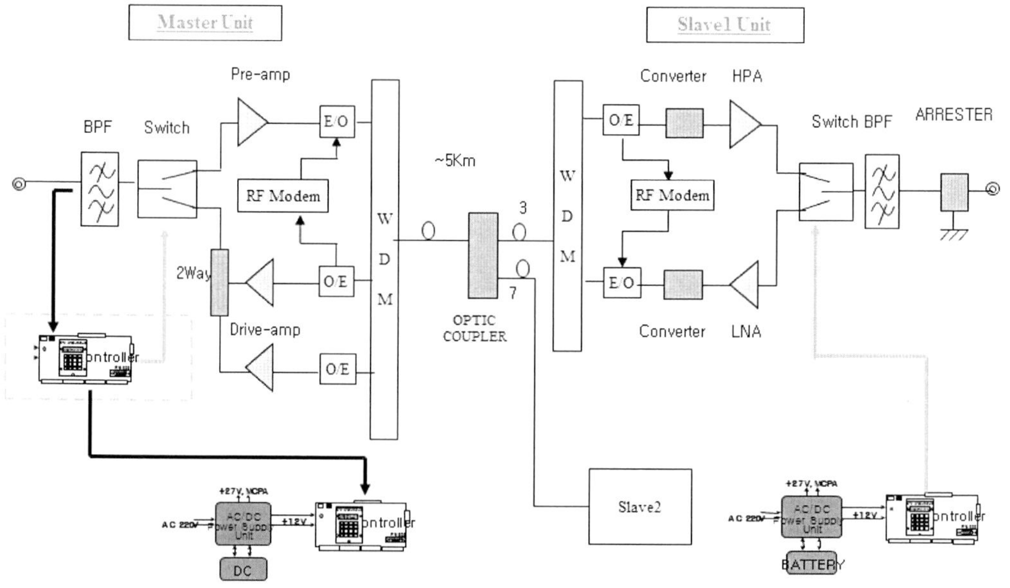


그림 7.8 **Wibro 광 중계기의 Block Diagram**

그림 7.8은 Wibro 광 중계기의 Bolck Diagram이다. 광 중계기의 구조와 비슷하게, MU(Master Unit)과 SU(Slave Unit)으로 구분되어 있으며, MU와 SU 사이에는 WDM (Wavelength Division Multiplexing) 방식을 사용한 Optic 전송을 한다.

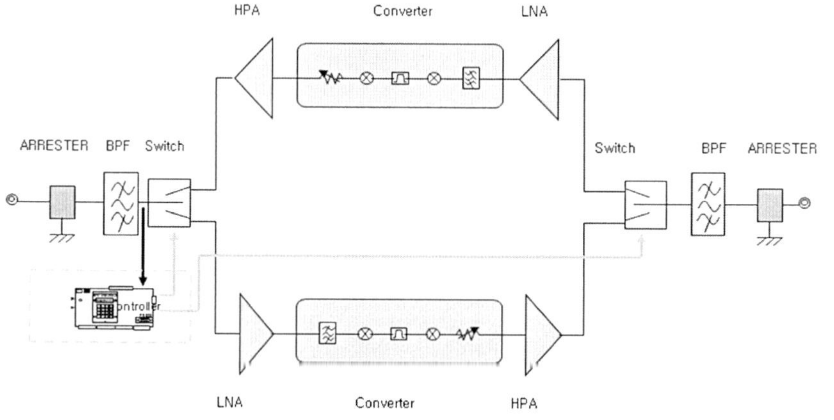


그림 7.9 **Wibro RF 중계기의 Block Diagram**

그림 7.9는 Wibro RF 중계기의 Block Diagram이다. Controller에서 swich를 제어하며, LNA, Converter, HPA를 통해 신호를 적절히 증폭, 변조하여 송·수신하는 역할을 함을 알 수 있다.

RF 중계기에서는 이러한 소형 RF 중계기 외에도 대형 RF 중계기가 존재한다. OFDM 휴대인터넷 시스템의 빌딩내외 서비스를 가능하게 해 주는 중계장치로써, 연건평 1,500~3,000평의 대형빌딩(사무실, 쇼핑몰, 백화점, 역사 등) 내의 대규모 지역 또는 트래픽이 밀집하는 지하상가의 음영지역 해소시키는 역할을 담당한다.

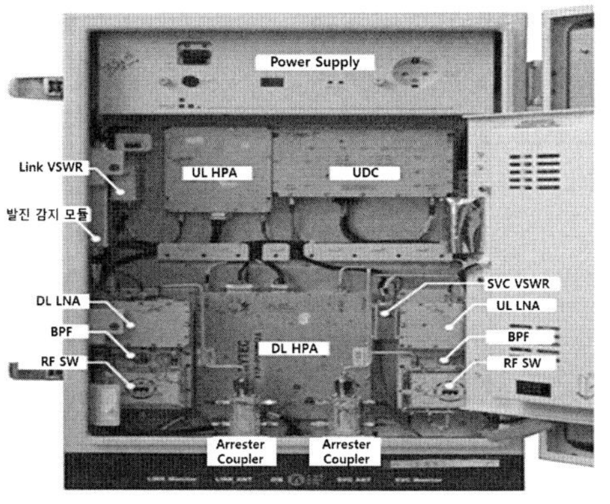


(a) WiBro 대형 중계기의 형상

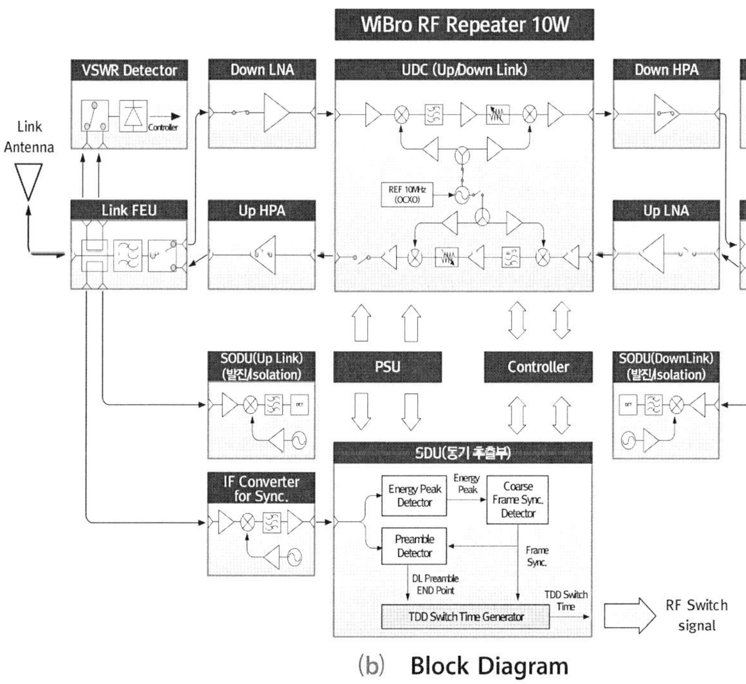


(b) Block Diagram

그림 7.10 WiBro 대형 중계기의 형상(a)과 Block Diagram(b)

## 7.6 DMB 중계기

### 7.6.1 DMB의 개요와 특성

DMB란 가지고 다니는 TV 개념의 고정 및 이동 방송서비스 내용 면에서 CD 수준의 오디오, 영상뿐만 아니라 데이터 방송도 포함하는 멀티미디어 방송 서비스로써, 전용단말기 또는 휴대폰 등에 DMB 수신기능을 채용한 결합단말기로 DMB 방송을 수신하는 서비스이다. 전송 수단에 따라서 지상파 DMB와 위성 DMB로 구분된다.

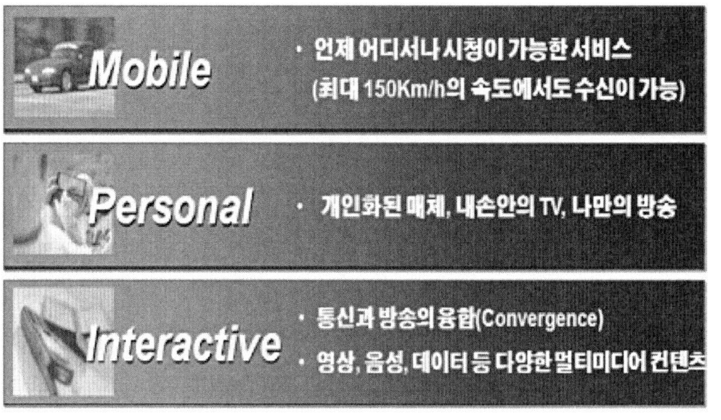


그림 7.11 **DMB의 3가지 특성**

DMB의 특성은 위의 총 3가지로 요약될 수 있는데, 언제 어니서나 개인화된 멀티미디어 방송이 그것이다.

### 7.6.2 DMB와 지상파 DMB의 개념

위성 DMB 서비스는 프로그램 제공자가 위성DMB 센터에 콘텐츠를 제공하면, 그 콘텐츠를 바탕으로 위성 DMB 방송센터에서 위성으로 콘텐츠 정보를 송출한다. 이 송출된 콘텐츠 정보를 이동방송 수신에 적합하도록 제작된 위성 DMB 만을 위한 방송전용 위성으로 전송하고, 이러한 정보를 수신기가 부착된 단말에서 수신받아 시청이 가능한 것이다. 위성 DMB 시스템은 위성으로부터의 직접 수신을 통한 광역성과 갭필러를 통한 전파 음영지역(I/B 포함)에서 다양한 단말 형태로 멀티미디어 서비스 이용이 가능하다.

지상파 DMB는 지상의 기지국에서 쏘는 방송신호를 단말기에서 직접 또는 간접으로 수신하는 방식이다.

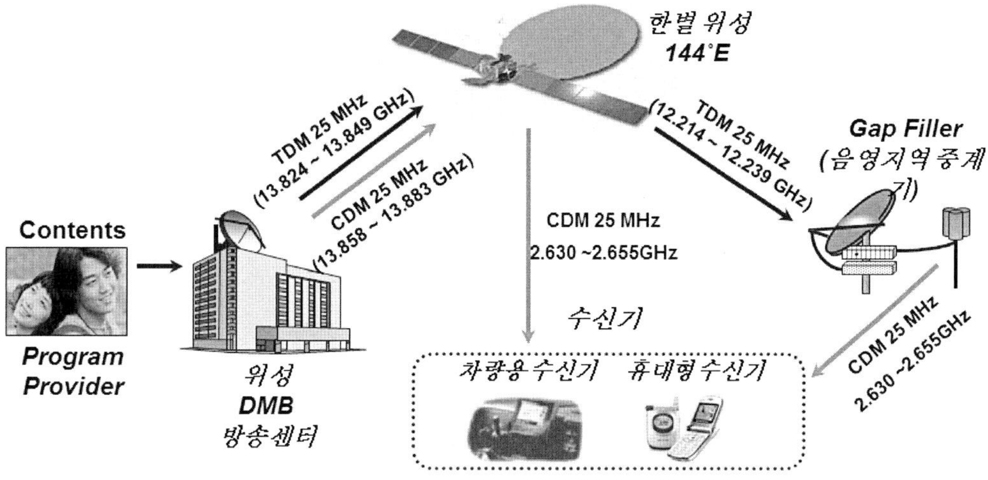


그림 7.12 **위성 DMB의 개념도**

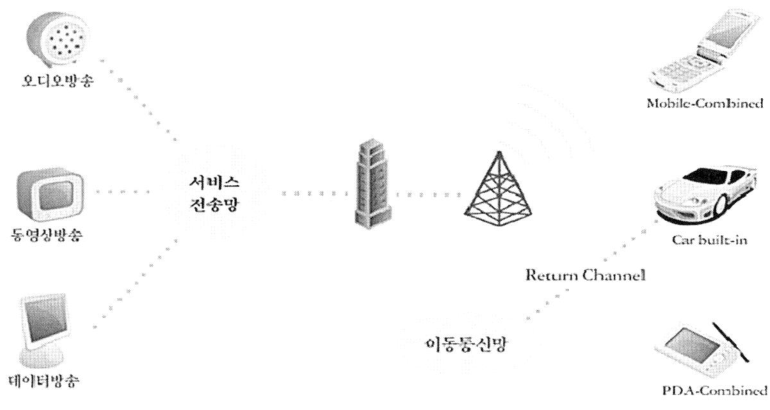


그림 7.13 **지상파 DMB의 개념도**

서비스 제공자가 오디오/비디오/데이터프로그램을 제작하여 멀티플렉스 사업자에게 제공하면, 멀티플렉스 사업자는 서비스 제공자로부터 제공되는 신호를 다중화 및 채널부호화 과정을 통해 송신호로 전송한다. 사용자는 전송된 DMB신호를 단말기를 통해 고품질 멀티미디어 방송을 수신하는 것이다.

지상파 DMB의 사용 주파수로 VHF TV 채널 8번(180~186MHz), 12번(204~210MHz)을 할당하고, 채널당 3개 블럭, 총 6개의 블럭으로 나누어 사업자에게 할당되며, 블럭당 비디오 1개, 오디오 3개, 데이터 1개 채널 등 총 30개 채널이 가능하다. 광고시장 기반의 무료서비스를 표방–공중파 방송사가 추진의 주체이다. 아래의 표는 위성 DMB와 지상파 DMB의 비교표이다.

**표 7.4 위성 DMB와 지상파 DMB의 비교**

| | 위성 DMB | 지상파 DMB |
|---|---|---|
| 주파수 | 2,605~2,655GHz | 174~216MHz |
| 사업자 | SKT, KT가 각각 주도 | 지상파 방송사가 각각 주도 |
| 지역 당 채널 수 | 비디오 20~30, 오디오 50~60, 데이터 5~10 | 비디오 3, 오디오 9, 데이터 9 |
| 채널 특성 | 전문편성, 다채널(전국 통일 채널) | 종합편성, 소수채널, 전국채널, 지역채널 |
| 비즈니스 모델 | 가입자 기반(수신료, 광고료, 유료 채널) | 광고시장 기반(시청료, 광고료) |

## 7.6.3 DMB에서의 중계기 응용

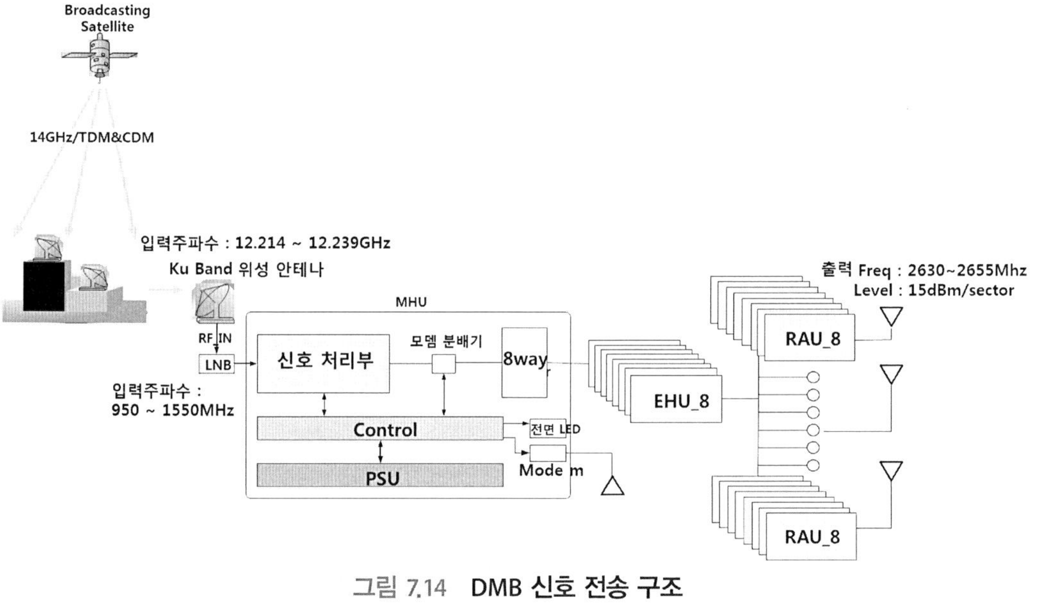


그림 7.14 DMB 신호 전송 구조

위의 그림은 DMB의 신호 전송 구조이다. RF 분산 시스템 신호처리부의 수신 경로는 위성으로부터 Ku-Band(12.214GHz~12.239GHz)의 TDM 신호를 수신 안테나를 통해 수신한 후, LNB를 거쳐 L-Band(1.5GHz~1GHz) 변환 QPSK 복조하여 I/Q신호를 분리 FEC 과정을 거친 다음, TDM 신호를 CDM으로 변환하는 구조여야 하며, 송신경로는 2.6GHz 대역의 Up Conversion된 RF CDM 신호를 Power Divider를 통해 8분배 후, CDM으로 변환된 신호를 EHU을 통해 다시 8분배하여 RAU로 전송하는 구조이다.

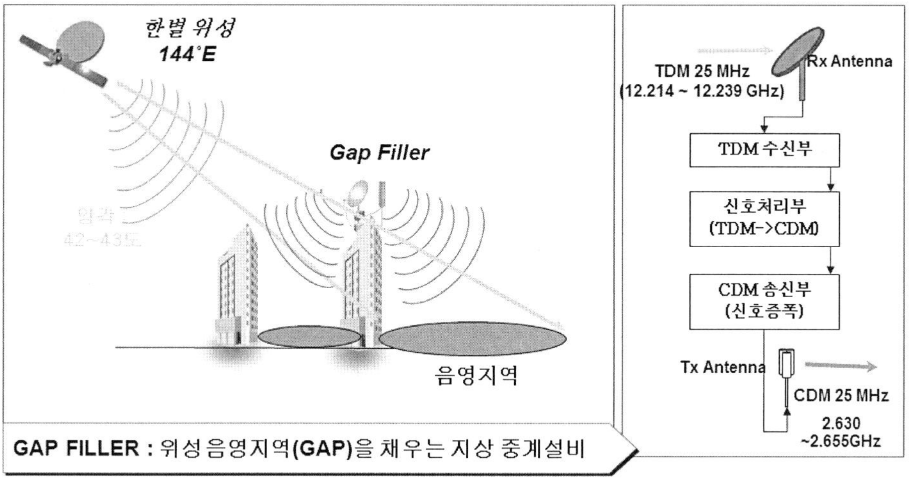


그림 7.15 **위성 DMB에서의 GAP Filler 활용**

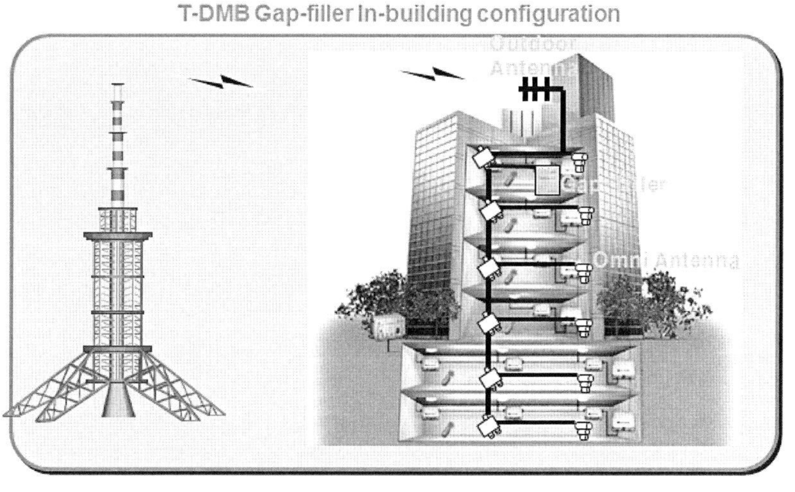


그림 7.16 **지상파 DMB에서의 Gap Filler 활용**

그러나 위성 DMB와 지상파 DMB 모두 단말기로 전송함에 있어서 모든 지역이 깔끔하게 전송된다는 것은 보장할 수가 없다. 위성과 기지국 등의 송신단과 단말기 사이에 존재하는 고층 건물 등과 같은 방해물들로 인한 음영지역이 존재하기 때문이다. 또한 실내에서의 깔끔한 실내 수신 또한 보장할 수 없다. DMB에서는 이러한 음영지역을 해소하기 위해 Gap-Filler 방식을 사용한다.

위성 DMB에서는 위성망의 특성상 도심건물 등 장애물에 의해 음영지역 발생할 수 있다. 이러한 장애물에 의한 부분적인 음영지역은 Gap Filler 방식을 이용하여 서비스함으로써 음영지역을 해소할 수 있다. 위의 그림에 나와 있듯, Gap Filler는 위성에서 받은 TDM 신호를 CDM 신호로 변환 및 증폭하여 수신기로 송신하는 구조를 나타내고 있다.

지상파 DMB에서도 Gap Filler가 활용될 수 있다. 위의 그림처럼 기지국에서 송신되는 신호를 건물 외부에 설치되어 있는 안테나가 송신하여, 실내에 설치된 Gap Filler를 이용하여 신호를 전송함으로써, 건물 안에 있는 음영지역을 해소한다.

## 7.7 DTV 분산중계기

### 7.7.1 개요

분산중계기는 주 송신소의 송출신호를 입력 받아 다른 채널로 전송하는 방식의 중계기로 같은 지역의 같은 채널을 사용하는 중계기간의 주파수와 데이터를 일치시켜 서비스 중첩지역에서의 이상현상을 제거한 중계기이다.

기존의 송출 시설을 최대한 활용할 수 있고 짧은 시간에 구축이 가능하여 설치비용을 절감하며 주파수 이용 효율을 높일 수 있는 방식으로 분산중계기(DTxR: Distributed Translator Repeater)를 이용한 분산중계망을 구축할 수 있다. 그림 7.17은 이러한 분산중계망의 개념도를 나타낸다. 주 송신기에서는 방송신호를 송신 주파수 A를 통해 신호를 송출하고, 각각의 분산중계기에서는 송신주파수 A와 다른 주파수 B로만 신호를 중계한다.

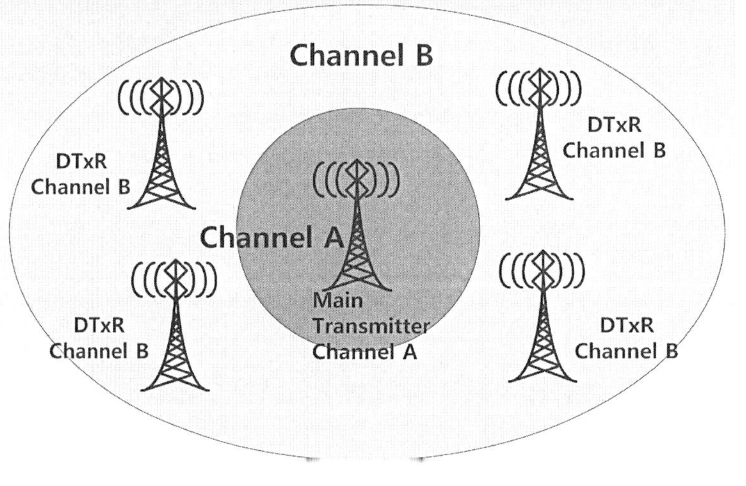


그림 7.17 **분산 중계망 개념도**

## 7.7.2 특징

DTXR 특징

- 분산중계기간 주파수 일치 기술

  → 분산중계기 출력신호간의 주파수를 일치(수신신호 반송파를 기준으로 기준주파수 생성)
- 분산중계기간 데이터 스트림 유지 기술

  → 부/복호기(모호성_Ambiguity 문제) 대신 오류정정능력을 가지는 등화기 사용
- 중계기식별신호 송신 기술
- 분산중계기 송출시간 조정을 통한 채널환경 조정

## 7.7.3 시스템 구성도

분산중계기는 주송신기에서 전송된 방송신호를 수신하는 수신안테나 및 수신부, 필터링, 복조 및 등화 등을 수행하는 신호처리부, TxID 삽입, 재변조, 채널변환 및 증폭 등을 수행하는 중계기 송신부 및 송신 안테나로 구성된다.

분산중계기의 송신부 및 수신부의 블럭도는 그림 7.18과 같다.

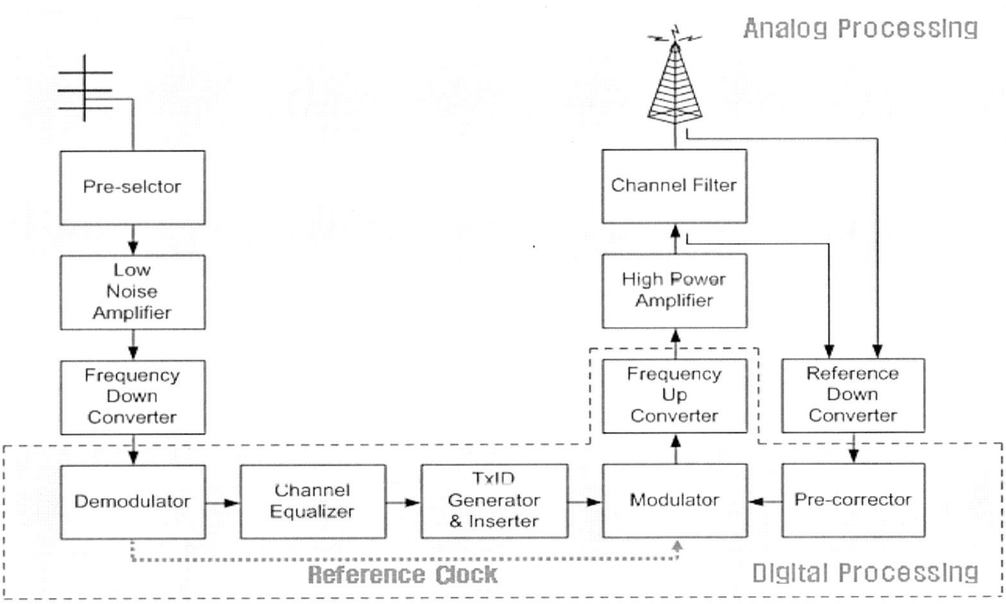


그림 7.18 **분산 중계망 개념도**

# 7.8 TRS 중계기

## 7.8.1 TRS 중계기의 개요

TRS(Trunked Radio System) 중계기는 무선통신을 하는 사람이 특정한 주파수를 전용하던 종래의 무선통신방식과는 달리 중계소에 할당된 소수의 주파수를 다수의 이용자가 공동으로 사용하는 방식을 말한다. 800MHz 대역의 주파수를 이용해 여러 개의 주파수 중 빈 채널을 자동으로 선택, 통화하게 되므로 통화연결이 쉽고 외부로부터 혼선이 없으며 통화누설이 없어 통화내용의 보안성이 우수하고 통화품질도 유선전화 수준으로 양호하다. TRS 중계기 역시 지하의 전파 음영지역 제거 및 서비스 지역 확장 역할을 한다.

## 7.8.2 TRS 중계기의 구성

TRS 중계기는 MR(Master Repeater)중계장치와 SR(Slave Reapter), CB(Cable Booster)로 나누어진다.

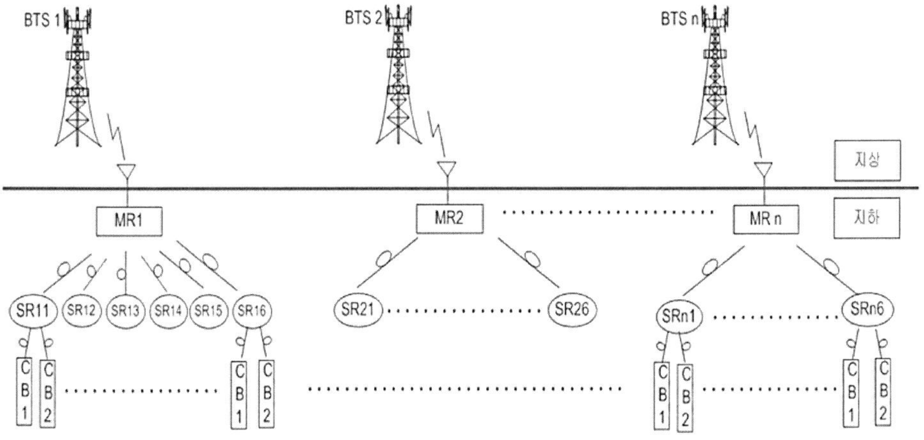


그림 7.19 **TRS 중계기의 전체 구성도**

그림 7.19는 TRS 중계기 시스템의 전체 구성도이다. 한 개의 MR마다 6개의 SR을 컨트롤 하며, SR의 하위에는 또다시 3개의 CB가 위치하는 구조를 지니고 있다.

### 가. MR(Master Repeater)중계장치

장치의 구성은 Group 중계부, 직접 중계 증폭부, 전원 및 제어부로 구성되어 있으며, 각각의 역할은 다음과 같다.

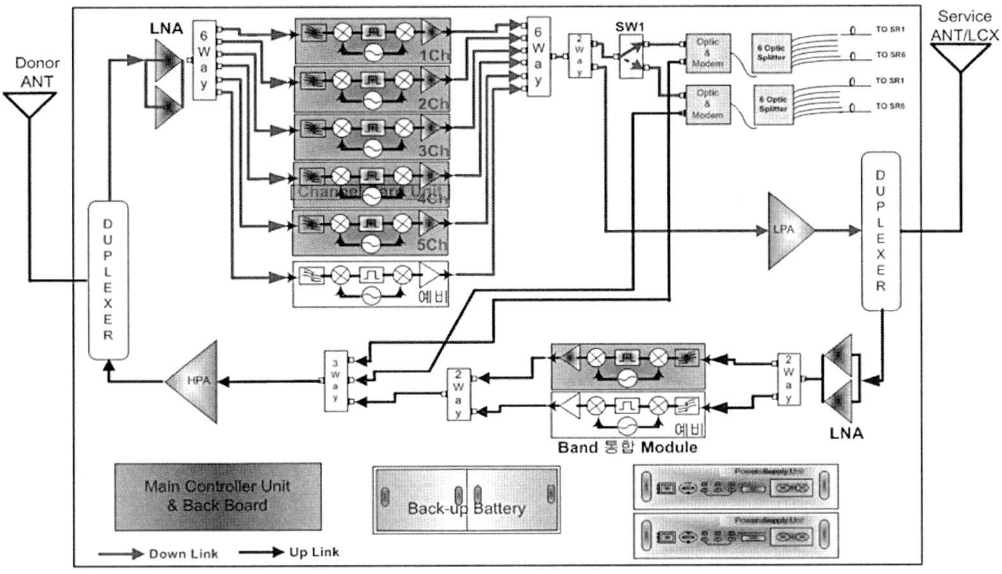


그림 7.20 **MR중계기 Block Diagram**

1) Group 중계부: 6대의 SR을 가지고 있으며, 12대의 CB를 중계, 제어 및 감시하는 부분이다.

- LNA: BTS로부터 받은 미약한 Down Link 신호를 저잡음 증폭한다. Balance Type으로 이중화 하였다.
- Channel Unit: LNA에서 증폭한 신호를 각각 Service하고자 하는 Channel을 Filtering한다. 5개의 Channel과 예비 1Channel을 이용하여 어느 한 Channel에 장애가 발생 되었을 경우 자동 절체 되어 Service 한다. 또한 BTS에서 Channel 재배치 시에 운용 Center에서 일괄 변경 가능하다.
- Optic Module: RF 신호를 광 신호로 변환(E/O변환), 광 신호를 RF 신호로 변환(O/E 변환)하고, 6대의 SR과 연결하도록 분기하며, 이중화되어 있어 장애 시에 자동 절체된다.

2) 직접 중계 증폭부: 주변 구역을 직접 증폭 중계한다.

- LPA(Linear Power Amplifier): 선형성이 매우 우수하고, 정격 출력을 가능하게 하는 증폭기이다.
- LNA & Band 통합 Module: 지하 구간 내의 TRS 단말기가 송신하는 신호를 수신하고, 증폭하는 RF Module이다. 지하 구역 내에 타 신호가 없을 감안하여 Band Type으로 설계하였다.

- HPA(High Power Amplifier): LNA와 Band 통합 Module에서 증폭한 신호를 크게 증폭하여, ANT를 통하여 BTS(기지국)에 송신한다.

### 3) 전원 및 제어부

- 전원부: Balance Type으로 이중화하여 1개의 장치가 장애 시에 System운용에 지장이 없도록 기능과 용량을 확보하였다.
- 제어부: 중계 System 내의 MR, SR, CB의 운용 상태를 제어/감시하고, 운용 Center와 연동하여 명령수행, 장애 보고, 감시 기능을 수행하고, 제어부의 장애 시에도 중계 System 본래의 설정상태로 중단 없이 운용되도록 설계 되었다.

다음 표 7.5는 MR 중계기의 제원이다.

표 7.5 **MR 중계기의 제원**

| 항목 | Down Link | Up Link | 제원 |
|---|---|---|---|
| Frequency | 851~856 | 806~811 | |
| Output | 43dBm/Total | 37dBm/Total | 5Channel |
| Gain | 80~110dB | 65~95dB | |
| Input Power | −70~−40dBm | −60dBm(Max) | |
| Ripple | 3dB p-p이하 | | |
| Noise Figure | | | 7dB |
| Channel BW | 3dB | | 200kHz 이상(SR: 4.4MHz 이상) |
| | 40dB | | 800kHz 이상(SR: 5.4MHz 이하) |
| Spurious | 12.5~50kHz | | 50+10log(P) |
| | 50kHz 이상 | | 43+10log(P) |
| IMD | | | 60dBc |
| VSWR | | | 1:1.5 이하 |
| Time Delay | | | 5us 이하 |
| Tx/Rx Isolation | | | 110dB 이상 |

### 나. SR 중계기

기본적 구조는 19" Rack Cabinet으로 MR과 동일하며 장치의 구성은 Optic Module, Band Module과 LPA, LNA 전원부, Back Up Battery, 제어 Unit으로 구성되어 있으며, 각각의 역할은 다음과 같다.

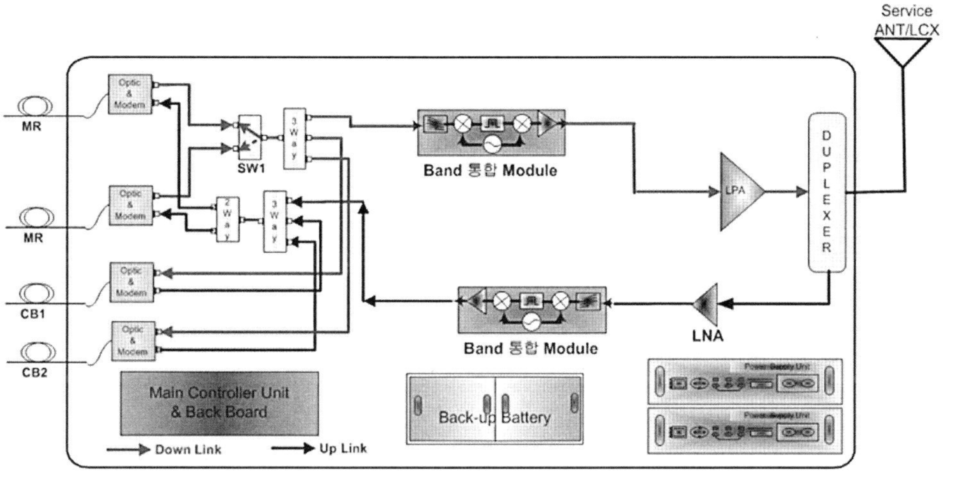


그림 7.21　**SR 중계기 Block Diagram**

1) Optic Module: 이중화되어 장애시 Switch로 자동 절체된다. CB 2대를 중개하기 위한 Optic Module 2개로 구성되어 있다.
2) 직접 중계 증폭을 위한 Up/Down Link용 Band Module과 LPA, LNA로 구성되어 있다.
3) Balance Type으로 이중화 된 전원부, Back Up Battery, 제어 Unit으로 구성되어 있다.
   표 7.6는 SR 중계기의 제원이다.

표 7.6　**SR 중계기 제원**

| 항목 | Down Link | Up Link | 제원 |
|---|---|---|---|
| Frequency | 851~856 | 806~811 | |
| Output | 43dBm/Total | 37dBm/Total | 5Channel |
| Gain | 80~110dB | 65~95dB | |
| Input Power | −70~−40dBm | −60dBm(Max) | |
| Ripple | 3dB p-p이하 | | |

| 항목 | Down Link | Up Link | 제원 |
|---|---|---|---|
| Noise Figure | | | 7dB |
| Channel BW | 3dB | | 200kHz 이상(SR: 4.4MHz 이상) |
| | 40dB | | 800kHz 이상(SR: 5.4MHz 이하) |
| Spurious | 12.5~50kHz | | 50+10log(P) |
| | 50kHz 이상 | | 43+10log(P) |
| IMD | | | 60dBc |
| VSWR | | | 1:1.5 이하 |
| Time Delay | | | 5us 이하 |
| Tx/Rx Isolation | | | 110dB 이상 |

### 다. CB(Cable Booster)중계장치

자연 공냉식 함체 구조이며, 잠금 장치가 이중화되어 있다. 전체적인 장치의 구성은 SR 중계장치와 거의 비슷하며, 각각의 역할은 다음과 같다.

1) Optic Module: SR 장치와 광 Cable로 연결되어, E/O, O/E 변환을 한다.
2) Down Link 신호를 증폭하기 위한 Band 통합 RF Module과 규정 출력을 위한 종단 PA(Power Amp)
3) Up Link 저잡음 증폭과 Band 통합 RF Module에서 증폭하여 Optic Module에 전달한다.
4) Balance Type으로 이중화 된 전원부, Back Up Battery(외장 함체), 제어 Unit으로 구성되어 있다.

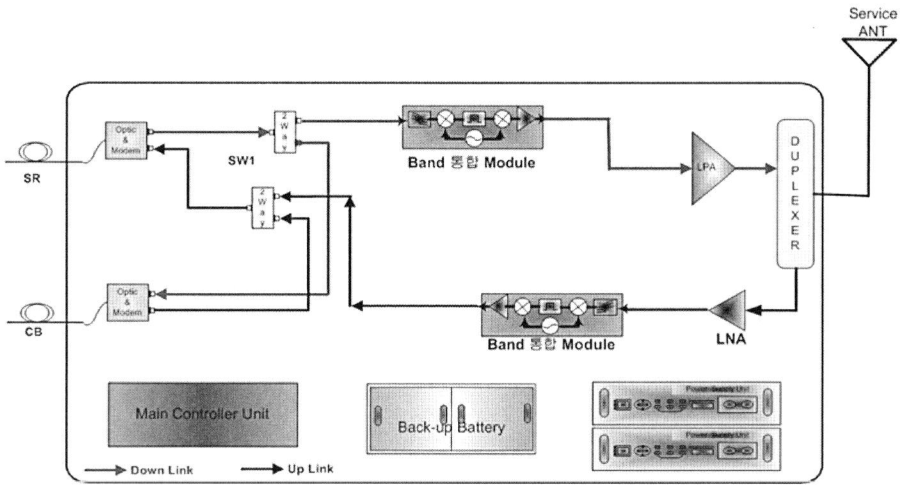


그림 7.22 **CB중계장치의 Block Diagram**

## 7.9 특수 목적 중계기

### 7.9.1 선박용 중계기

그림 7.23 **선박용 중계기**

선박용 중계기는 50Km 이상 떨어진 근해에서 항해하는 선박에 위치한 이동 중계기를 말한다. 가변 신호 제어 기능을 수행하여 서비스 불능 지역을 해소한다. 해상 구조, 어군 탐색, 관광선, 여객선 등을 위한 효과적인 시스템이다.

### 7.9.2 홈 부스터

소형 사무실이나 가정, 커피숍 등의 작은 공간에서 환경 친화적인 디자인의 중계기로 작동하며, 약한 신호를 증폭하여 서비스를 지원한다.

그림 7.24 **홈 부스터**

## 7.10 인빌딩 중계기

그림 7.25 **대형 건물 서비스**

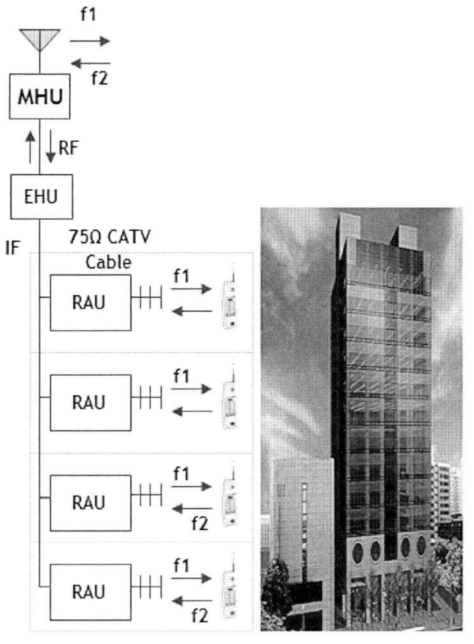


그림 7.26 **RF Distribution Repeater**

RF Distribution Repeater는 대형 건물, 지하철, 대형 공공 분야의 애플리케이션을 위한 다중 유통 시스템으로 RF 배포 유형 및 광학 배포 유형이 있다. MHU는 8 EHU로 구성되어 있고, EHU는 다시 8개의 RAU로 이루어져 있다. 각 장비는 IF 또는 특수 B/B 신호로 연결되어 있다.

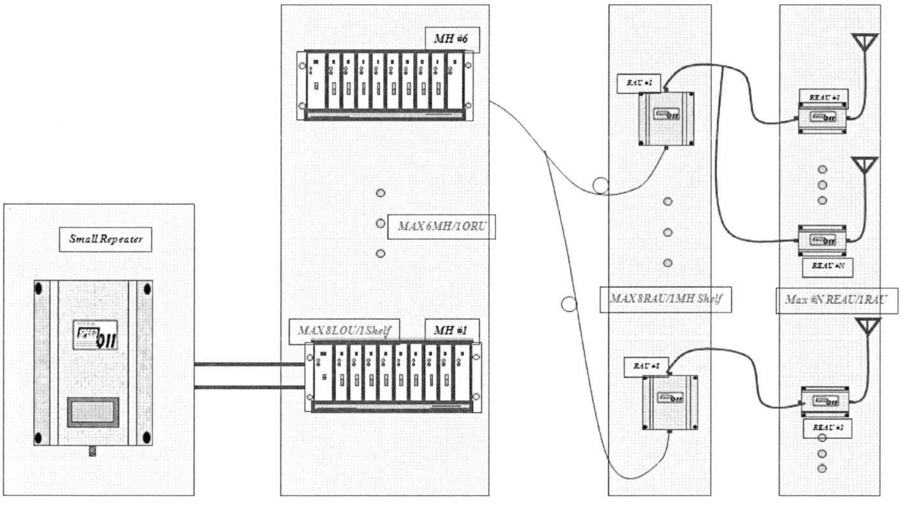


그림 7.27 **Multi-point Distribution Service Solution**
**〈Coacial Cable Link, Scalable RAU(REAU) Distribution Service〉**

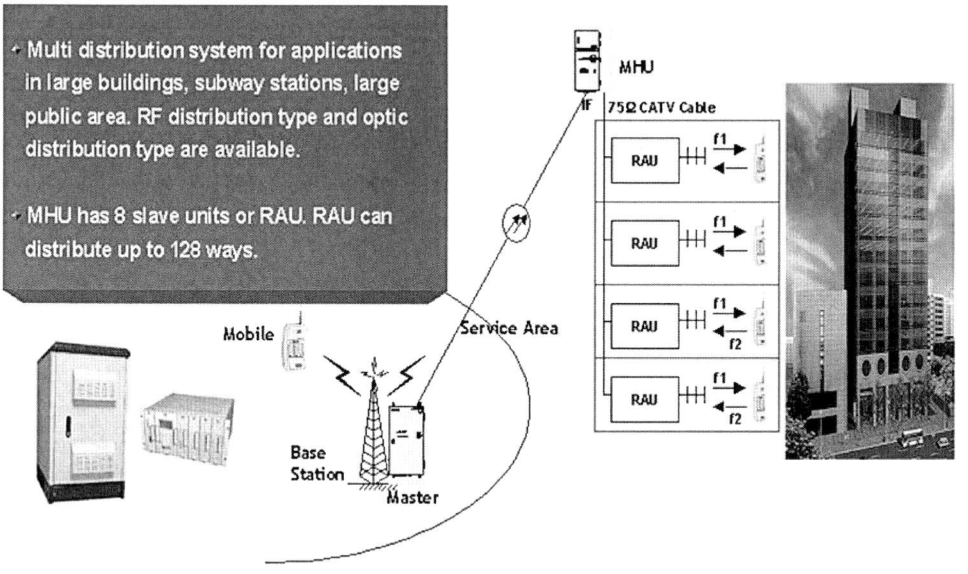


그림 7.28 Fiber Optic Distribution Repeater

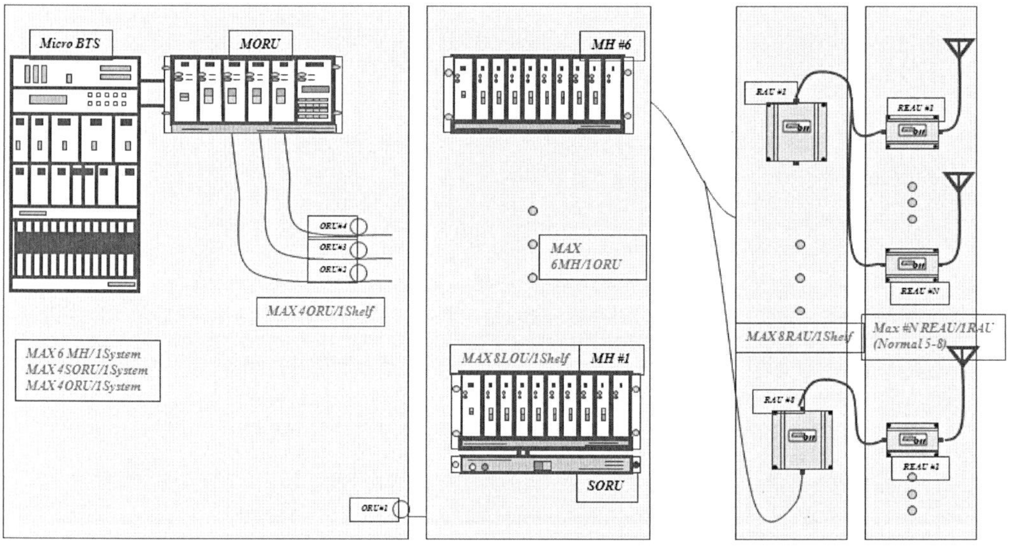


그림 7.29 Multi Point Distributed Service Solution
〈Optic Communication Link, Scalable RAU(REAU) Distribution Service〉

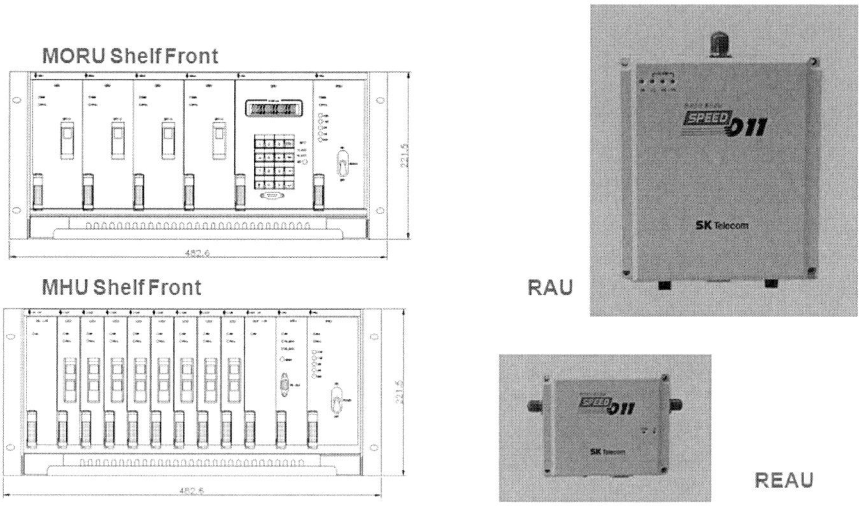


그림 7.30 **Multi-Point Distribution Service Solution 〈Maste, Slave, Remote(ANT)Unit Shelf〉**

Dual Band 인빌딩 시스템 개요는 다음과 같다. 중 대형 빌딩에 대한 무선환경 개선이 가능하며, 기지국 및 단말기의 PCS 및 WCDMA RF 신호를 Digital 변환하여 광 전송을 할수 있다. 장치의 구성은 MHU(주장치), SMHU(보조장치), RFE(RF 확장장치), RU(원격중계장치)로 되어있으며, 구성 1대의 MHU에 PCS 1섹터, WCDMA 2 섹터까지 확장 가능 1대의 SMHU에 PCS 2섹터(KTF,LGT), WCDMA 2 섹터까지 확장 가능하다. SMHU는 MHU, 다른 SMHU 및 RFE, RU와 송수신이 가능하며, 기지국과 연결시 MHU를 통한 유선중계를 기본으로 하고 PCS 경우 필요시 무선접속이 가능 SMHU에는 RU 확장용 분산포트가 있으며, PCS 2섹터(KTF,LGT), WCDMA 2 섹터 중 임의의 1섹터 신호를 선택하여 RU와 송수신 가능 RU는 최대 10대까지 확장 가능하다. RFE는 PCS 2섹터(KTF,LGT), WCDMA 2 섹터 중 임의의 1섹터 신호를 선택하여 RU와 송수신 RU는 PCS,WCDMA를 동일함체에 수용 가능하도록 설계하여, 선택구매 가능하다. GUI, Key-pad 및 원격 운용 가능하며, 표준화 설계로 각 제조사간 Unit 단위 호환이 가능하다.

시스템 구성은 MHU, SMHU, RFE, RU로 이루어진다. 용량은 PCS(LGT 포함) 1-섹터, WCDMA 2-섹터이다. 그 중 MHU ~ RFE 구간은 디지털 광전송 구간이며, SMHU는 1회에 한하여 Cascade 될 수 있다. SMHU는 옵션모듈을 장착함으로서 RU와의 연결을 위한 인터페이스가 가능한 구조이다. LGT 서비스를 위한 공용화 RF 입력은 SMHU에서 이루어지는데,

KTF PCS 신호는 SMHU로 입력될 수 있다. 옥외 서비스를 위한 RU의 옥외 설치 시 RFE를 포함하여 옥외에 설치하므로 옥내외간의 전송은 디지털광으로 하게 된다. RU는 하나의 함체로 PCS 및 WCDMA 서비스가 가능한 듀얼 장비 구조이며 PCS 및 WCDMA 모듈에 대한 옵션 구매가 가능한 구조이다.

다음은 시스템 구성을 하고 있는 MHU, SMHU, RFE, RU 각각에 대해 알아보도록 한다. 그림 7.31에 보이는 바와 같이 MHU는 가로 482mm, 세로 383mm, 높이 355mm의 크기이며, 그 안의 부품들은 차례대로 MDTU, MCPU, MBIU-2G, MBIU-3G, MBIU-3G, MRFU, MPSU이다. 표 7.7은 MHU의 구성에 대한 부분별 역할이다.

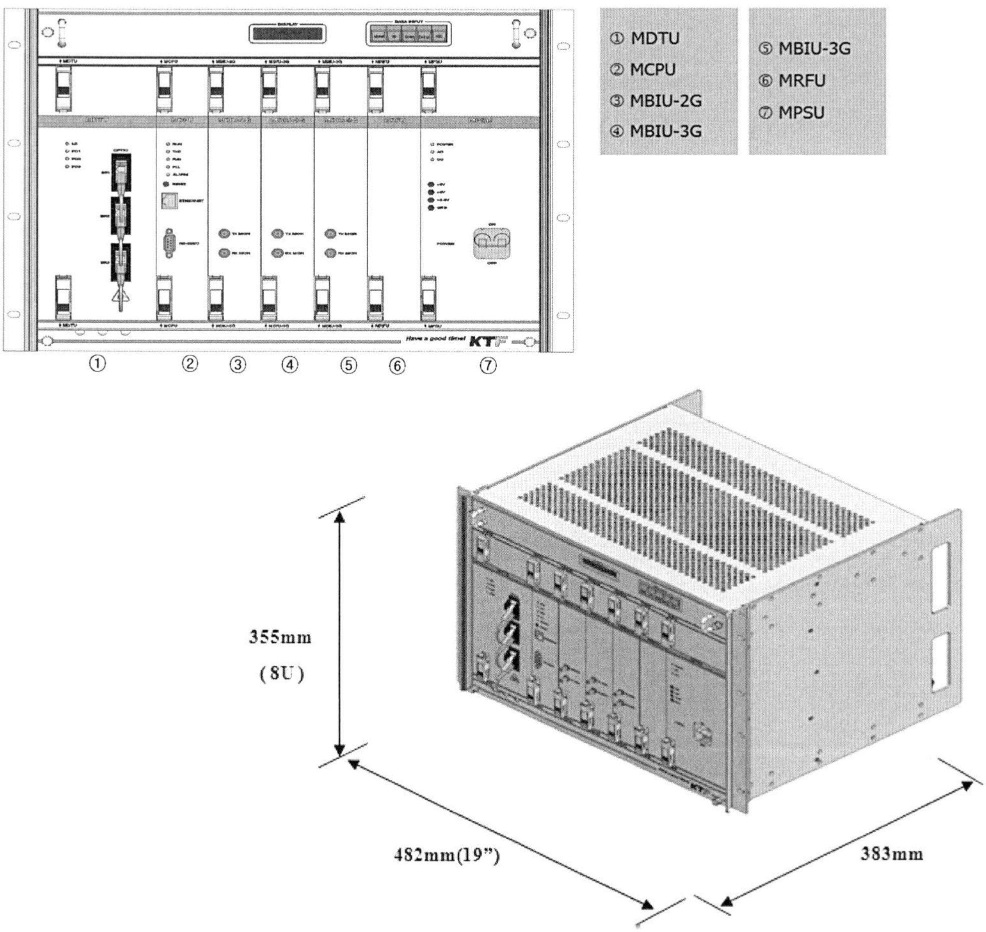


그림 7.31 **MHU의 구성**

표 7.7 **MHU의 부분별 역할**

| 항 목 | 내용 |
|---|---|
| MBIU-3G<br>(or 2G) | 입력 순방향 3G RF 신호를 IF 신호로 변환<br>입력 순방향 3G IF 신호를 RF 신호로 변환 |
| MRFU | 기지국으로부터 10M 신호를 입력 받아 MBIU에 필요한 Local 신호 발생<br>10M 신호를 MDTU로 전송 |
| MDTU | 입력 순방향 IF 신호를 광신호로 변환<br>역방향 입력 광신호를 IF 신호로 변환<br>각 BR로부터 전송된 역방향 광신호를 디지털 신호로 복원하여 Digital Summing<br>디지털 광모듈의 DCC 채널을 통하여 NMS 통신기능 수행 |
| MCPU | 시스템 상태조회 및 각종 제어 |
| MPSU | 입력 DC +27V 또는 AC 220로부터 MHU에 필요한 각종 DC전원을 각 유니트에 공급 |

다음은 SMHU의 외형과 그 내부 구성을 그림 7.32에서 보였는데, 가로 465mm, 세로 230mm, 앞부분 높이 750mm, 뒷부분 높이 700mm로 이루어졌다. 내부엔 번호에 표기한 순서대로 구성되어 있으며 아래의 표 7.8에 각 부분에서의 역할을 소개한다.

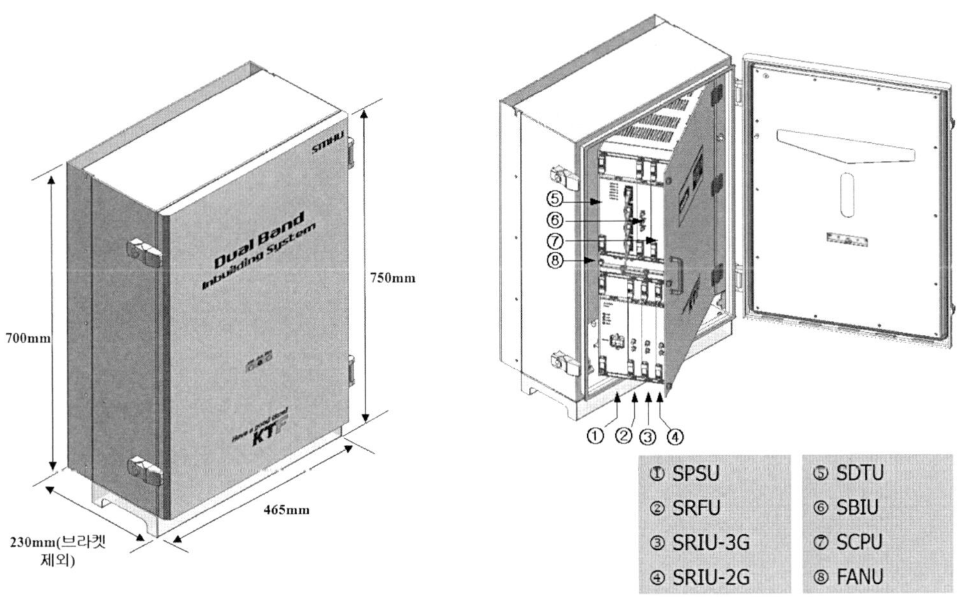


그림 7.32 **SMHU의 구성**

**표 7.8 SMHU의 부분적 역할**

| 항 목 | 내용 |
|---|---|
| SBIU | KT RF 중계기로부터 입력되는 순방향 PCS RF 신호를 IF 신호로 주파수 변환하여 SDTU로 전송<br>SDTU로부터 입력되는 역방향 PCS IF 신호를 RF 신호로 변환하여 KT RF 중계기로 전송 |
| SRIU_2G | SDTU로부터 입력되는 순방향 PCS IF 신호를 RF 신호로 주파수 변환하여 SRFU로 전송<br>SDTU로부터 입력되는 순방향 PCS RF 신호를 IF 신호로 주파수 변환하여 SRFU로 전송 |
| SRIU_3G | SDTU로부터 입력되는 순방향 WCDMA IF 신호를 RF 신호로 주파수 변환하여 SRFU로 전송<br>SDTU로부터 입력되는 순방향 WCDMA RF 신호를 IF 신호로 주파수 변환하여 SRFU로 전송 |
| SRFU | 순방향은 SRIU 신호를 받아서 PCS 및 WCDMA 신호를 결합하여 RU로 전송<br>역방향은 RU 신호를 받아서 PCS 및 WCDMA 신호를 결합하여 SRIU로 전송 |
| SDTU | MHU로부터 전송된 디지털 광신호를 수신하여 Clock Recovery<br>SBIU로부터의 순방향 IF 신호를 A/D 변환하고 역방향 디지털 PCS 신호를 D/A<br>변환하여 SBIU로 전송<br>순방향 PCS 및 WCDMA 디지털 신호를 D/A 변환하여 각각 SRUI_2G와 SRIU_3G로 전송<br>역방향 PCS 및 WCDMA IF 신호를 A/D 변환하여 Digital Summing<br>RF Module 10MHz Clock 공급 및 MHU 미연동시 OCXO Path로 Clock 공급 |
| SCPU | 각종 감시 및 제어 기능 |
| FANU | 장비의 열을 방출하기 위한 FAN |
| SPSV | 입력 AC 220V로부터 SMHU에 필요한 각종 DC 전원을 발생하여 각 유니트로 공급 |

이번엔 RFE의 구성과 그 구역마다 역할을 나타내고 있는 그림 7.33과 표 7.9를 볼 수 있다.

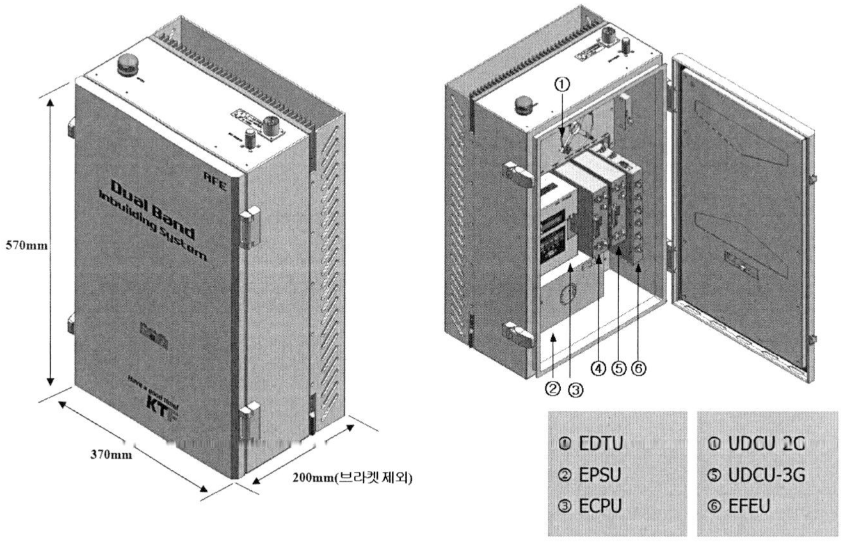


그림 7.33 **RFE의 구성**

표 7.9 **RFE의 부분별 역할**

| 항 목 | 내용 |
|---|---|
| EDTU | SMHU와의 디지털 광전송 및 RU와의 RF 신호 전송<br>SMHU로부터 신호를 복원하여 D/A 변환하여 UDCU_2G와 UDCU_3G로 전송<br>UDCU_2G와 UDCU_3G의 역방향 IF 신호를 A/D 변환 SMHU로 전송<br>디지털 광모듈의 DCC 채널을 통하여 NMS 통신 기능 수행 |
| UDCU−3G (or 2G) | UDTU로부터 입력되는 순방향 WCDMA(or PCS) IF 신호를 RF 신호로 주파수 변환하여 EFEU로 전송<br>EFEU로부터 입력되는 역방향 WCDMA(or PCS) RF 신호를 IF 신호로 주파수 변환하여 EDTU로 전송 |
| EFEU | 순방향 PCS 및 WCDMA, 역방향 PCS 및 WCDMA 신호를 분리 및 결합 |
| ECPU | 각종 감시 및 제이 기능 |
| EPSU | 입력 AC 220V로부터 SMHU에 필요한 각종 DC 전원을 발생하여 각 유니트로 공급 |

다음은 RU이다. RU는 가로 450mm, 세로 260mm, 높이 650mm의 외형을 알 수 있고, 그 내부엔 번호 순서대로 HPA-2G, 4-PLX, RFEU, HPA-3G, RFU-2G, RPSU, RFU-3G, RCPU로 구성되어 있다. 각각의 역할을 아래의 표 7.10에 나타나 있다.

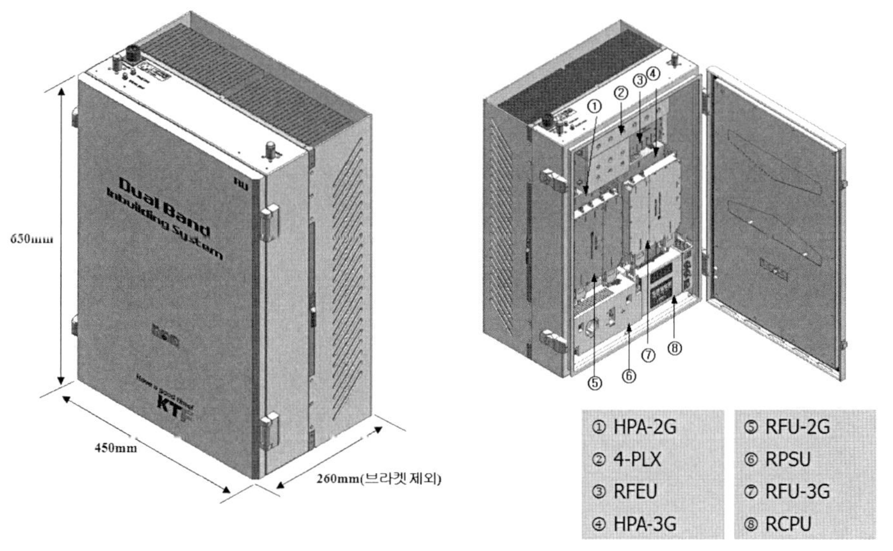


그림 7.34 **RU[10W]의 구성**

표 7.10 **RU의 부분별 역할**

| 항 목 | 내용 |
|---|---|
| RFEU | 2G, 3G 신호의 결합 분리<br>FSK 모뎀 신호 송·수신, 선로 보상용 파일럿 신호 검출 |
| RFU_3G(or 2G) | 순방향/역방향 3G(or 2G) RF 신호 증폭, 이득제어<br>역방향 KT 3G(or 2G) 신호의 분리 및 결합 |
| HPA_3G(or 2G) | 순방향 3G(or 2G) RF 신호 고출력 증폭 |
| 4-PLX | 2G 순방향/역방향 신호와 3G 순방향/역방향 신호의 분리 및 결합<br>2G/3G 순방향 출력신호의 모니터 포트 제공 |
| RCPU | 시스템의 상태조회 및 각종 제어 |
| RPSU | 입력 220 VAC로부터 시스템에 필요한 DC 전원 발생 |

## 7.10 MPR-Duo 중계기

### 7.10.1 개요

MPR(Metropolitan Pole Repeater) Duo 중계기란 CDMA(IS-95A/B, 1X, EV-DO) 및 WCDMA(HSDPA포함) 통합형 디지털 광 분산중계기로 개발한 형태이다.

주로 도심 내 주택 밀집 지역, 아파트 단지 및 지하주차장 등의 통화 불량을 해소하고 무선 환경을 개선시키기 위한 장치이다.

### 7.10.2 주요 구성 및 규격

장치의 주요 구성은 MHU(Main Hub Unit), OMHU(Optic Main Hub Unit), RHU(Remote Hub Unit), RHU20(Remote Hub Unit 20W), RHU-W5(Remote Hub Unit WCDMA 5W), RHU-W20(Remote Hub Unit WCDMA 20W), RAU(Remote Antenna Unit)으로 이루어져 있다.

MPR-Duo 중계기의 시스템 규격은 IS-95A/B, 1x EV-DO, 3GPP TS25.106/ TR25.956/ TS25.143/ 3GPP TS25.104, HSDPA에서 정의한 송수신 특성을 만족하고, CDMA 및 WCDMA 기지국과 무선 및 유선 링크 연동을 통하여 시스템에서 제공하는 음성, 영상 및 데이터 서비스가 가능하도록 되어 있다.

시스템 구조는 도너측의 신호 입력방식에 따라서 구분되며, 무선망 구성 방식에 따라 다음과 같이 두 경우로 나눌 수 있다.

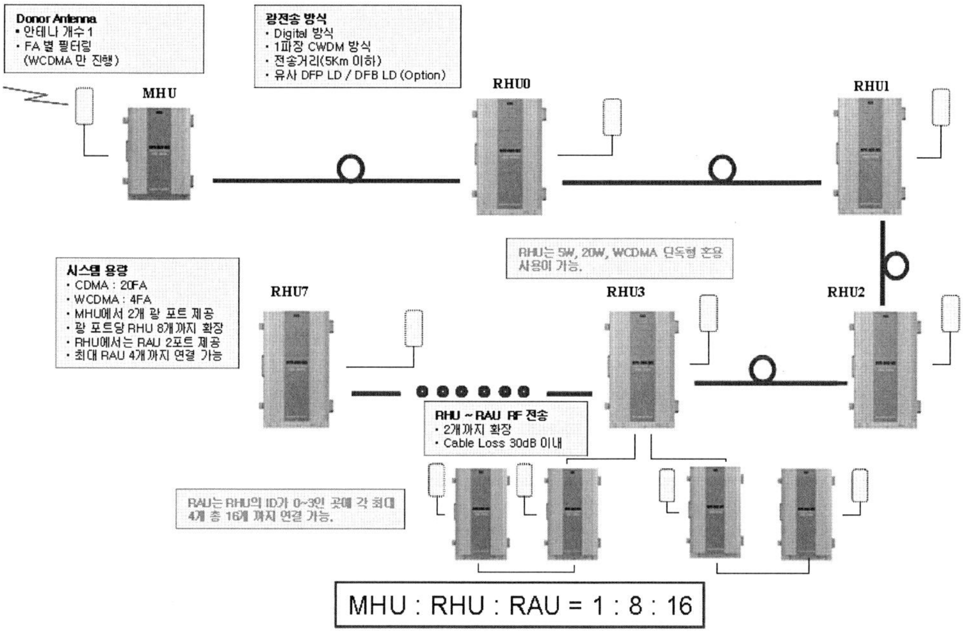


그림 7.35 **1 Branch 사용 시 규격(무선 type)**

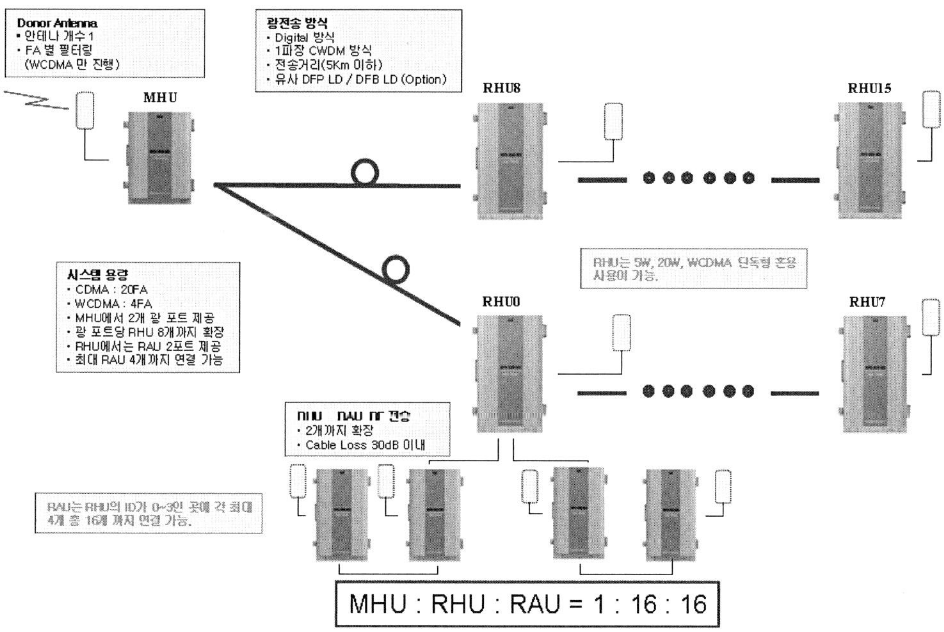


그림 7.36 **2 Branch 사용 시 규격(무선 type)**

시스템 두번째의 경우에은 도너측의 신호가 유선 Type 구성 노드 및 기능은 망 구성 방식에 따라 다음과 같이 두 경우로 나눌 수 있다.

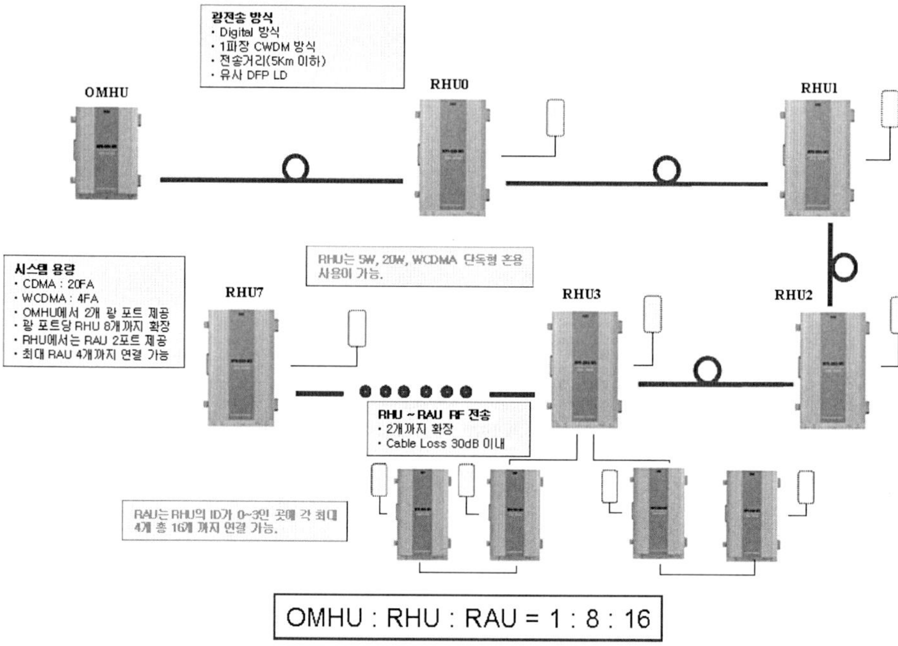


그림 7.37 **1 Branch 사용 시 규격(유선 type)**

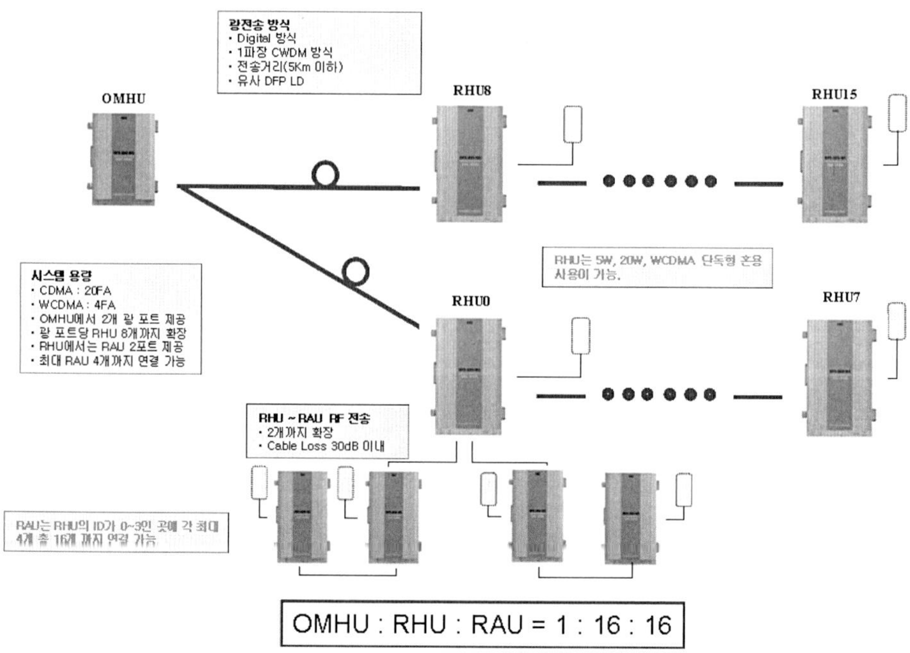


그림 7.38 **2 Branch 사용 시 규격(유선 type)**

주장치(MHU)의 구조 및 기능은 아래와 같다.

1) 무선 RF 신호를 디지털 광 신호로 전환 및 전송하는 기능(DL).
2) 디지털 광 신호를 무선 RF신호로 전환 및 증폭, 전송하는 기능(UL).
3) 1Core 광섬유를 통하여 하위 RHU를 연결할 수 있는 기능.
4) 최대 16개의 하위 RHU 연동기능.
5) 필요 시 양방향 디지털 광 포트(2 Branch)를 제공.
6) 기준 주파수(10MHz, OCXO)를 내장하는 기능.
7) 상위 NMS를 위한 통신용 모뎀을 내장하는 기능.
8) 하위 RHU와 RAU를 집중 감시할 수 있는 기능.
9) 상전 정전 시 운용을 위한 Back-Up Battery 내장(910mAh/3.2Ah B-type 선택가능).

주장치(OMHU)의 구조 및 기능은 아래와 같다.

1) 무선 RF 신호를 디지털 광 신호로 전환 및 전송하는 기능(DL).
2) 디지털 광 신호를 무선 RF신호로 전환 및 증폭, 전송하는 기능(UL).
3) 1Core 광섬유를 통하여 하위 RHU를 연결할 수 있는 기능.
4) 최대 16개의 하위 RHU 연동기능.
5) 필요 시 양방향 디지털 광 포트(2 Branch)를 제공.
6) 기준 주파수(10MHz, OCXO)를 내장하는 기능.
7) 상위 NMS를 위한 통신용 모뎀을 내장하는 기능.
8) 상위 WRCS 망과의 UDP 통신을 위한 Ethernet Port 제공.
9) UL Diversity 기능 Branch 2로 지원.
10) 하위 RHU와 RAU를 집중 감시할 수 있는 기능.

단, 하나의 OMHU에 RHU가 5개 이상 연결되었을 경우에는 ID0~ID3번 RHU에는 RAU를 연동하여 사용할 수 있으나 ID4번 이후의 RHU는 RAU를 연동하여 사용할 수 없다.
원격 광 중계장치(RHU) 5W의 구조 및 기능은 아래와 같다.

1) 출력: CDMA/WCDMA 각 37dBm(5W)/Total
2) 디지털 광신호를 RF 신호로 전환하는 기능(DL).
3) RF 신호를 디지털 광신호로 전환하는 기능(UL).

4) 상위 MHU와 광 인터페이스 및 하위 RAU와 RF 인터페이스 기능.
5) 단일방향의 디지털 광 연결포트를 제공하여 하위 RHU로 Cascade 가능하게 하는 기능.
6) 전원 OFF시 광 절체 기능 제공(Optic Switch Option적용 시).
7) 하위 RAU연결을 위한 2개의 RF분산 포트 지원기능.
8) 상위 MHU(OMHU)와 Digital Frame 내의 별도채널을 이용한 통신 및 하위 RAU와 FSK Modem을 이용한 통신기능.
9) 상전 정전 시 운용을 위한 Back-Up Battery 내장(3.2Ah B-type).
10) GPS 모듈을 장착 위도, 경도, 고도를 표시하는 기능.

원격 광 중계장치(RHU) 20W의 구조 및 기능은 아래와 같다.

1) 출력: CDMA/WCDMA 각 43dBm(20W)/Total
2) 디지털 광신호를 RF 신호로 전환하는 기능(DL).
3) RF 신호를 디지털 광신호로 전환하는 기능(UL).
4) 상위 MHU와 광 인터페이스 및 하위 RAU와 RF 인터페이스 기능.
5) 단일방향의 디지털 광 연결포트를 제공하여 하위 RHU로 Cascade 연결 가능하게 하는 기능.
6) 전원 OFF시 광 절체 기능 제공(Optic Switch Option적용 시).
7) 하위 RAU연결을 위한 2개의 RF분산 포트 지원기능.
8) 상위 MHU(OMHU)와 Digital Frame 내의 별도채널을 이용한 통신 및 하위 RAU와 FSK Modem을 이용한 통신기능.
9) 상전 정전 시 운용을 위한 Back-Up Battery 내장(7.5Ah A-type).
10) GPS 모듈을 장착 위도, 경도, 고도를 표시하는 기능.

원격 광 중계장치(RHU-W5) WCDMA 5W의 구조 및 기능은 아래와 같다.

1) 출력: WCDMA 37dBm(5W)/Total
2) 디지털 광신호를 RF신호로 전환하는 기능(DL).
3) RF신호를 디지털 광신호로 전환하는 기능(UL).
4) 상위 MHU(OMHU)와 광 인터페이스 및 하위 RAU와 RF 인터페이스 기능.
5) 단일방향의 디지털 광 연결포트를 제공하여 하위 RHU로 Cascade 가능하게 하는 기능.

6) 전원 OFF시 광 절체 기능 제공(Optic Switch Option적용 시).
7) 하위 RAU연결을 위한 2개의 RF분산 포트 지원기능.
8) 상위 MHU(OMHU)와 Digital Frame내의 별도채널을 이용한 통신 및 하위 RAU와 FSK Modem을 이용한 통신기능.
9) 상전 정전 시 운용을 위한 Back-Up Battery 내장(3.2Ah B-type).
10) GPS 모듈을 장착 위도, 경도, 고도를 표시하는 기능.

원격 광 중계장치(RHU-W20) WCDMA 20W의 구조 및 기능은 아래와 같다.

1) 출력: WCDMA 43dBm(20W)/Total
2) 디지털 광신호를 RF신호로 전환하는 기능(DL).
3) RF신호를 디지털 광신호로 전환하는 기능(UL).
4) 상위 MHU와 광 인터페이스 및 하위 RAU와 RF 인터페이스 기능.
5) 단일방향의 디지털 광 연결포트를 제공하여 하위 RHU로 Cascade 연결 가능하게 하는 기능.
6) 전원 OFF시 광 절체 기능 제공(Optic Switch Option적용 시).
7) 하위 RAU연결을 위한 2개의 RF분산 포트 지원기능.
8) 상위 MHU(OMHU)와 Digital Frame내의 별도채널을 이용한 통신 및 하위 RAU와 FSK Modem을 이용한 통신기능.
9) 상전 정전 시 운용을 위한 Back-Up Battery 내장(3.2Ah B-type).
10) GPS 모듈을 장착 위도, 경도, 고도를 표시하는 기능.

원격 안테나장치(RAU)의 구조는 아래와 같다.

1) 출력: CDMA/WCDMA 각 37dBm(5W)/Total
2) RHU와 RF 인터페이스 기능.
3) 하위 RAU로의 RF신호 공급 기능(FSK Modem 신호 포함).
4) 상전 정전 시 운용을 위한 Back-Up Battery 내장(3.2Ah B-type).

## 7.10.3 기술적인 요구사항

표 7.11 **시스템 일반규격**

| 항 목 | | 규 격 | 비 고 |
|---|---|---|---|
| 사용 광 파장 | 유사 DFB | 1550 ± 8nm | 광 선로 공유 불가 |
| | DFB | 1550 ± 8nm | |
| 광 Connector Type | | FC/APC | |
| 광 트랜시버 Type | | SFP | |
| 광 Link 손실 | | Max 10dBo | |
| 광 전송 거리 | 유사 DFB | 5Km 이하 | 각 광구간 |
| | DFB | 10Km 이하 | 각 광구간 |
| IN/OUT RF Connector<br>SMA-Type Female<br>DIN-Type Female | | N-Type Female | MHU,RHU,RHU-W5,RAU |
| | | OMHU | |
| | | RHU20,RHU-W20 | |
| 모니터<br>단자<br>CDMA,<br>WCDMA | MHU 출력 | -30 dB ±1.5dB | 역방향 출력 |
| | OMHU 출력 | -20 dB ±1.5dB | 역방향 출력 |
| | MHU 입력 | 0 dB ±1.5dB | 순방향 입력 |
| | RHU 안테나<br>출력 | RHU,RHU-W5: -30 dB ±1.5dB<br>RHU20,RHU-W20: -40 dB ±1.5dB | 순방향 출력 |
| | RHU LNA 출력 | +30 dB ±1.5dB | 역방향 입력 |
| | RAU 안테나 출력 | -30 dB ±1.5dB | 순방향 출력 |
| | RAU LNA 출력 | +30 dB ±1.5dB | 역방향 입력 |
| 선로 자동<br>손실 보상 | 보상 범위 | 30 dB ± 1.5dB | 분기 및 케이블<br>손실 보상 |
| | CDMA 파일럿 | 825.255MHz | RHU <- RAU |
| | WCDMA 파일럿 | 1945.3MHz | RHU <- RAU |

표 7.12 **CDMA 일반규격**

<table>
<tr><th colspan="2" rowspan="2">항목</th><th colspan="2">성능 요구조건</th><th rowspan="2">비 고</th></tr>
<tr><th>무선(MHU)</th><th>유선(OMHU)</th></tr>
<tr><td colspan="2">Freq. Bandwidth</td><td colspan="2">25MHz</td><td>1.23MHz, 20FA</td></tr>
<tr><td colspan="2">Tx-to-Rx Isolation</td><td colspan="2">110dB 이상</td><td></td></tr>
<tr><td colspan="2">Rx-to-Tx Isolation</td><td colspan="2">110dB 이상</td><td></td></tr>
<tr><td rowspan="4">타 서비스간 Band Rejection</td><td>CDMA Tx → WCDMA Tx</td><td></td><td>80dB 이상</td><td></td></tr>
<tr><td>CDMA Tx → WCDMA Rx</td><td>110dB 이상</td><td>110dB 이상</td><td></td></tr>
<tr><td>CDMA Rx → WCDMA Tx</td><td>110dB 이상</td><td>110dB 이상</td><td></td></tr>
<tr><td>CDMA Rx → WCDMA Rx</td><td></td><td>80dB 이상</td><td></td></tr>
<tr><td colspan="2">주파수 안정도</td><td colspan="2">± 0.05ppm 이하</td><td></td></tr>
<tr><td colspan="2">Characteristic Impedance</td><td colspan="2">50 Ohm</td><td></td></tr>
</table>

표 7.13 **Forward Specification(CDMA)(다음 페이지 계속)**

<table>
<tr><th colspan="2" rowspan="2">항 목</th><th colspan="2">성능 요구조건</th><th rowspan="2">비 고</th></tr>
<tr><th>무선(MHU)</th><th>유선(OMHU)</th></tr>
<tr><td colspan="2">주파수 대역</td><td colspan="2">869MHz ~ 894MHz</td><td>Band 25MHz</td></tr>
<tr><td colspan="2">점유 주파수대역폭(OBW)</td><td colspan="2">1.23MHz/FA</td><td></td></tr>
<tr><td colspan="2">대역 평탄도</td><td colspan="2">MHU ~ RHU: 3dB Max<br>MHU ~ RHU ~ RAU: 3dB Max</td><td>Peak to Peak</td></tr>
<tr><td colspan="2">입력 레벨</td><td>−65 ~ −40dBm/FA<br>−52 ~ −27dBm/Total</td><td>−40 ~ −15dBm/FA<br>−27 ~ −2dBm/Total</td><td></td></tr>
<tr><td rowspan="2">최대 출력 레벨</td><td>5W</td><td colspan="2">24dBm/FA, 37dBm/Total</td><td>RHU, RAU</td></tr>
<tr><td>20W</td><td colspan="2">30dBm/FA, 43dBm/Total</td><td>RHU20</td></tr>
<tr><td rowspan="2">시스템 이득</td><td>5W</td><td>64 ~ 89dB</td><td>39 ~ 64dB</td><td></td></tr>
<tr><td>20W</td><td>70 ~ 95dB</td><td>45 ~ 70dB</td><td></td></tr>
<tr><td colspan="2">이득조절</td><td colspan="2">0 ~ 25dB</td><td>MHU,OMHU</td></tr>
<tr><td colspan="2">출력조절</td><td colspan="2">0 ~ 25dB</td><td>RHU, RAU</td></tr>
</table>

<table>
<tr><th colspan="2" rowspan="2">항 목</th><th colspan="2">성능 요구조건</th><th rowspan="2">비 고</th></tr>
<tr><th>무선(MHU)</th><th>유선(OMHU)</th></tr>
<tr><td rowspan="2">조절간격</td><td>이득조절</td><td colspan="2">1dB/Step 이하</td><td>MHU,OMHU</td></tr>
<tr><td>출력조절</td><td colspan="2">0.5dB/Step 이하</td><td>RHU, RAU</td></tr>
<tr><td colspan="2">이득조절오차</td><td colspan="2">Step: ±0.7dB</td><td>전구간</td></tr>
<tr><td colspan="2">시스템 시간 지연</td><td colspan="2">9usec 이내</td><td>MHU~RHU~<br>RAU 기준</td></tr>
<tr><td colspan="2">입력 정재파비</td><td colspan="2">1.5: 1 이하</td><td></td></tr>
<tr><td rowspan="2">출력과부하<br>제어기능 (ALC)<br>설정범위</td><td>5W</td><td colspan="2">+32dBm ~ +39dBm</td><td>RHU, RAU</td></tr>
<tr><td>20W</td><td colspan="2">+38dBm ~ +45dBm</td><td>RHU20</td></tr>
<tr><td colspan="2">출력과부하 제어기능 (ALC)<br>설정오차</td><td colspan="2">±1.5dB</td><td></td></tr>
<tr><td colspan="2">Spurious Emission</td><td colspan="2">45dBc 이상 @FC±750KHz<br>(Δmarker:29dB), RBW 30KHz<br>55dBc 이상 @FC±1.98MHz<br>(Δmarker:39dB), RBW 30KHz<br>−32dBm이하 / 100KHz @896MHz</td><td></td></tr>
<tr><td rowspan="2">1X EVDO</td><td>Spurious</td><td colspan="2">45dBc 이상 @FC±750KHz<br>(Δmarker:29dB), RBW 30KHz<br>55dBc 이상 @FC±1.98MHz<br>(Δmarker:39dB), RBW 30KHz</td><td rowspan="2">@1FA<br>MAC/Pilot @<br>0%, 50%, 100%</td></tr>
<tr><td>파형의질</td><td colspan="2">0.97 이상</td></tr>
<tr><td colspan="2">Stop band Rejection</td><td colspan="2">20dBc 이상@866MHz 이하<br>25dBc 이상@896MHz지점<br>20dBc 이상@896MHz 이상</td><td></td></tr>
<tr><td colspan="2">2nd Harmonic Rejection</td><td colspan="2">80dBc 이상</td><td></td></tr>
<tr><td colspan="2">PLL 불요 방사 시험</td><td colspan="2">1920MHz~1980MHz: −78dBm이하<br>RBW 100KHz<br>30MHz~1GHz: −57dBm이하<br>RBW 100KHz<br>1GHz~12.75GHz: −47dBm이하<br>RBW 1MHz</td><td>10MHz 분리 및<br>전압 저하시.</td></tr>
</table>

표 7.14 **Reverse Specification(CDMA)**(다음 페이지 계속)

| 항 목 | | 성능 요구조건 | | 비 고 |
|---|---|---|---|---|
| | | 무선(MHU) | 유선(OMHU) | |
| 주파수 대역 | | 824MHz ~ 849MHz | | Band 25MHz |
| 점유 주파수대역폭(OBW) | | 1.23MHz/FA | | |
| 대역 평탄도 | | MHU ~ RHU: 3dB Max<br>MHU ~ RHU ~ RAU: 3dB Max | | Peak to Peak |
| 입력 레벨 | | 정격입력: −55dBm/Total<br>MAX입력: −45dBm/Total(ALC동작) | | RHU, RAU |
| 최대 출력 레벨 | | +27dBm/Total | +0dBm/Total | |
| 시스템 이득 | | 52 ~ 82dB | 30 ~ 55dB | |
| 이득조절 | | 0 ~ 30dB | 0 ~ 25dB | |
| 이득조절간격 | | 1dB/Step 이하 | | |
| 이득조절오차 | | Step: ±0.7dB | | |
| 시스템 시간 지연 | | 9usec 이내 | | RAU~RHU~<br>MHU 기준 |
| 입력 정재파비 | | 1.5: 1 이하 | | |
| 출력과부하<br>제어기능 (ALC)<br>설정오차 | 설정범위 | +22dBm ~ +29dBm | | |
| | ±1.5dB | | | |
| Spurious Emission | | 45dBc 이상 @FC±750KHz<br>(Δmarker:29dB), RBW 30KHz<br>55dBc 이상 @FC±1.98MHz<br>(Δmarker:39dB), RBW 30KHz | | @ −55dBm/1FA 입력기준 |
| IP3 | | | 27dBm | @ −55dBm/1Tone<br>CW 입력기준 |
| 2nd Harmonic Rejection | | 80dBc 이상 | | |
| Reverse Isolation | | | 50dBc 이상 | Rx0 <−> Rx1 |
| Stop band Rejection | | 25dBc 이상@821MHz 이하<br>25dBc 이상@851MHz 이상 | | |

<table>
<tr><th colspan="2" rowspan="2">항 목</th><th colspan="2">성능 요구조건</th><th rowspan="2">비 고</th></tr>
<tr><th>무선(MHU)</th><th>유선(OMHU)</th></tr>
<tr><td rowspan="2">잡음지수<br>(NF)</td><td>RHU → MHU</td><td colspan="2">5dB 이하</td><td rowspan="2">전 이득범위<br>(역 방향)</td></tr>
<tr><td>RAU → MHU</td><td colspan="2">7dB 이하</td></tr>
<tr><td colspan="2">PIMD</td><td colspan="2">Noise 대비 3dB 이하<br>@ RBW 1KHz, Max Hold<br>848.37MHz</td><td>순방향 20FA 출력</td></tr>
<tr><td colspan="2">PLL 불요 방사 시험</td><td colspan="2">1920MHz~1980MHz: −78dBm 이하<br>RBW 100KHz<br>30MHz~1GHz: −57dBm 이하<br>RBW 100KHz<br>1GHz~12.75GHz: −47dBm 이하<br>RBW 1MHz</td><td>10MHz 분리 및<br>전압 저하시.</td></tr>
</table>

표 7.15 **WCDMA 일반규격**

<table>
<tr><th colspan="2" rowspan="2">항 목</th><th colspan="2">성능 요구조건</th><th rowspan="2">비 고</th></tr>
<tr><th>무선(MHU)</th><th>유선(OMHU)</th></tr>
<tr><td colspan="2">Freq. Bandwidth</td><td colspan="2">20MHz</td><td>5MHz, 4FA</td></tr>
<tr><td colspan="2">Tx–to–Rx Isolation</td><td colspan="2">110dB 이상</td><td></td></tr>
<tr><td colspan="2">Rx–to–Tx Isolation</td><td colspan="2">110dB 이상</td><td></td></tr>
<tr><td rowspan="4">타<br>서비스간<br>Band<br>Rejec-<br>tion</td><td>WCDMA Tx → CDMA Tx</td><td></td><td>80dB 이상</td><td></td></tr>
<tr><td>WCDMA Tx → CDMA Rx</td><td>110dB 이상</td><td>110dB 이상</td><td></td></tr>
<tr><td>WCDMA Rx → CDMA Tx</td><td>110dB 이상</td><td>110dB 이상</td><td></td></tr>
<tr><td>WCDMA Rx → CDMA Rx</td><td></td><td>80dB 이상</td><td></td></tr>
<tr><td colspan="2">주파수 안정도</td><td colspan="2">± 0.05ppm 이하</td><td></td></tr>
<tr><td colspan="2">Characteristic Impedance</td><td colspan="2">50 Ohm</td><td></td></tr>
</table>

표 7.16 **Forward Specification(WCDMA)(다음 페이지 계속)**

| 항 목 | | 성능 요구조건 | | 비 고 |
|---|---|---|---|---|
| | | 무선(MHU) | 유선(OMHU) | |
| 주파수 대역 | | 2130MHz ~ 2150MHz | | Band 20MHz |
| 점유 주파수대역폭(OBW) | | 5MHz 미만/FA | | |
| 대역 평탄도 | | MHU ~ RHU: 3dB Max<br>MHU ~ RHU ~ RAU: 3dB Max | | Peak to Peak |
| 입력 레벨 | | −66 ~ −36dBm/FA<br>−60 ~ −30dBm/Total | −45 ~ −20dBm/FA<br>−39 ~ −14dBm/Total | |
| 최대 출력 레벨 | 5W | 31dBm/FA, 37dBm/Total | | RHU, RHU-W5, RAU |
| | 20W | 37dBm/FA, 43dBm/Total | | RHU20, RHU-W20 |
| 시스템 이득 | 5W | 67 ~ 97dB | 51 ~ 76dB | |
| | 20W | 73 ~ 103dB | 57 ~ 82dB | |
| 이득조절 | | 0 ~ 30dB | 0 ~ 25dB | MHU,OMHU |
| 출력조절 | | 0 ~ 25dB | | RHU, RAU |
| 조절간격 | 이득조절 | 1dB/Step 이하 | | MHU, OMHU |
| | 출력조절 | 0.5dB/Step 이하 | | RHU, RAU |
| 이득조절오차 | | Step: ±0.7dB | | 전구간 |
| 시스템 시간 지연 | | 9usec 이내 | | MHU~RHU~RAU 기준 |
| 입력 정재파비 | | 1.5: 1 이하 | | |
| 출력과부하 제어기능 (ALC) 설정범위 | 5W | +32dBm ~ +39dBm | | RHU, RHU-W5, RAU |
| | 20W | +38dBm ~ +45dBm | | RHU20, RHU-W20 |
| 출력과부하 제어기능 (ALC) 설정오차 | | ±1.5dB | | |
| Spectrum Emission Mask | | 3GPP TS25.143 기준 만족 | | 첨부1 참조 |
| Spurious Emission | | 3GPP TS25.143 기준 만족 | | 첨부2 참조 |
| Stop band Rejection | | 10dBc이상 @2127.5MHz 이하<br>10dBc이상 @2152.5MHz 이상 | | |
| EVM | | Source 대비 5% 이하 | | TM5, HSDPA |

| 항 목 | 성능 요구조건 | | 비 고 |
|---|---|---|---|
| | 무선(MHU) | 유선(OMHU) | |
| PCDE | −35dB 이하 | | TM5, HSDPA |
| ACLR | 44.2dBc@FC±5MHz<br>49.2dBc@FC±10MHz | | |
| ACLP | −12dBm/3.84MHz | | 2152.5MHz |
| 2nd Harmonic Rejection | 80dBc 이상 | | |
| KTF 과 입력 시험(EVM) | Source 대비 5%이하<br>(SKT 대입 +20dB 입력 시) | | TM5, HSDPA |
| KTF 과 입력 시험(ACLR) | 44.2dBc@FC±5MHz<br>49.2dBc@FC±10MHz<br>(SKT 대입 +20dB 입력 시) | | |
| PLL 불요 방사 시험 | 1920MHz~1980MHz: −78dBm이하<br>RBW 100KHz<br>30MHz~1GHz: −57dBm이하<br>RBW 100KHz<br>1GHz~12.75GHz: −47dBm이하<br>RBW 1MHz | | 10MHz 분리 및<br>전압 저하시 |

표 7.17 **Reverse Specification(WCDMA)**

| 항 목 | 성능 요구조건 | | 비 고 |
|---|---|---|---|
| | 무선(MHU) | 유선(OMHU) | |
| 주파수 대역 | 1940MHz ~ 1960MHz | | Band 20MHz |
| 점유 주파수대역폭(OBW) | 5MHz미만/FA | | |
| 대역 평탄도 | MHU ~ RHU: 3dB Max<br>MHU ~ RHU ~ RAU: 3dB Max | | Peak to Peak |
| 입력 레벨 | 정격입력: −60dBm/Total<br>MAX입력: −50dBm/Total(ALC동작) | | RHU, RAU |
| 최대 출력 레벨 | +27dBm / Total | +0dBm / Total | |
| 시스템 이득 | 57 ~ 87dB | 35 ~ 60dB | |
| 이득조절 | 0 ~ 30dB | 0 ~ 25dB | |

| 항 목 | | 성능 요구조건 | | 비 고 |
|---|---|---|---|---|
| | | 무선(MHU) | 유선(OMHU) | |
| 이득조절간격 | | 1dB/Step 이하 | | |
| 이득조절오차 | | Step: ±0.7dB | | 전구간 |
| 시스템 시간 지연 | | 9usec 이내 | | RAU~RHU~MHU 기준 |
| 주파수 안정도 | | ± 0.05ppm 이하 | | |
| 입력 정재파비 | | 1.5: 1 이하 | | |
| 출력과부하 제어기능 (ALC) | 설정범위 | +21dBm ~ +29dBm | | |
| | 설정오차 | ±1.5dB | | |
| Spectrum Emission Mask | | 3GPP TS25.143 기준 만족 | | @ −60dBm/Total<br>입력기준<br>첨부1 참조 |
| Spurious Emission | | 3GPP TS25.143 기준 만족 | | 첨부2 참조 |
| IP3 | | | 27dBm | @ −60dBm/1Tone CW<br>입력기준 |
| Stop band Rejection | | 10dBc이상 @1937.5MHz 이하<br>10dBc이상 @1962.5MHz 이상 | | |
| EVM | | Source 대비 5% 이하 | | TM5, HSDPA |
| PCDE | | −35dB 이하 | | TM5, HSDPA |
| ACLR | | 44.2dBc@FC±5MHz<br>49.2dBc@FC±10MHz | | |
| 2nd Harmonic Rejection | | 80dBc 이상 | | |
| Reverse Isolation | | | 50dBc 이상 | Rx0 ↔ Rx1 |
| 잡음지수(NF) | RHU->MHU | 5dB 이하 | | 전 이득범위<br>(역 방향) |
| | RAU->MHU | 7dB 이하 | | |
| PLL 불요 방사 시험 | | 2110MHz~2170MHz: −78dBm이하<br>RBW 100KHz<br>30MHz~1GHz: −57dBm이하<br>RBW 100KHz<br>1GHz~12.75GHz: −47dBm이하<br>RBW 1MHz | | 10MHz 분리 및<br>전압 저하시 |

CHAPTER

# 8

# 중계기 관리 시스템(RMCS)

## 8.1 RMCS(Repeater Monitor & Control System)

### Operations and Maintenance

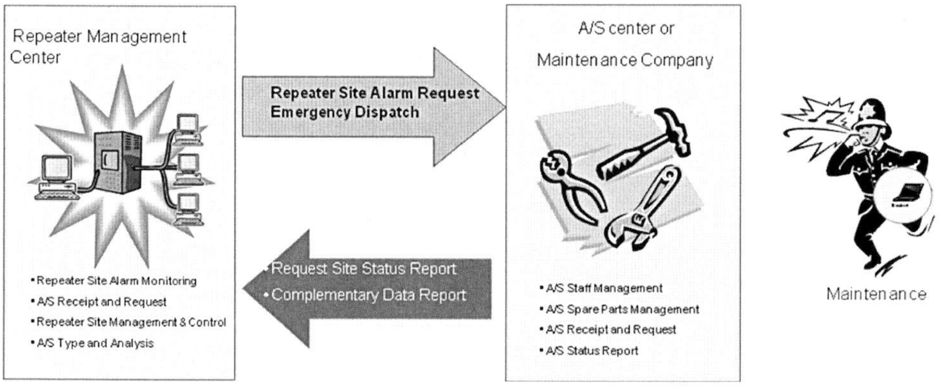


그림 8.1 **운영 및 유지 보수**

RMCS(Repeater Monitor & Control System) 혹은 NMS(Network Management System)이란 원격지에 있는 여러 대의 중계기를 항상 감시하고, 제어하는 장치로써 여기서 수집되는 정보는 운용보전센터로 전송되어 관리된다. 이러한 원격감시제어시스템(Remote Monitor & Control System)이라 부른다. NMS은 보다 상위 개념으로써 이러한 감시제어 기능에 더하여 고객인증, 망 경로변경, 과금 및 인증체계 같은 매우 복잡하고 중요한 기능까지를 수행했을 때, 보통 망 관리시스템(NMS)이라 부른다.

그림 8.2는 RMCS(Repeater Monitor & Control System)의 개념도이다. RMCS는 감시기능, 운용자 설정기능, 생산자 조정기능이 있다. 감시기능은 장치온도, 사용전압 및 전류 그리고 경보기준 등의 중계기 환경조건 감시와 Band별 이득 및 PLL 동작상태 등의 중계기 운용조건 감시 기능이 있다. 운용자 설정기능으로는 Band별 시스템 이득조정과 운용 FA설정이 있다. 또한, LPA Path별 작동제어 기능과 NMS 센터로 메시지 전송 기능 및 통신상태를 점검하면서 NMS를 제어한다. 생산자 조정기능으로는 조정허가 암호입력 기능이 있고, 운용 LPA설정과 Local OSC 주파수 설정 기능이 있다. PAU 감쇠기와 FA 중심주파수의 미세조정이 가능하다. LPA ASD 기준을 설정한다. 즉, LPA측으로 유입되는 반사전압(VSWR)에 의한 LPA 셧 다운 전위 설정이 가능하다. REV 2차 ATT 조절이 가능하고 생산번호 혹은 운용자 관리번호를 입력하여 중계국 관리번호를 설정한다.

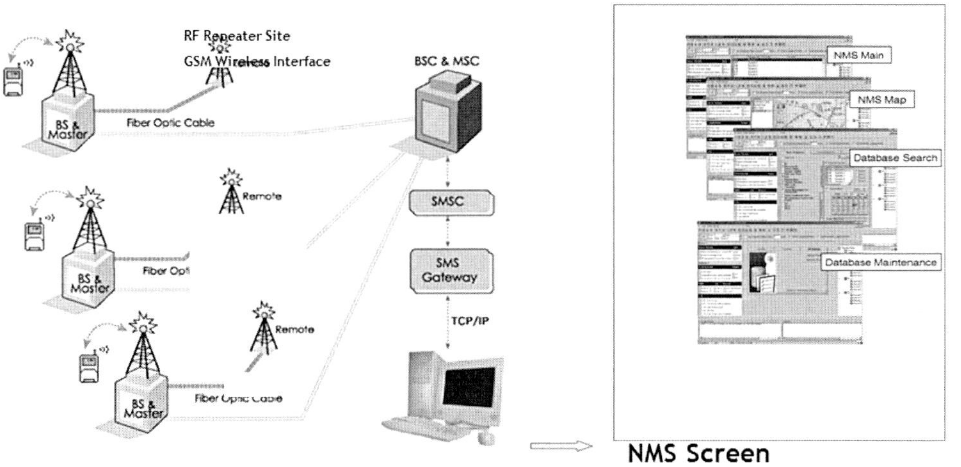


그림 8.2 **RMCS 개념도**

보통의 중계기에서 적용 RMCS 주요 기능을 분류하여 제시해 본다.

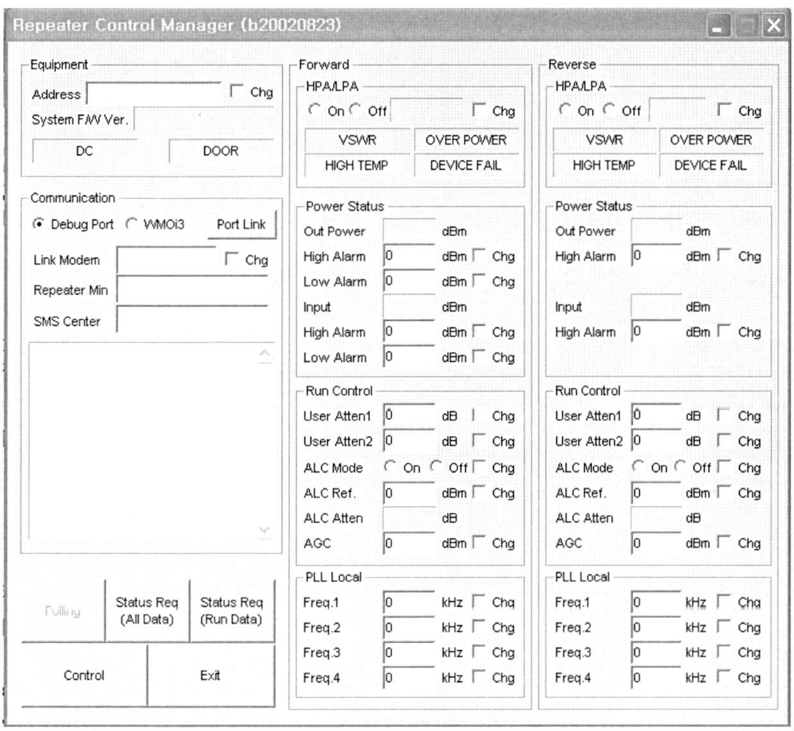


그림 8.3 **중계기 제어 관리프로그램**

## 8.2 중계기 제어 관리프로그램

### 8.2.1 감시기능(Equipment Status)

- 중계기 환경조건
  - 장치온도, 사용전압 및 전류 그리고 경보기준
- 중계기 운용조건
  - BAND별 이득 및 PLL 동작상태
- 정보화면: 제조사, 모델명, 관리번호, F/W Version 표시, 시스템 ALARM
- 중계기 운용상태: FAN#1, #2작동상태, 장치온도, 함체 도어개폐, PSU, 축전지 전압
- 중계기 작동상태: Path & BAND별 PLL Lock, LNA상태, LPA상태(Po, Temp, VSWR), NMS 및 전파환경
- 중계기 운용상태: DM측정값(RX, ADJ, TX, FA ID), 통신 전화번호, 수신중인 PN

### 8.2.2 운용자 설정기능

가. 시스템 이득조정(Forward / Reverse Gain Set)

- 중계기 운용조건 설정(BAND별 이득조정)

나. 운용 FA설정(Select Operation FA)

- 중계기 운용조건 설정(BAND별 운용FA 설정)

다. LPA작동제어(Linear Power Amplifier ON/OFF)

- LPA Path별 작동제어

라. NMS제어(NMS Test)

- NMS 센터로 메시지 전송기능 및 통신상태

### 8.2.3 생산자 조정기능

가. 조정허가 암호입력 기능

나. 운용 LPA설정(Select Operation LPA)

- 탑재된 LPA 제조사별 설정

다. LOCAL OSC 주파수 설정(Select LO Frequency)

- 발진기 기준주파수 설정(10MHz, 12MHz)

라. PAU 감쇠기 미세조정(Adjust Attenuator Voltage)

- Path별, Band별 감쇠기 미세 조정기능

마. FA 중심주파수 미세조정(Frequency OFFSET)

- FA 중심주파수 미세조정(FO±1,000KHz)

바. 생산자 선택(Select MAKER)

- 생산 제조회사 설정

사. LPA ASD 기준설정(Select VSWR Limit)

- LPA측으로 유입되는 반사전압(VSWR)에 의한 LPA Shut Down 전위설정

아. REV 2'ND ATT설정(REV Rear Atternuator)

- 직선성 조절을 위한 2차 감쇠기 조정(Option)

자. 중계국 관리번호 설정(Input Repeater NO)

- 생산번호 혹은 운용자 관리번호 입력(감시기능의 정보화면 표시)

## 8.3 기타 RF부품 및 결합제품

### 8.3.1 TMA & TMB

TMA는 셀 커버리지의 확대를 위해 기지국 수신부의 LNA 및 FEU를 옥외 안테나에 근접하게 설치한 서비스 장비이다. TMB는 셀 커버리지의 확대를 위해 옥외 안테나에 근접하게 기지국 FEU, LNA 및 기지국 송신부의 PA를 설치한 서비스 장비이다.

그림 8.4 **서비스 장치**

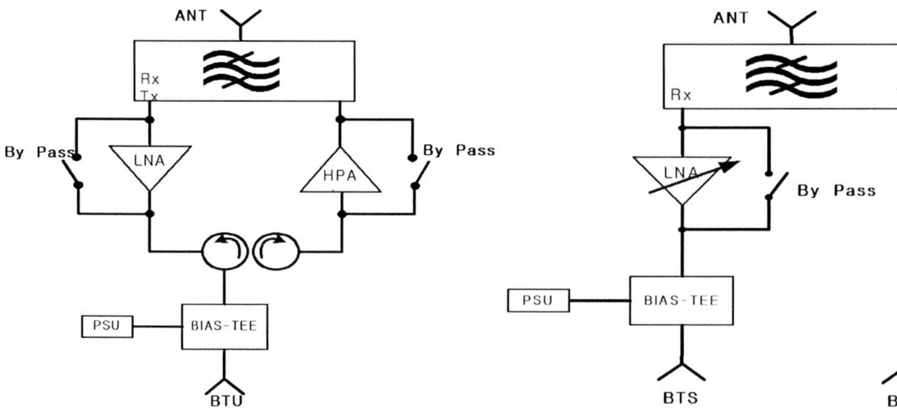


(a) **TMA 블록 다이어그램** (b) **TMB 블록 다이어그램**

그림 8.5 **TMA & TMB 블록다이어그램**

## 8.3.2 REU(중계기 결합 유니트)

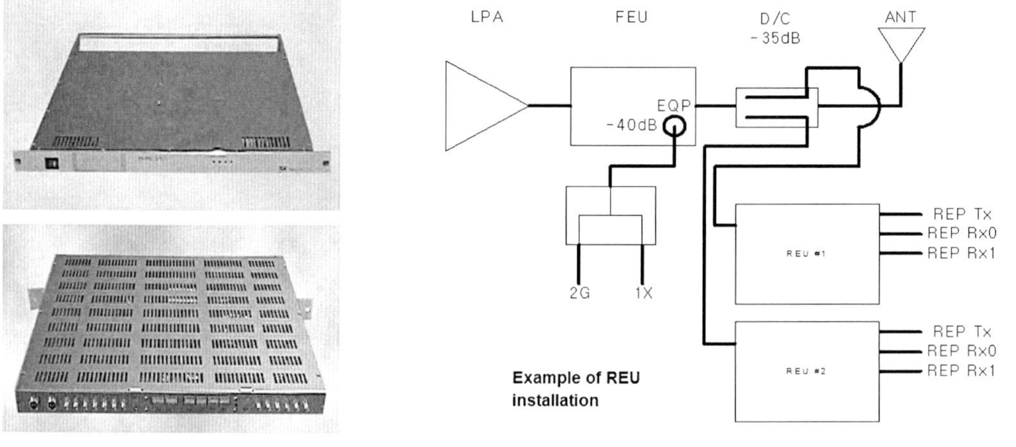


(a) **SAIU, REU** (b) **REU 블록도**

그림 8.6 **(a) SAIU, REU (b) REU 블록도**

그림 8.6은 SAIU, REU와 REU 블록도이다. SAIU는 상이한 신호 연결 규격, 층 또는 공간의 장치 결합을 위한 장비로써 상이한 신호레벨을 보상하고 제어 신호로 그 장치들을 연결한다. REU는 여러 대의 중계기 또는 다른 장치들을 기지국의 한 섹터에 연결할 경우, 확장 가능한 결합 장치로써 저손실 및 유연한 연결을 실현한다.

## 8.3.3 능동형 공유 결합기

그림 8.7은 능동형 공유 결합기의 블록도를 보여준다.

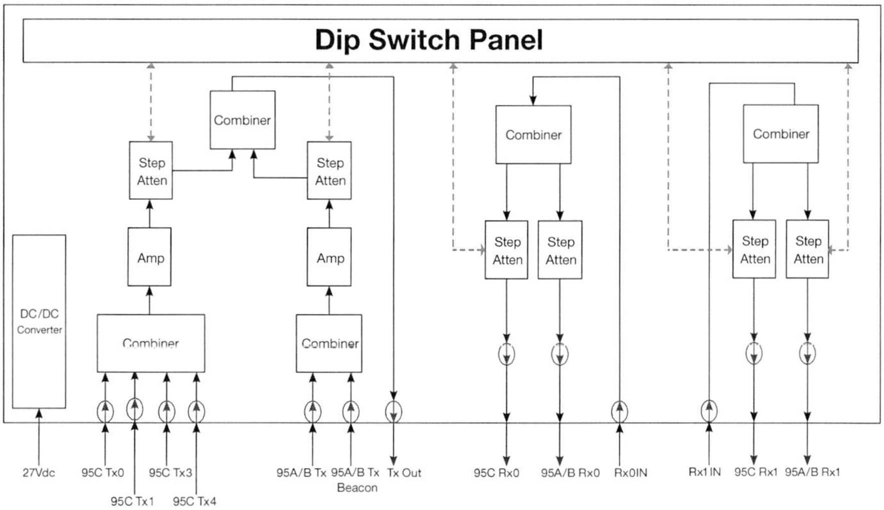


그림 8.7 **능동형 공유 결합기 블록도**

## 8.3.4 급전선 공유기

그림 8.8은 급전선 공유기의 광대역 안테나 공유 솔루션과 안테나 분리 솔루션을 나타낸다.

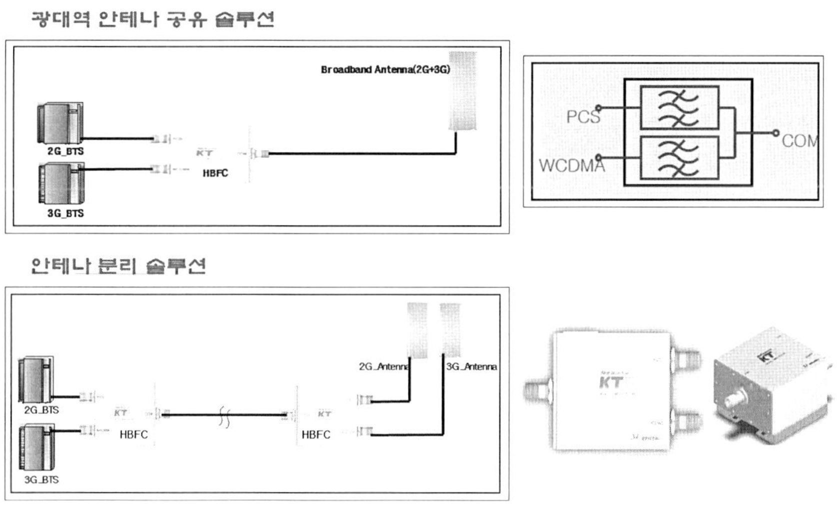


그림 8.8 **광대역 안테나 공유솔루션, 안테나 분리 솔루션**

중계기 장치관리로는 REU(중계기 결합 유니트), 능동형 공유 결합기, 급전선 공유기 등이 있다.

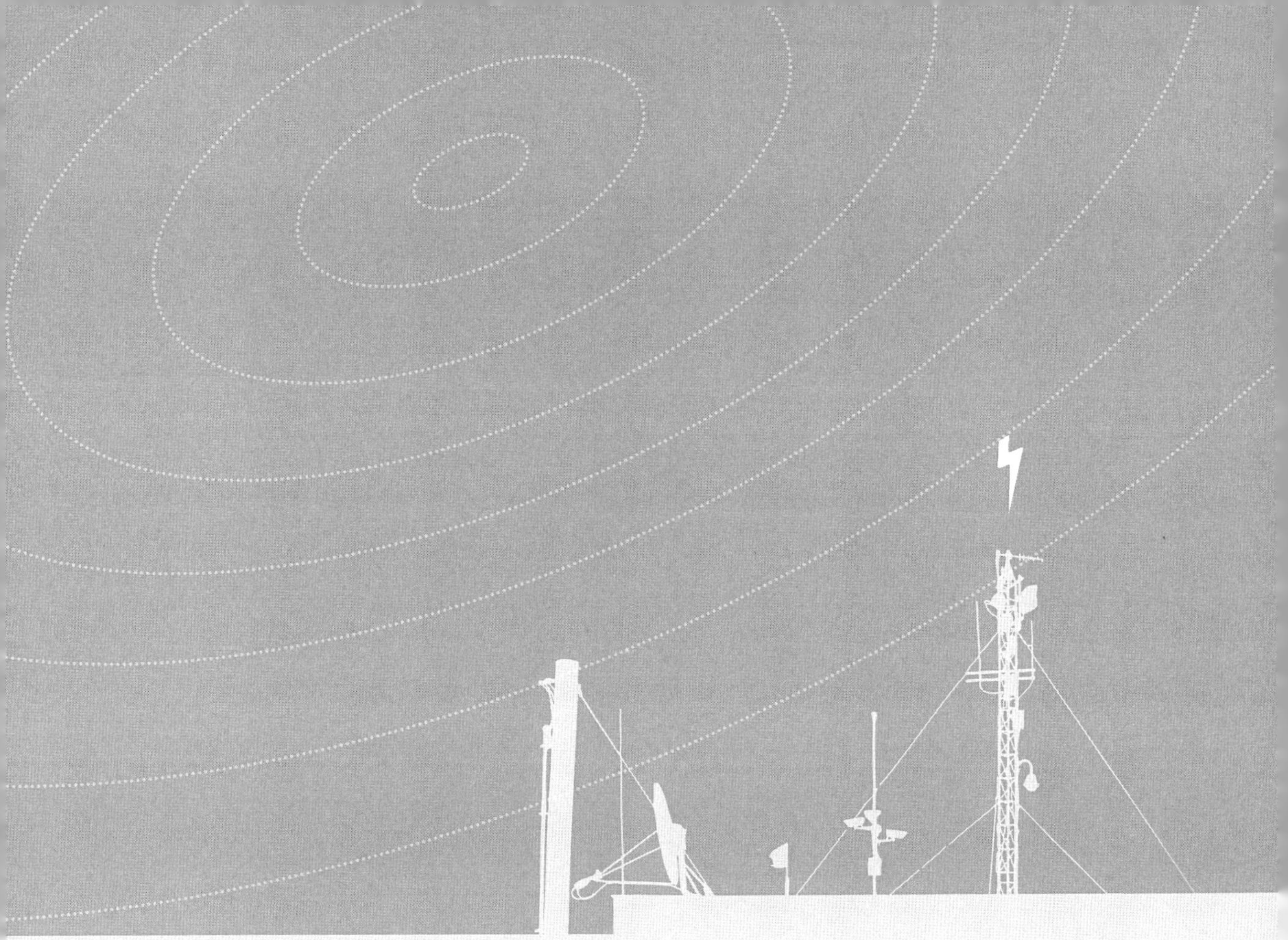

CHAPTER

# 9

# 차세대 중계기 동향

중계기는 초기 이동통신 시스템이 상용화 될 때부터 고려된 기술로서, 사용자가 셀 끝에 있거나 높은 건물 또는 산에 의해 통화 음영 지역이 발생하여 본래의 성능을 보장할 수 없을 경우 셀 영역(cell coverage) 확장을 위한 목적으로 사용된다. 중계기 기술은 단순히 증폭 후 전달(amplify-and-forward) 방식에서 디코딩 후 전달(decode-and-forward), 재구성/재조합 후 전달 (reconfiguration/reallocation-and-forward) 등 지능화된 형태로 진화하고 있다. 특히, 중계 채널을 이용한 협동 통신은 1979년 T. M. Cover 등에 의해 중계 채널의 정보 이론적 특성이 발표되면서 과거의 셀 영역 확장이라는 단순한 중계기의 역할에서 셀 용량 증대를 위한 주요 기술로 인식되고 있다 [1]. 최근에는 협동 통신에 다중 안테나 기술을 응용한 협동 중계 다이버시티 기법들이 제안되면서 이를 바탕으로 한 LTE-A 시스템의 중계기 기법에 관한 논의가 활발히 이루어지고 있다 [2]-[5]. 특히, 차세대 이동통신 시스템에서 지능화된 다수의 중계기 도입은 기지국 증설 비용과 백홀(backhaul) 통신망의 유지비용을 줄이는 동시에 커버리지 확대와 데이터 처리율 향상을 위해 불가피할 것으로 예상된다. 이에 이 장에서는 차세대 중계기의 기술동향에 관해 살펴본다.

## 9.1 기술동향

중계기를 이용하여 셀 서비스 영역 확장 및 셀 용량 증대를 통해 WiMAX 서비스의 품질을 증대시키는 MMR(mobile multi-hop relay) 기술에 대한 표준화 작업은 IEEE 802.16j에서 추진되고 있는데, 여기에서는 중계기 사용 모델(usage model)과 evaluation methodology 문서를 정의하고, 이에 기반한 표준화 진행 작업을 추진하여 2008년 1월 제 53차 회의에서 P802.16j draft가 전체 참여사업자의 83%의 찬성으로 통과되었다.

WiMAX MMR의 경우 업링크 및 다운링크를 시간 분할 방식(time division duplexing, TDD)으로 듀플렉싱하여 backhaul 링크(기지국–중계기)와 access 링크(중계기–사용자 단말기)가 서로 구분된다. 또한 legacy UE(LTE release 8 단말기)가 존재하지 않으므로 LTE-A 시스템의 중계기 기법보다 상대적으로 제약 사항이 적다.

상기에서 설명한 WiMAX 서비스의 MMR 중계기 기법과는 달리 LTE 표준화 회의에서는 다양한 중계기에 대한 논의가 이루어지지 않은 채 표준안이 거의 확정된 상태이며, LTE-A 표준화 회의에서는 2008년부터 새로운 중계기 기법에 대한 논의를 시작하고 있다. LTE-A 시스템은 WiMAX MMR과는 다르게 LTE의 최종 버전인 release 8 단말기를 의미하는 legacy UE

지원에 대한 논의가 반드시 필요하다. LTE-A의 요구사항 및 발전 방향에서 언급된 backward compatibility의 조건은 간단하다 [6]. 바로 legacy UE가 LTE-A 시스템 망에서 계속적으로 동작을 해야 한다는 것이다. 그러나 반드시 모든 node에 연결될 필요는 없기 때문에 R8 UE가 relay에 접속하는 것이 필수사항인지는 아직 결정되지 계속 논의 중에 있다. 주목해야 할 것은 중계기는 셀 영역 확장(coverage extension)을 제공하는 좋은 방법이기 때문에 다수의 legacy UE 또한 중계기에 연결되는 것이 바람직하다는 사실이다. 그렇지 않으면 다수의 legacy UE는 영역 확장 이득을 얻을 수 없고, 중계기에서는 전체 영역확장을 제공할 수 없다.

Legacy UE를 지원하기 위해서 Qualcomm사에서는 backhaul link에 sub-frame을 할당하고 access link에 blank sub-frame을 할당하는 방법을 제안하였는데, 이 방법은 LTE 시스템 표준에 명기되어 있지 않으므로 LTE 시스템의 물리 계층과 관계된 표준화 문서에 수정 반영해야 하는 문제점이 있다. 한편 Nokia, Ericsson 등에서는 기존 LTE 시스템 표준을 변경하지 않으면서 LTE 시스템에서 아직 세세히 정의되지 않은 MBSFN(multicast broadcast single frequency network) sub-frame을 이용하는 방법을 제안하였다.

Qualcomm Europe 등은 transparent 모드의 중계기 시스템을 고찰하면서 장점을 기술하고, 이 경우의 여러 문제점을 도출한 후 발생 가능한 interference 문제를 해결하기 위해서 Non-transparent 모드의 새로운 LTE-A 중계기 시스템을 제안하고 있다.

중계기 기법에 관한 논의가 시작된 후 2008년 4월에서 2009년 2월 말까지 3GPP LTE-A 표준화 회의에서는 모두 202여개 문서가 기고되었는데, 특히 2009년 2월 회의에서 제출된 중계기 관련 81개 문서를 간단히 요약하면 다음과 같다. 중계기 시스템의 구조에 대해 Nortel, 엘지전자, 삼성, Mitsubishi, Sharp, Ericsson, Motorola, NTT Docomo 등에서 새로운 기고문을 제안하였고, 새로운 중계기 방식을 통한 성능 개선에 대한 알고리즘 제안이 엘지전자, ETRI, Nortel, AL-LU, Philips, Fujitsu, China Potario 등에서 이루어졌다.

중계기 채널 모델 및 제안하는 방식을 시스템 시뮬레이션을 하여 성능을 검증하는 기고문 또한 여러 회원사들을 통해 발표되었으며, LG-Nortel과 Nortel에서도 중계기가 있는 시스템에서 발생할 수 있는 여러 간섭 상황을 기술함과 동시에 이에 대한 시스템 요구사항을 기고하였다.

현재 LTE-A 시스템에서 고려중인 중계기 유형은 L1 중계기(증폭 송신/시언 무시), L2 중계기(데이터 복원/증폭송신) 그리고 L3 중계기(소형 기지국)가 있는데, 2008년 12월 프라하 회의에서 기존 LTE release 8에 변경사항을 최소화하면서 논의할 수 있는 L3 중계기를 중심으로 논의를 하기로 하였고, 이후 많은 기고문이 L3 중계기의 성능에 대해 분석을 하였다. Qualcomm Europe社는 2009년 2월 advanced L3 중계기를 제안하였다. 이 기고문에서 L1 중계기와 L3

중계기의 성능을 비교하였고, L1 중계기는 완벽한 RF isolation 및 다른 셀 간섭이 없는 상황에서도 성능 향상이 매우 제한적임을 보였고, L3 중계기의 경우에도 발전된 셀 선택 기법 혹은 셀 silencing 기법을 이용하지 않으면 성능 향상이 매우 제한적임을 보였다. 그리고 'range expansion 셀 선택기법', '협동 silencing 기법'과 같은 발전된 L3 중계 기법을 적용하면 시스템의 throughput 향상이 매우 큼을 보인다. 한편 LTE-A 시스템의 기지국-사용자 단말기간의 링크에서는 다운링크에서 8 by 8 MIMO, 업 링크에서는 4 by 4 MIMO가 현재 논의 중이며 단일 셀, 단일 사용자 경우에 적용하던 기술들이 다중 셀, 다중 사용자 개념으로 확장되는 것 또한 논의 중에 있다. 최근 3GPP RAN1 회의에서는 상기 기술을 적용할 수 있는 DM-RS (demodulation reference signal), PMI (precode matrix index) 등의 논의가 이루어졌다.

## 9.2 휴대인터넷용 차세대 중계기의 발전 방향

최근 서비스 사업자에서 사용되는 모든 중계기가 단순히 신호의 증폭 개념을 넘어서 각종 신기술이 많이 적용되고 있다. 원격지에서 중계기를 제어할 수 있는 것은 물론이고 광 선로를 이용하여 고속 데이터 전송을 함으로써 중계기의 성능을 높인 것도 벌써 과거의 이야기가 되어버렸다. 이제 중계기도 국제화 시대에 맞추어 국제 표준화 작업이 진행되는 추세에 있어 IEEE802.16j 표준화 회의에서 다루고 있는 휴대인터넷용 차세대 중계기의 기술 개요 및 국제 표준화 동향을 살펴보기로 한다.

### 9.2.1 휴대인터넷용 차세대 중계기 개요

기존의 중계기는 기지국 신호를 가공하지 않고 단순히 신호를 증폭시켜 가입자에게 직접 보내는 형태로 Repeater 라고 불리는데, IEEE802.16j에서 표준으로 다루는 휴대인터넷용 차세대 중계기는 기지국의 신호를 연결한다는 의미로 Relay Station(RS)라는 용어를 사용하고 많은 새로운 개념들을 만들었다. 휴대인터넷용 차세대 중계기의 개요 및 특징은 아래와 같다.

특징: RS는 기지국의 신호를 음영지역의 단말기로 효율적으로 신호를 전송하는 것으로서 아래의 두 가지의 특징을 가진다.

- 셀 확장(Coverage Extension; CE): 기지국 셀 확장
- 속도향상(Throughput Enhancement; TE): 단말기의 전송속도 향상

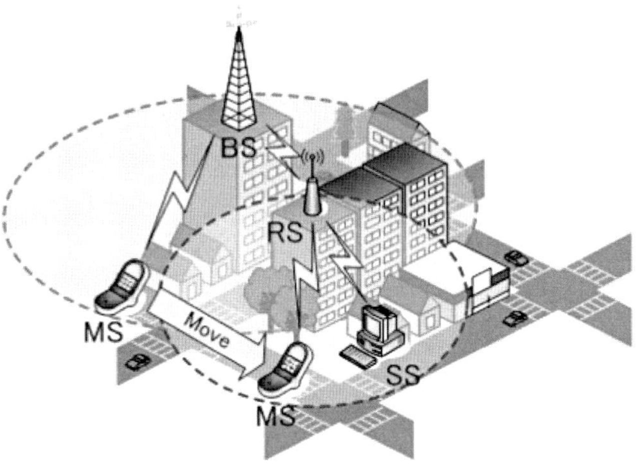


그림 9.1 **RS의 적용 예**

무선 접속 방식에 따른 중계기는 동질적(homogeneous) 구성과 이질적(heterogeneous) 구성으로 나뉜다. 동질적 구성은 BS와 RS 사이의 무선 접속 방식이 RS와 MS 사이의 방식과 동일한 경우를 말한다. 이질적 구성은 그림 9.1과 같이 BS와 RS 사이의 무선 접속 방식이 RS와 MS 사이의 방식과 상이한 경우를 말하며 통신 환경에 가장 적합한 통신시스템을 선택하여 통신할 수 있다. 통신 가능한 후보 기술들을 BS, RS, MS 모두 물리 계층에서 갖추고 있어야 하며 ABC 개념이 포함되어 있다.

- 재송신 방안: 기존에 개발된 휴대인터넷용 중계기는 궁극적으로 신호 품질에 대해 아무런 가공 없이 증폭하여 송신하는 이른바 AF(Amplify and Forward) 형식이라고 할 수 있으며, 이에 반해 RS는 수신된 신호를 기지국에서 송신을 위해 변조하기 전 상태로 복조하여 신호를 깨끗이 만들고 이를 재송신하는 방식도 사용하는데 이에 사용되는 방식은 다음과 같음
  - M&F(Modulation and Forward): 수신 신호를 복조하여 기지국과 RS간 경로상에서 생긴 잡음 특성을 개선하여 재송신하는 방식
  - DF(Decode and Forward): 수신신호를 복조하고 잡음 특성을 개선할 뿐만 아니라 전송로에서 발생한 에러를 원상태로 복구하여 재전송하는 방식

- 가공 여부: RS는 RS에서 수신한 기지국 신호를 재송신할 때 수신 신호의 가공 여부에 따라 다음과 같이 분류
  - Transparent RS: RS에서 수신한 기지국 신호를 그대로 저장하여 재송신하는 방법을 사용하는 RS
  - Non-transparent RS: RS에서 수신한 기지국 신호를 가공하여 품질을 향상시킨 후 재송신하는 방법을 사용하는 RS. 이 때 변조방식의 변경도 가능

- 트래픽 관리: RS에서 서비스하고자 하는 단말기가 점유할 채널을 어디서 관리하는가에 따라 다음과 같이 두 가지로 분리
  - Centralized scheduling MR system: 한 개의 공통된 기지국 신호를 수신하여 사용하는 RS를 기지국에서 통합하여 RS의 점유 채널을 관리하는 방식
  - Distributed scheduling MR system: 한 개의 공통된 기지국 신호를 여러 RS가 수신하더라도 각자의 RS에서 각각 점유 채널을 관리하는 방식

## 9.3 차세대 중계기의 국제 표준화 동향

휴대인터넷의 국제규격인 IEEE802.16e를 기반으로 하여 한층 더 신기술이 적용된 중계기를 만들어 사용자들에게 좋은 품질의 서비스를 제공하고자, 본격적으로 시작된 IEEE802.16j 표준화 회의는 앞에서 보는 바와 같이 중계기에 대해 많은 새로운 개념들을 만들고 있다.

이 개념은 2007년 7월 미국 샌프란시스코에서 열린 IEEE802 #50회의를 기준으로 작성된 것이고, 앞으로도 많은 회의를 통해서 기본 개념 등이 다소 변경될 가능성도 없지 않으나 기본 개념으로써 앞에서 설명하였다.

- 1st WG letter ballot(1차 WG 서면 투표): 2007년–7월(미국, San Francisco)
- 2nd WG letter ballot(2차 WG 서면 투표): 2007년–9월(스페인, Malaga)
- 1st sponsor ballot(1차 sponsor 투표): 2007년–11월(미국, Atlanta)
- Sponsor Recirculation(sponsor 회람): 2008년–1월(핀란드, Levi)
- Submission to Rev. Com(제출): 2008년-3월(미국, Orlando)
- SA approval(승인): 미정

이와 아울러, 더욱 진보된 휴대인터넷 표준 제정 회의인 IEEE802.16m에서는 위의 RS 개념을 처음부터 도입하여 표준화하고 있다.

## 9.4 LTE-Advanced Relay

Relay는 단말(UE)과 기지국(eNB) 사이의 신호를 무선으로 중계하는 기술로서 LTE-Advanced의 대표적인 기술로 꼽힌다. 3GPP에서는 Relay 기능을 수행하는 무선 네트워크 노드를 RN(Relay Node)이라 정의하고, 어느 프로토콜 계층에서 Relay 기능을 수행할 것인가,

그리고 접속(Access) 링크와 백홀(Backhaul) 링크3의 주파수 사용은 어떻게 할 것인가에 대해 많은 논의를 하였다. 그 결과 3GPP에서는 개발의 편의성과 향후 확장성을 고려하여 기존 기지국을 대체할 수 있는 정도의 full L3 capability를 갖는 RN을 도입하기로 결정하였으며, 백홀 링크의 주파수는 접속 링크와 같거나(in-band) 다른(out-band) 방식을 모두 사용하기로 하였다. RN은 자신이 관리하는 단말에게 기지국과 똑같은 역할을 수행하는데, 이렇게 RN이 기지국으로서의 역할을 수행하기 위해서는 먼저 하나의 기지국에 접속하여 기지국 동작에 필요한 주파수나 서브프레임(Subframe) 설정 등을 받아야 한다. 이 때 RN을 관리하는 기지국을 DeNB(Donor eNB)라고 하며, RN과 DeNB 사이의 무선 인터페이스를 Un 인터페이스라고 한다.

사업자가 망 구성 시 기지국 대신 RN을 사용하는 이유는 여러 가지가 있지만 무엇보다 비용이 저렴하기 때문이다. 예를 들어 트래픽이 많지 않은 산간 지역에 대해 기지국을 설치하여 커버리지를 제공하고자 한다면, 백홀 링크의 유선 연결에 많은 비용이 들어가며 기지국 운영에도 많은 비용이 들어가기 때문에, 사업자로서는 투자 수익을 얻기 어렵다. 이 경우 RN은 사업자가 적은 비용으로 셀 커버리지를 늘릴 수 있게 하는 최선의 선택이 된다.

RN은 셀 커버리지 확장 외에도 여러 가지 용도로 사용될 수 있는데, 셀 내 hot-spot 지역의 throughput 증가, 셀 음영 지역 해결, 재난 또는 이벤트 상황에서의 임시적인 망 구성, 기차나 버스 등에서의 그룹 이동성 지원 등에 사용될 수 있다. 현재 LTE Release-10에서는 주로 셀 커버리지 확장의 용도를 가정하여 one-hop의 고정형 RN으로 설계하였으나, 향후 RN의 용도가 다양해짐에 따라 multi-hop의 이동형 RN이 등장할 전망이다.

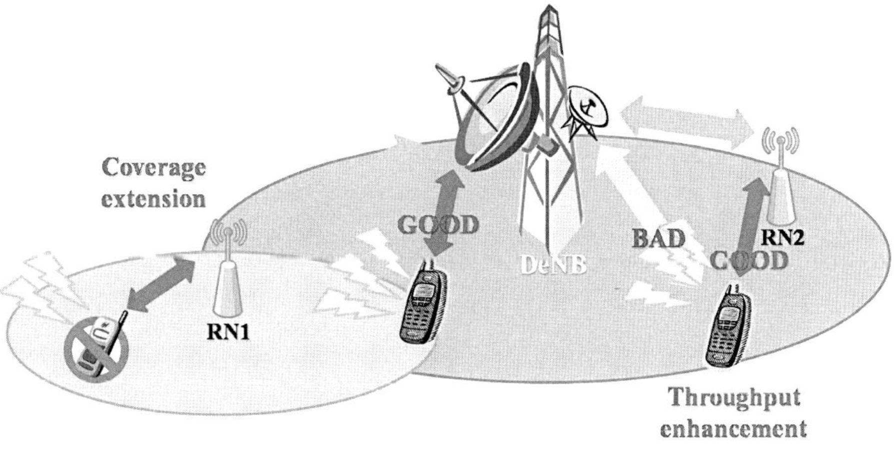


그림 9.2 LTE-Advanced에서의 Relay 개념도

### 9.4.1 LTE-Advanced Relay 종류와 기능 및 특징

Relay는 셀 내의 음영 지역 해소를 목적으로 사용할 수 있으며, 셀 경계 지역에 Relay를 설치하여 효과적인 셀 커버리지 확장과 throughput을 향상시킬 목적으로 사용될 수 있다. Relay 시스템은 그림 9.3과 같이 eNodeB와 UE 간 통신 과정에 Relay를 거쳐 통신을 수행하는 방법이다. Relaysms 백 홀 링크에 있어 유선이 아닌 무선 백 홀을 이용하므로 새로운 eNodeB의 추가나 유선 백 홀의 설치가 필요 없는 장점이 있다. 단, LTE-Advanced 시스템에서 Relay는 현재 표준화가 작업중인 Rel-8 단말과의 백 홀 compatibility를 만족시켜야 하는 요구 조건이 있다.

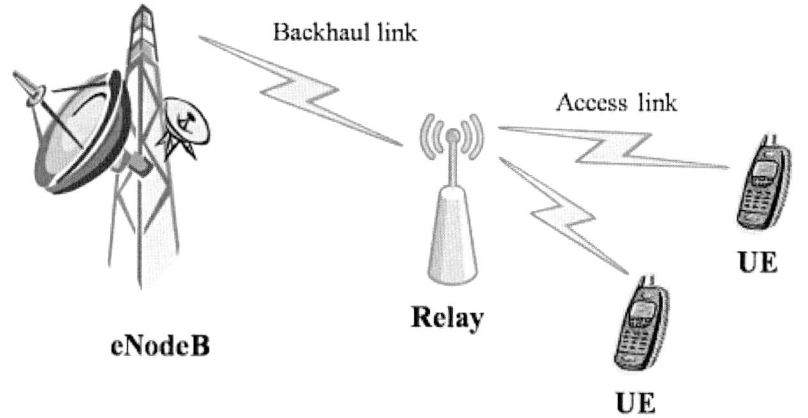


그림 9.3 Relay 시스템

#### 9.4.1.1 eNodeB와 Relay의 무선 백홀 주파수 밴드에 따른 분류

Relay는 eNodeB와 통신을 하는 무선 백 홀의 주파수 밴드에 따라 inband relay와 outband relay가 있다. eNodeB와 relay 간 링크에 사용되는 주파수 밴드가 Relay와 UE 간 링크에 사용되는 주파수 밴드와 같은 경우를 inband relay, 다른 경우를 outband relay라고 한다. Outband relay를 사용하면 추가의 주파수 자원이 필요하므로 주파수 사용 효율이 떨어지지만, Relay 적용시 발생하는 문제점 중 하나인 SI 현상을 방지할 수 있다. SI란 Relay의 송신 안테나와 수신 안테나에서 동일 시간에 동일한 밴드로 신호를 송/수신할 경우에 송신 안테나의 신호에 의해 수신 안테나에 발생하는 간섭을 말한다. 반면에 inband relay는 주파수 자원의 낭비는 없으나 SI 현상을 방지하기 위한 별도의 기술이 필요하다.

### 9.4.1.2 Relay에서의 scheduling 기능에 따른 분류

Relay는 자체 스케줄링 기능 유무에 따라 distributed 스케줄링과 centralized 스케줄링 방식 Relay가 있다. Relay의 Layer2에 Relay 자체적 스케줄링 메커니즘을 가지는 경우를 distributed 스케줄링 방식이라 하고, 그렇지 못한 경우를 centralized 스케줄링 방식 Relay라고 한다. 후자의 경우 Relay의 스케줄링은 eNodeB에서 수행된다. Centralized 스케줄링 방식은 eNodeB 스케줄러가 eNodeB↔relay 뿐만 아니라, relay↔UE link 상태에 관련한 정보 전달로 인한 자원의 낭비가 발생한다. 또한 eNodeB로부터 스케줄링 정보를 전달받아야 하는 지연이 발생하게 된다. 그러나 간섭 제거를 위한 리소스 coordination이나 현재 논의되고 있는 CoMP(Coordinated Multi-point processing)의 구현이 용이하다는 장점이 있다. 반면 distributed 스케줄링 방식은 리소스 스케줄링을 위한 추가적 정보 교환이 필요 없으나 간섭 coordination 또는 CoMP의 수행에서는 centralized 스케줄링 방식보다 어려움이 있는 것으로 알려져 있다.

### 9.4.1.3 Relay protocol layer의 기능에 따른 분류

Relay는 protocol layer의 기능에 따라서 L0, L1, L2 그리고 L3 relay로 나누어진다.

(1) L0/L1 relay

L0/L1 relay는 수신한 신호를 단순 증폭시켜 재전송하는 방식의 Relay이다. L0 Relay는 현재 사용되고 있는 아날로그 중계기로 수신한 신호의 증폭/재전송으로 인한 지연이 매우 짧아서 Rel-8 단말과의 백 홀 compatibility 조건을 쉽게 만족시킬 수 있는 장점이 있다. 하지만 모든 대역의 신호를 증폭하여 재전송하므로 인접 셀이나 Relay에 간섭을 발생시키는 단점이 이TEk. L1 Relay는 지능형 중계기로 전력 제어 기능이나 시간/주파수 선택적 재전송 기능을 가지는 것이다. L1 Relay는 적어도 하나 이상의 심볼 구간 지연이 발생하며, 노이즈 성분이 데이터 성분과 같이 증폭되기 때문에 수신 SNR 성능이 감소되는 단점이 있다.

(2) L2 relay

L2 Relay는 decode/re-encode 기능을 수행할 수 있는 것으로 수신 신호를 decoder하여 error correlation을 수행한 후 re-encode를 거쳐 재전송하는 방식의 Relay이다. L2 Relay는 적어도 하나 이상의 재전송 구간 지연이 발생하게 된다. 하지만 Relay 수신 안테나에서 발생한 노이즈 성분을 제거하여 재전송하므로 수신 SNR을 개선할 수 있어서 L1 Relay보다 성능 면에서 개선되는 장점이 있다.

(3) L3 relay

L3 Relay는 serving eNodeB와 다른 PCI(Physical Cell ID), synchronization signals, RS(Reference Signal)과 제어 채널을 전송할 수 있으며, 고유한 스케줄링 등 eNodeB가 가지는 대부분의 기능을 포함하는 방식으로 서비스를 받는 UE에게 L3 Relay는 독립된 eNodeB처럼 보이게 된다. 따라서 L3 Relay를 사용하게 되면 Rel-8 UE와의 백홀 compatibility를 쉽게 이룰 수 있으며, decode/re-encode를 수행할 수 있어서 노이즈 성분이 재전송되는 것을 방지할 수 있는 장점이 있다.

## 9.4.2 LTE-Advanced Relay 주요 이슈

Relay 기술은 고속데이터 전송을 위한 커버리지 확장과 셀 경계에서의 전송률 향상 등을 목적으로 도입되었으며, LTE-Advanced 기술표준의 주요한 연구분야로 활발하게 기술 연구가 진행중이다. 표준회의를 통해 논의된 내용들은 LTE-Advanced 관련 기술보고서에 정리되고 있다.

### 9.4.2.1 릴레이(Relay) 기술 사용케이스(Use Case) 논의

Relay 기술의 사용분야와 관련한 논의를 통하여 LTE-Advanced에서의 Relay 기술은 Relay 노드의 이동성과 도심 혹은 교외 지역 등의 지역적 상황을 고려하여 설계하는 것으로 다시 한번 확인하였다. 하지만 이후에 정식으로 진행되는 Release10 기술표준을 위한 Relay 기술 논의에서는 고정형 Relay 기술에 우선순위를 두어 기술표준 작업을 진행하기로 결정하였다.

### 9.4.2.2 망구조와 무선프로토콜 구조 논의

지난 2009년 3월 3GPP 서울 회의에서 결정된 바에 따르면 Relay 노드는 일반 기지국(eNodeB)과 동일한 물리계층과 무선프로토콜을 가지는 것으로 결정되었다. 한편, Relay 노드는 무선을 통해 기지국과 연결되는 구조를 가진다. 그림 6.2에서 Un 인터페이스는 기지국(eNB)과 Relay 노드 사이에 정의되며 상세한 전송 프로토콜 등의 구조는 계속 논의될 예정이다. 2009년 5월 샌프란시스코 회의에서는 서울 회의의 결정 사항을 바탕으로 보다 구체적인 네트워크 및 프로토콜 구조에 대한 논의가 진행되었다. 구체적으로는 Relay 노드가 도입되었을 경우, 기존의 네트워크 구조 내에서 정의되었던 인터페이스 프로토콜(S1: 기지국과 게이트웨이 간 시그널링 프로토콜, X2: 기지국 간 시그널링 프로토콜)이 어떻게 구현되어야 하는지에 대하여 깊이 있게 논의되었다.

특히, Relay 기술을 사용하는 단말을 위한 S1 인터페이스 프로토콜이 Relay 노드에 위치하는 것이 효율적인지 혹은 기지국(eNB)에 위치하는 것이 효율적인지에 대한 논의가 진행되었다. 이는 기존에 기지국을 통해서 바로 접속하던 단말이 무선 장비인 릴레이 노드(Relay Node)를 거쳐 접속이 이루어지기 때문이다. 논의를 통하여 많은 회사들은 일부 비효율적인 면을 고려하더라도 S1 인터페이스 프로토콜이 Relay 노드에 위치하도록 하는 것으로 고려하고 있다.

## 9.5 Mobile Multi-hop Relay

무선이동통신 시스템에서 셀 용량과 셀 영역을 확장하기 위한 기술로 Wibro(Mobile WiMAX) 기반의 MMR(Mobile Multi-hop Relay) 기술에 대한 연구와 표준화 작업이 한창 진행되고 있다. Multi-hop은 송신하는 단말의 커버리지 내에 수신 단말이 없을 경우, 그 중간에 위치한 다수의 단말을 통하여 데이터를 전송하는 기법으로 single-hop에 비해 파워 소모가 적고 데이터 전송률을 높일 수 있다는 장점을 갖는다. 이러한 multi-hop 중계기법은 기간 망이 존재하는 경우에서도 적용될 수 있다. 기지국에서 전송하는 신호가 도달하기 어려운 산간지역 같은 음영지역이나 셀 경계 지역의 단말을 중계국을 통하여 이동통신 서비스를 제공할 수 있으며 경로 손실의 감소로 인해 데이터 전송률을 높일 수 있다. 따라서 이번엔 Wibro에 적용할 수 있는 multi-hop Relay 기술에 대한 동향을 알아보도록 하겠다.

### 9.5.1 중계 기법

#### 9.5.1.1 고정 중계 기법

(1) Amplify-and-Forward

AF(Amplify-and-Forward) 기법은 Relay에서 수신되는 신호의 파워만 증폭시켜 재 전송하는 기법이다. 수신 신호의 파워를 정규화하고 이를 Relay에서 전송할 수 있는 파워 레벨로 증폭시켜 전송하는 것으로 구현 측면에서는 간단하지만 부가된 잡음이 함께 증폭되는 단점을 가지고 있다.

(2) Decode-and-Forward

반면 DF(Decode-and-Forward) 기법은 수신 신호를 비트 단위까지 복호화하고 이를 다시 부호화 및 변조하여 재전송하는 기법이다. AF 기법에 비해 계산량이 복잡한 기법이나 통신 단말에 변복조기와 부호복호화가 탑재되어 있음을 감안하면 현실적으로 구현 가능한 기법이다.

#### 9.5.1.2 선택 중계 기법

선택 중계기법은 Relay가 BS로부터 수신된 신호의 전송 여부를 채널 이득을 통하여 결정하는 기법으로 관심을 갖는 채널 이득에 따라 아래와 같이 두 가지로 나뉠 수 있다.

##### (1) BS → Relay 간 이득 관점

이 기법은 BS → Relay 간 채널 상황이 좋지 못할 경우, 잘못된 정보를 중계 하는 것을 방지 하기 위한 것으로 Relay가 BS→Relay 간 채널 이득을 측정하여 그 값을 BS에게 피드백 하는 기법이다. 만약 채널 이득이 특정 임계치 이상일 경우, Relay는 AF나 DF 기법을 이용하여 MS에게 재전송을 해주며 임계치 이하일 경우, Relay는 동작하지 않고 BS에서 반복 부호화나 강력한 채널 부호화 기법을 이용하여 MS로 직접 전송하는 기법이다.

이 기법은 낮은 SNR로 인한 잘못된 정보의 재전송을 미리 방지하며, Relay의 파워 소모를 줄일 수 있다는 장점을 지니고 있으나, BS→MS 간 채널 상황이 고려되지 않으므로 직접 경로의 채널 이득이 낮을 경우 채널 용량과 수신 성능 면에서 손해를 볼 수 있다는 단점을 가지고 있다.

##### (2) Relay → MS 간 채널 이득 관점

이 기법은 위에서 언급한 BS → Relay 간 채널 이득 관점 기법의 단점을 보완하는 기법으로 BS→MS 간 채널 이득이 고려된다. MS는 BS → MS 간 채널 이득을 측정하여 이것이 특정 임계치 이상일 경우는 ACK(acknowledge)를 그렇지 않으면 NAk(negative acknowledgment)를 BS와 Relay에게 전송을 한다.

만약 ACK를 받았을 경우, Relay는 동작하지 않고 BS→MS간 통신만 이루어지며, NAK를 받았을 경우, Relay가 중간에 개입하여 원활한 통신을 위해 동작하게 된다. 필요에 따라서 BS → MS 간 채널 이득이 좋은 경우, MS는 BS와 Relay에서 동일한 데이터를 수신하여 신호를 검출하는 다이버시티 기법을 적용할 수 있다. 앞에서 살펴본 기법과 마찬가지로 Relay의 파워 소모를 줄 있을 수 있고 더불어 다이버시티 기법을 적용하여 수신 성능을 개선할 수 있다는 장점을 지니고 있다.

## 9.5.2 MMR의 사용 모델

### 9.5.2.1 Fixed Infrastructure RS 모델

이 모델은 서비스 사업자가 MR-BS(Multi-hop Relay Base Station) 셀의 셀 커버리지를 확장하거나 가입자 당 throughput을 높일 필요가 있는 경우 한 대 이상의 RS(Relay Station)를 사용하여 셀 커버리지를 기존의 셀 외곽지역까지 확장시켜 사용하는 모델이다. RS는 타워나 폴, 빌딩의 옥상이나 측면, 가로등 등 의 위치에 고정적으로 부착 설치된다. 따라서 MR-BS와 RS 간 또는 RS와 RS 간의 무선 링크는 LOS 환경을 확보하는 형태로 대부분 고려하고 있지만, NLOS 환경도 예외적으로 사용되도록 해야 한다.

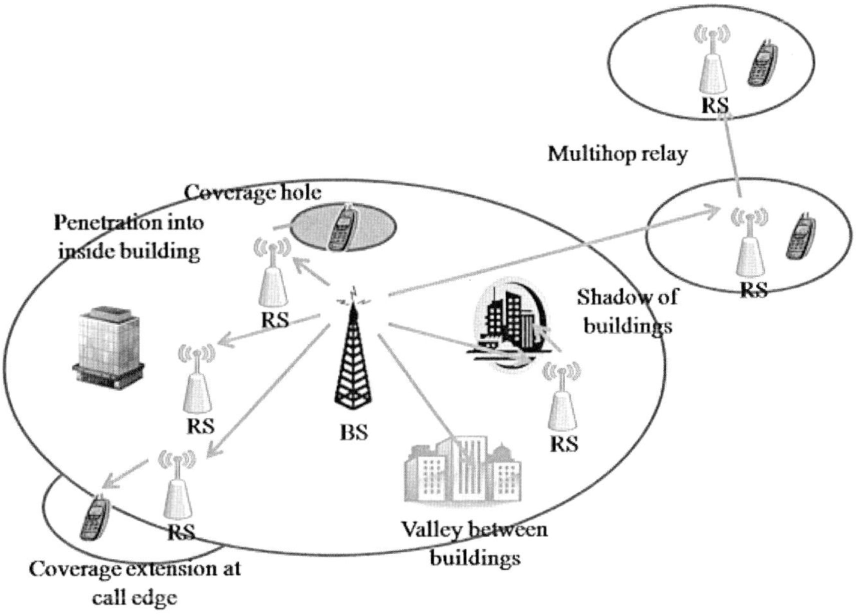


그림 9.4 Fixed infrastructure RS 모델

### 9.5.2.2 In-Building Coverage RS 모델

이 모델은 빌딩 내부, 터널, 지하철 역 등의 실내 공간으로 무선 통신 서비스 커버리지를 확장하고 높은 성능을 제공하기 위하여 전개하는 RS 모델이다. 옥내형 RS는 서비스 제공자나 가입자가 직접 활용할 수 있어야 하기 때문에 간단하면서 저가로 공급될 수 있어야 한다. 채널 환경은 대부분 NLOS가 될 것이나 여러 개의 안테나를 사용하고 부착위치를 조정하여 LOS 환경을 제공할 수 있으면 성능이 증대될 것이다.

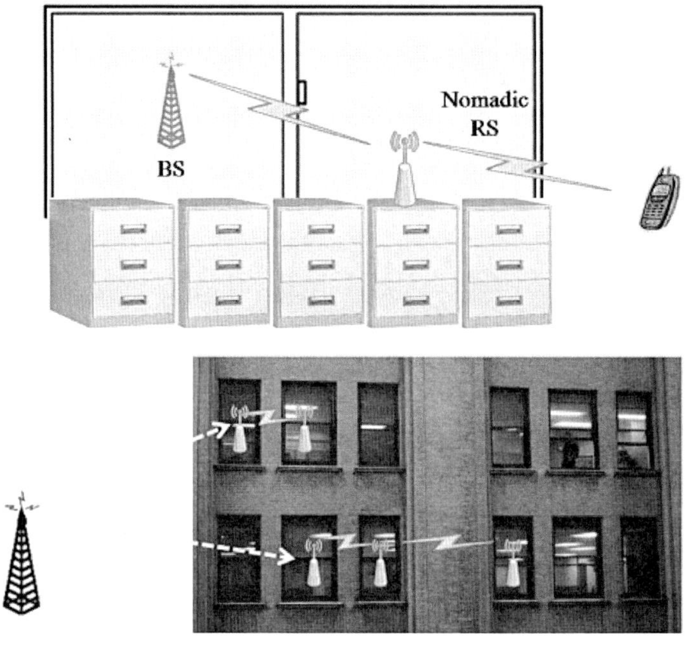


그림 9.5 **In-Building coverage RS 모델**

### 9.5.2.3 Temporary Coverage RS 모델

이 모델은 MR-BS와 고정 RS들에 의하여 충분한 커버리지와 채널용량을 제공할 수 없을 때 이를 보완하기 위한 추가적인 커버리지와 추가적인 채널 용량을 확보하기 위하여 일시적으로 전개하는 데 사용되는 RS 모델이다. 이 모델에서 요구되는 RS 형태는 대용량이면서 복잡한 구조와 작고 간단한 구조가 활용될 수 있다. 일시적 요구상황에 따라 전개되었다가 일시적 요구상황이 종료되면 시스템이 철수될 것이다. 이 모델의 사용이 요구되는 경우의 예로 비상시 또는 비상구난용 통신 링크제공이나 야외 행사나 스포츠 장소 등 일시적 통신수요 요구지역이다.

### 9.5.2.4 Vehicle Mounted RS 모델

이동형 RS 모델은 이동하는 차량에 탑재된 RS가 함께 탑재된 MS/SS들에게 MR-BS에 효과적으로 접속할 수 있는 서비스를 제공하는 모델이다. 탑재 RS는 자신과 함께 탑재된 단말들에게 고정된 액세스 링크를 제공하는 것이다. 이동형 RS는 그룹 이동성을 지원하기 위하여 대부분 복잡한 형태를 가질 것이다. 이동 RS가 탑재될 대상은 기차, 버스, 여객선이 대표적이다.

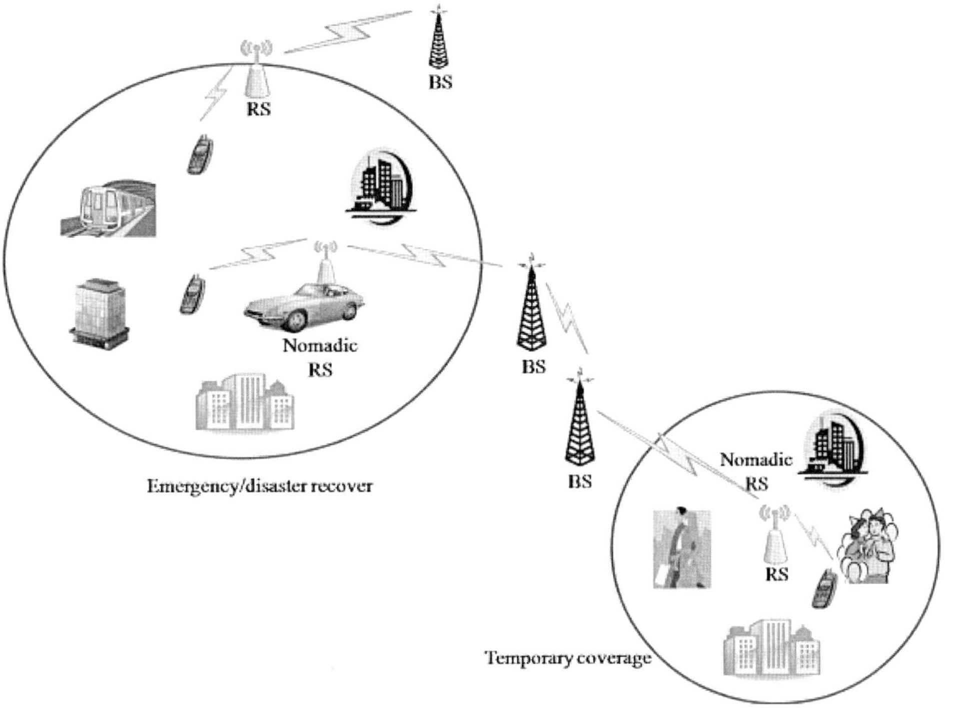


그림 9.6 **Temporary coverage RS 모델**

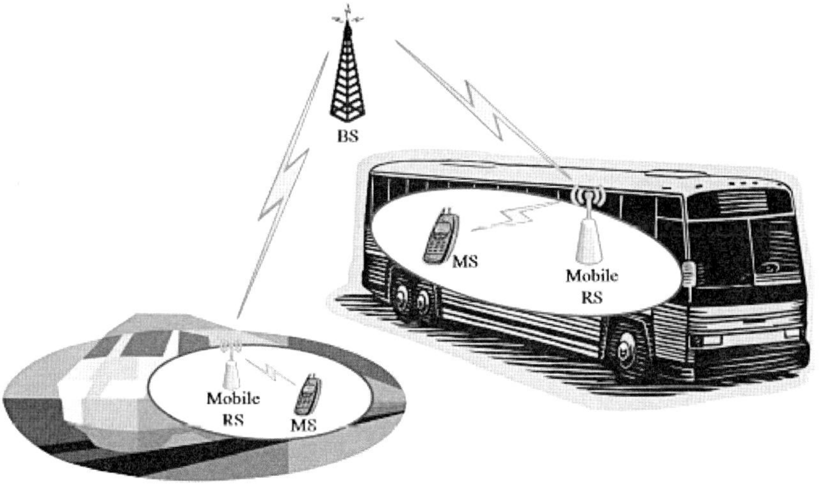


그림 9.7 **Mobile vehicle mounted RS 모델**

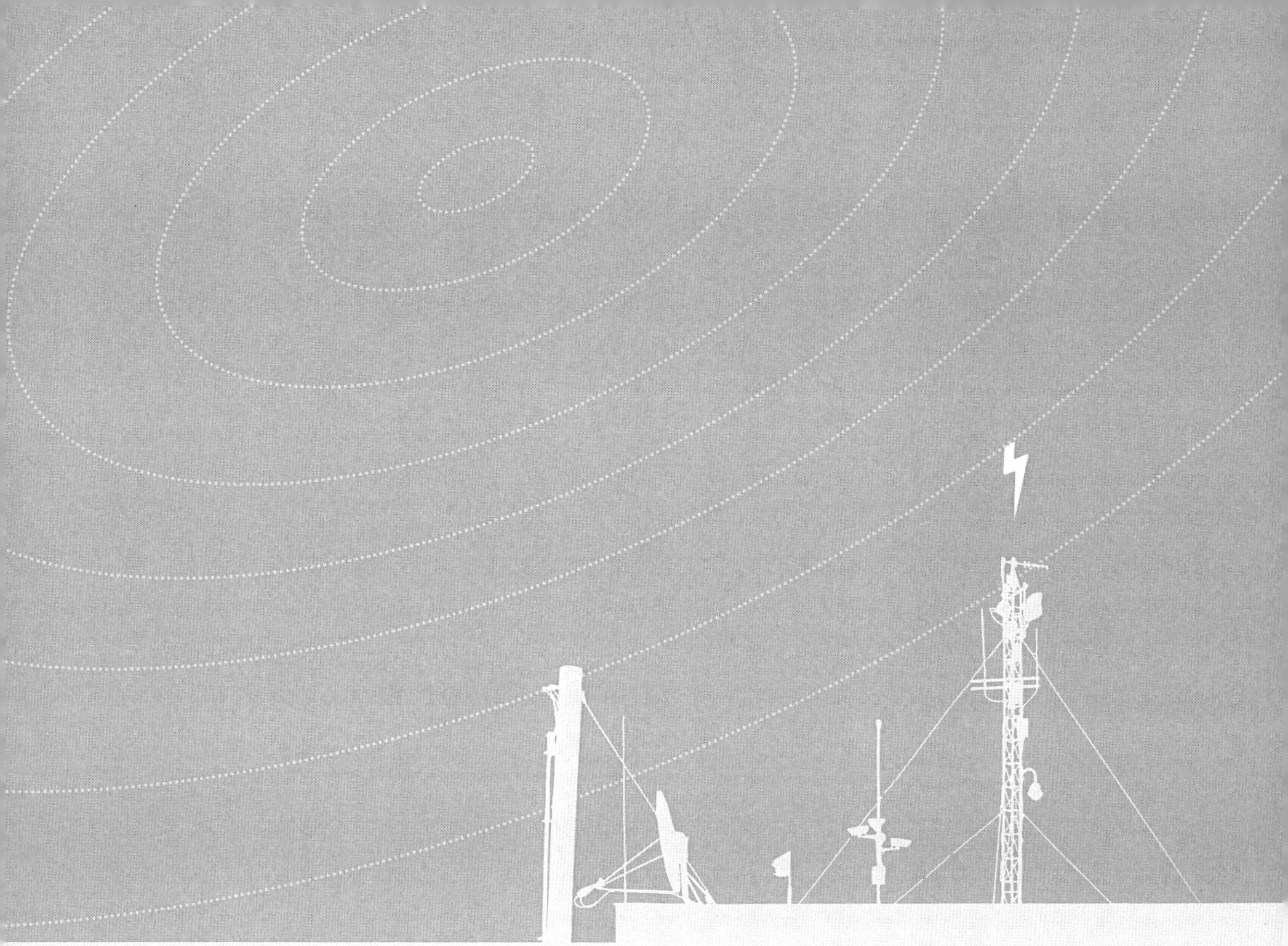

CHAPTER

# 10

# 중계기 시공, 유지보수 공법

# 10.1 중계기 시공 및 표준 공법

중계기 시공 공법으로는 설계공정, 표준공정, H/W 공정, S/W 공정으로 나누어진다. 중계기 시설업무 흐름도, 중계기 설치 방식, 중계기 설치사례를 통해 중계기 시공 공법에 대해 알아보겠다.

1) 설계공정

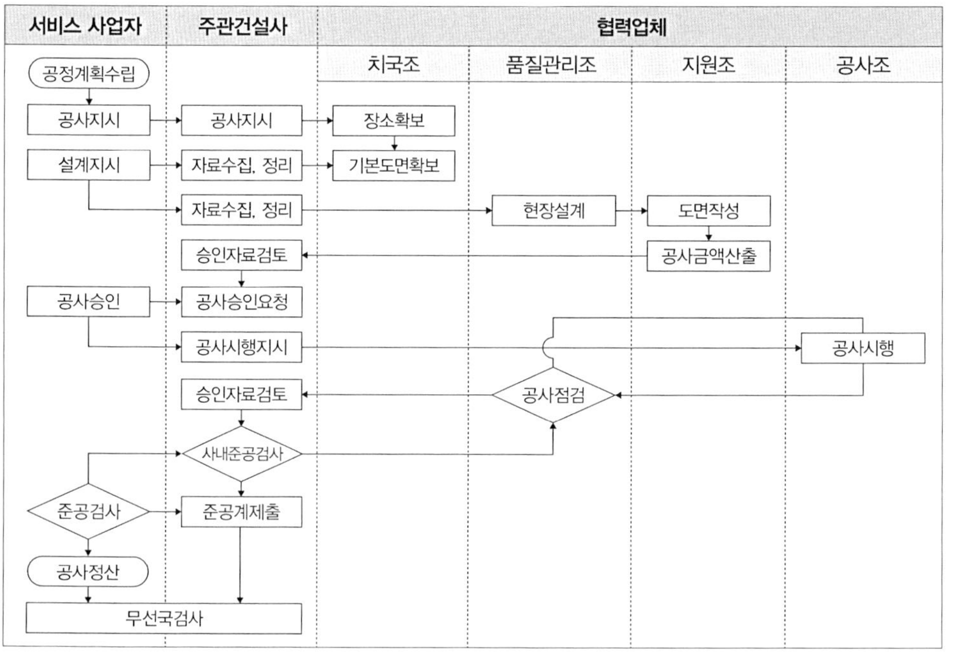


그림 10.1 **중계기 구축 업무 flow**

그림 10.1은 중계기 구축 업무 플로우 차트이다. 중계기를 설계하기 위해는 다음과 같은 고려사항들을 따른다. 먼저 안테나 위치 선정 시, 안테나를 기지국이 보이는 경우 보이는 곳에 선정한다. DM을 이용하여 Ec/Io 및 수신이 양호한지를 선정한다. 도심지역 10층 이상은 다수의 PN이 인입되므로 기피하고 가능하다면 건물 옆 벽면을 이용해도 무방하다. 급전선 루트를 선정 시, 관로가 없는 경우 건물주 허가 하에 외벽 태우기가 가능하고 건물옥상 천정은 방수처리가 되어 있으므로 함부로 관통을 불허한다. 건물 pit를 이용한 경우 기존 케이블트레이가 있으면 이용한다. 중계기기는 서비스하고자 하는 지역의 중앙지점에 설치한다. 중계기 설치는 가급적 일반인의 눈에 띄지 않도록 설치한다. 전원공급의 편의를 위해 분전반 및 콘센트가 가까운

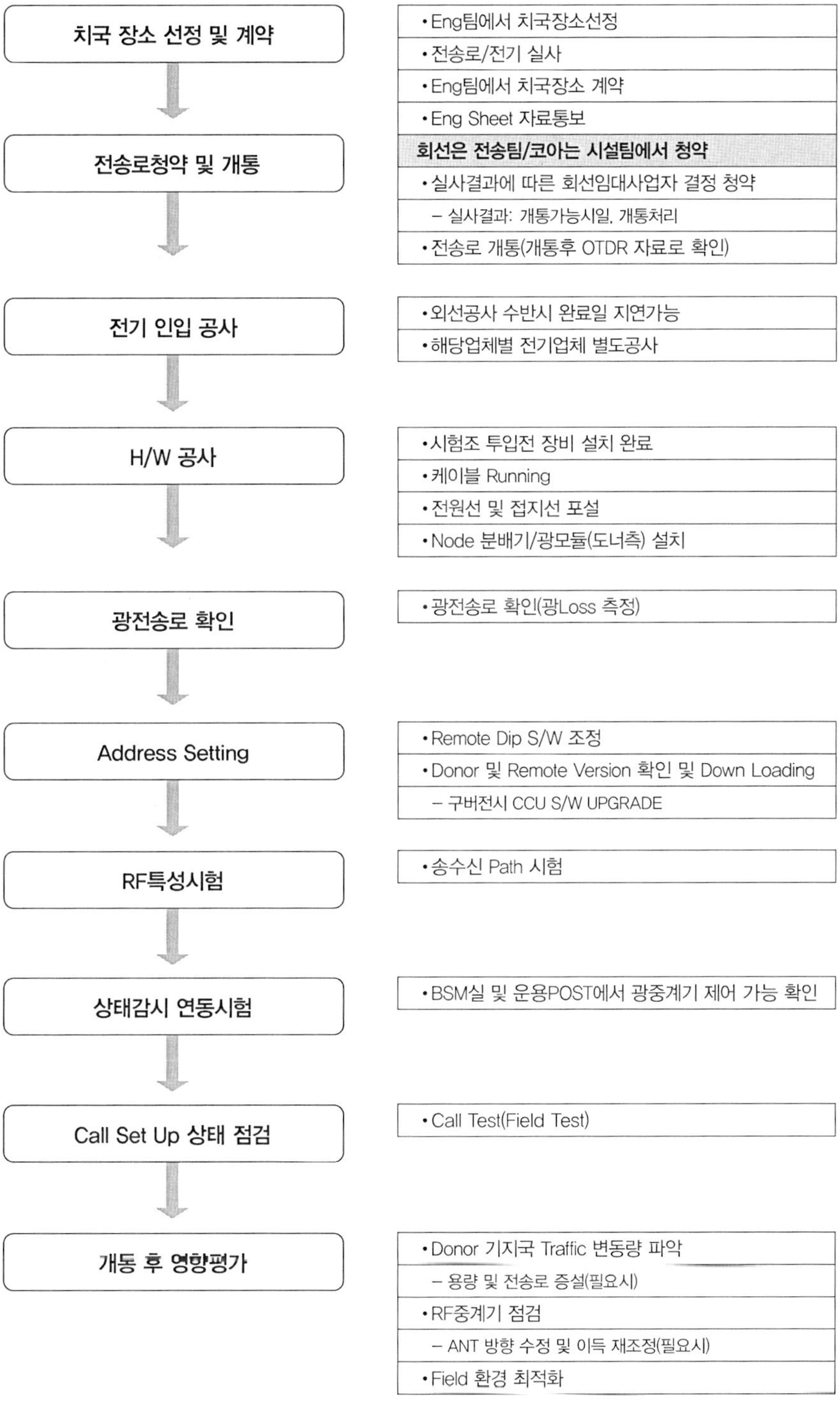


그림 10.2 **중계기 시설업무 흐름도**

곳에 설치하고, 방수문제로 인하여 가급적 옥외설치를 피한다. 서비스 대상지역에 누설 케이블을 포설하거나 안테나를 설치할 때는 누설 동축케이블의 포설은 가급적 피하고 안테나를 설치한다. 직사각형 공간에는 야기 안테나를 설계하고 정사각형 공간에는 옴니안테나를 설계한다. 케이블포설 위치는 금속성 물체와 가급적 이격시킨다. 호텔 등 고급 천정재인 경우에는 야기안테나 대신 옴니 안테나를 이용한다.

그림 10.2는 중계기 시설 업무 흐름도를 나타낸다. 중계기 시설업무는 다음 흐름도 순서를 따른다. 우선, 우선 치국 장소를 선정하고 전송로를 청약하고 개통하고 전기 인입 공사를 한다. 하드웨어 공사 이후, 광전송로를 확인하고 Address 세팅을 한다. 이후, RF 특성 시험과 상태감시 연동시험을 한다. Call set up 상태를 정검한 이후에는 개통을 완료한다.

## 10.2 | 시설 및 최적화 절차

중계기 설치 및 최적화 절차는 다음과 같다. 우선, 입력레벨 측정 및 DM을 이용한 음영지역 전파환경을 측정한다. 이후, 표준공법에 의한 중계기 시설 및 설치 공사를 시행한다. 송 수신 안테나간 Isolation(서비스안테나 입력레벨 – 도너안테나 수신레벨)을 측정한다. 기지국과 중계기 간의 Path loss(기지국 송신채널 Power – 중계기 수신 Power)를 측정한다. 중계기 FWD(중계기 Reverse Gain + 10dB), REV Gain(7dB(중계기NF) + Path loss + Reverse Gain = –20dB)을 설정한다. 기지국 수신 채널 Power 및 Noise 레벨 변화가 없어야 한다. 단말기 출력 Power 및 ADJ 레벨 변화가 없어야 한다. 중계기 설치 후에는 서비스하고자 하는 권역 내에서 통화품질(Rx level: –85dBm 이상, Ec/Io: –8dB 이상)을 측정한다.

중계기 설치 전 음영지역 전파환경을 측정해야 한다. 중계기 입력 레벨 측정은 중계기 입력단에 도달하는 채널 Power를 Spectrum analyzer로 측정한다. Spectrum analyzer는 다음과 같이 설정한다.

1. Center Frequency: 20번 FA(893.37MHz)
2. 채널 Band Width: 1.23MHz
3. RBW: 30 KHz
4. VBW: 3 KHz
5. SWP: Auto
6. Span: 5MHz

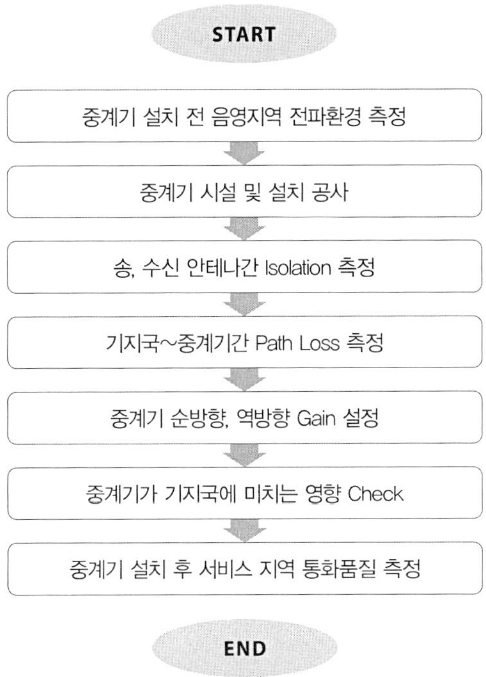


그림 10.3 **중계기 설치 및 최적화 절차**

최번시, 최한시에 모두 측정하여 프린터로 출력하여 관리한다. 중계기 규격에 표시된 입력 레벨 범위에 만족하도록 위치 및 방향을 조정, 설치한다. DM장비를 이용하여 운용 중인 FA의 모든 단말기로 측정을 한다. 음영지역 내에 특정지점을 6개 이상 선정하여 음영지역 상세 약도에 위치를 기록한 후 rx level 및 Ec/Io를 측정하여 기록한다.

**가. 중계기설치 전 음영지역 전파환경 측정:**

입력레벨 측정 및 DM을 이용한 음영지역 측정 실시

**나. 중계기 시설 및 설치공사:** 표준공법에 의한 공사 시행

**다. 송, 수신 안테나간 Isolation 측정:**

Isolation = 서비스안테나 입력레벨 − 도너안테나 수신레벨

**라. 기지국 ~ 중계기간 Path Loss 측정:**

Path Loss(dB) = 기지국 송신채널 Power − 중계기 수신 Power

**마. 중계기 FWD, REV Gain설정**

- Forward Gain = 중계기 Reverse Gain + 10dB
- 7dB(중계기NF) + Path Loss + Reverse Gain = −20dB

### 바. 중계기가 기지국에 미치는 영향 측정

- 기지국 수신 채널 Power 및 Noise 레벨 변화가 없어야 한다.
- 단말기 출력 Power 및 Adj 레벨 변화가 없어야 한다.

### 사. 중계기 설치 후 통화품질 측정

- 서비스하고자 하는 권역 내에서 Rx Level이 −85dBm 이상, Ec/Io −8dB 이상이 되도록 한다.

## 10.2.1 중계기 설치 전 음영지역 전파환경 측정

### 가. 중계기 입력 레벨 측정

- 중계기 입력단에 도달하는 채널 Power를 Spectrum Analyzer로 측정한다.
- Spectrum Analyzer는 다음과 같이 설정한다.
  - Center Frequency: 20번 FA(893.37MHz)
  - 채널 Band Width: 1.23MHz
  - RBW: 30 KHz
  - VBW: 3 KHz
  - SWP: Auto
  - Span: 5MHz
- 최번시, 최한시에 모두 측정하여 프린터로 출력하여 관리한다.
- 중계기 규격에 표시된 입력레벨 범위에 만족하도록 위치 및 방향을 조정, 설치한다.

### 나. 음영지역 전파측정

- DM 장비를 이용하여 운용 중인 FA의 모든 단말기로 측정을 한다.
- 음영지역 내의 특정지점을 6개 이상 선정하여 음영지역 상세 약도에 위치를 기록한 후 Rx Level 및 Ec/Io를 측정하여 기록한다.

## 10.2.2 수신 안테나 Isolation 측정

■ 시험절차

- 도너안테나 및 서비스 안테나를 설치한다.
- 서비스 안테나에 25dBm의 CW신호(@850MHz)를 입력한다.
- 도너안테나에서 수신되는 CW신호(@850MHz)Level을 S/A로 측정한다.
- Isolation은 다음과 같은 수식에 의해 계산된다.

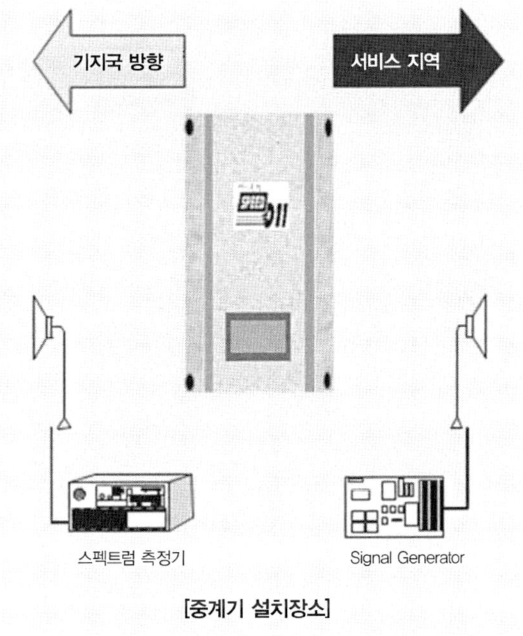


그림 10.4 **수신 안테나 Isolation 측정**

: Isolation(dBc) = 서비스안테나 입력레벨 – 도너안테나 수신레벨

■ Isolation 규정치: 3-1기술규격 참조

※ Isolation 규정치는 보통 중계기의 Gain +13dB 이상을 유지하도록 권고한다.

## 10.2.3 기지국 ~ 중계기 사이의 Path Loss 측정

■시험절차

- 기지국 측과 중계기 측 모두 S/A를 다음과 같이 설정한다.
  - 중심주파수: 20 FA(893.37MHz)
  - 채널 Band Width: 1.23MHz
  - RBW: 30 KHz
  - VBW: 3 KHz
  - SWP: Auto
  - Span: 5MHz

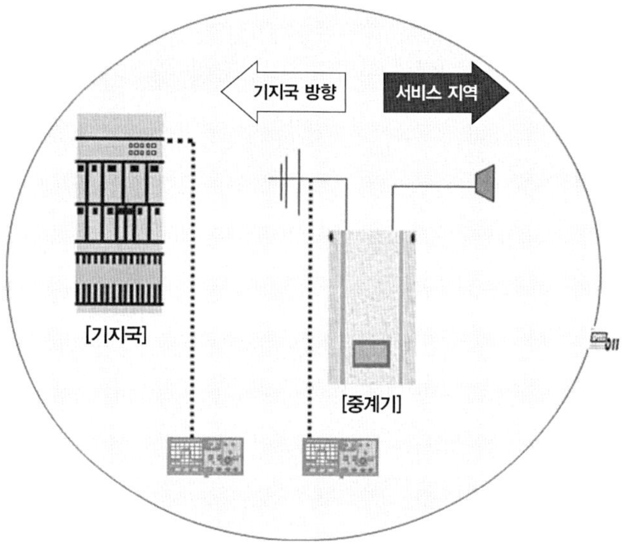


그림 10.5 **Path Loss 측정.**

- 기지국 측과 중계기 측에서 동시(시간약속)에 채널Power를 측정하고 S/A 파형을 프린터로 출력한다.
  - 기지국 측은 기지국 송신단 Directional Coupler에서 측정
  - 중계기 측은 중계기 입력단에 도달하는 기지국 신호 채널 측정
- Path Loss 계산식은 다음과 같다.

  : Path Loss(dB) = 기지국 송신채널 Power – 중계기 수신채널 Power

## 10.2.4 중계기 순방향, 역방향 Gain 설정

### ■ Forward Gain 설정 방법(중형)

- 중계기 Forward Gain = 중계기 Reverse Gain + 10dB
  - 기지국 ~ 중계기 간 Path Loss가 110dB가 넘는 지역은 중계기 서비스 지역에서 통화하는 단말기의 Adj값을 측정하여 위의 식에서 10dB 대신 3~10dB값을 적절히 적용한다.

### ■ Reverse Gain설정방법(중형)

- 7dB(중계기NF) + Path Loss + Reverse Gain = -20dB
  - 예) 중계기 NF = 7dB, Path Loss 100dB일 때 Reverse Gain 설정값

    7dB + (–100dB) + Reverse Gain = –20dB이므로 중계기 Reverse Gain은 73dB로 설정한다.

■ 주의사항

- 안테나 Isolation – 13dB < 중계기 Reverse Gain일 경우 중계기 Reverse Gain = Isolation – 13dB로 설정한다.
- 안테나 Isolation – 13dB < 중계기 Forward Gain일 경우 중계기 Forward Gain = Isolation – 13dB로 설정한다.
- Forward Gain 과 Reverse Gain의 차이는 10dB 이내로 한다.

  ※ AGC기능이 내장된 중계기는 입력레벨에 따라 자동으로 Gain이 설정되므로 위의 방법이 불필요함 → 중형 중계기에만 적용됨

## 10.2.5 중계기가 기지국에 미치는 영향 측정

■ 시험절차

- Donor기지국 수신 단에 S/A를 연결한다.
- S/A 측정기 설정방법
  - 중심주파수: 847.14MHz
  - 채널 Band Width: 1.23MHz
  - RBW: 30 KHz
  - VBW: 3 KHz
  - SWP: Auto
  - Span: 5MHz

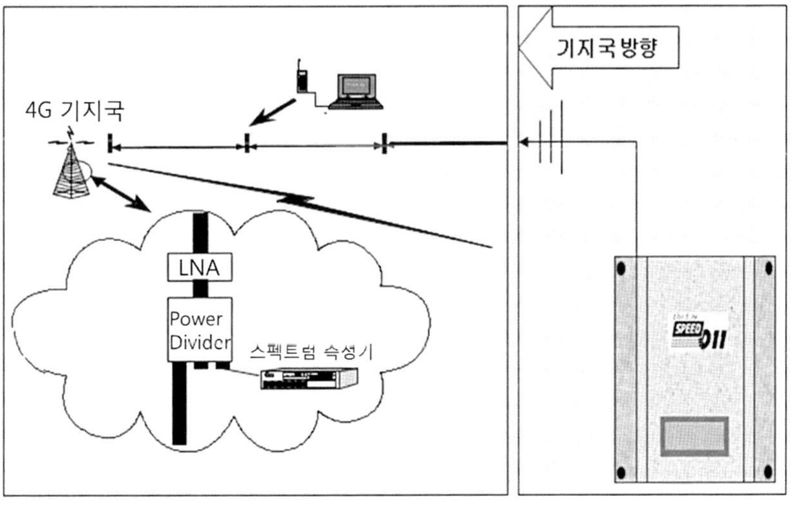


그림 10.6 중계기 영향 측정.

• 기지국 측과 중계기 측의 측정자가 사전에 약속한 동일 시간에 2분 간격으로 중계기를 10회 ON/OFF하여 수신 채널 Power변화를 측정한다(반드시 최한시 측정).
  이때 DM을 이용하여 단말기 출력 및 Adj 레벨의 변화를 측정한다.

■ 시험규격

• 기지국 수신 채널 Power 및 Noise 레벨 변화가 없어야 한다.
• 단말기 출력 Power 및 Adj 레벨 변화가 없어야 한다.

### 10.2.6 중계기 설치 후 서비스 지역 통화품질 측정

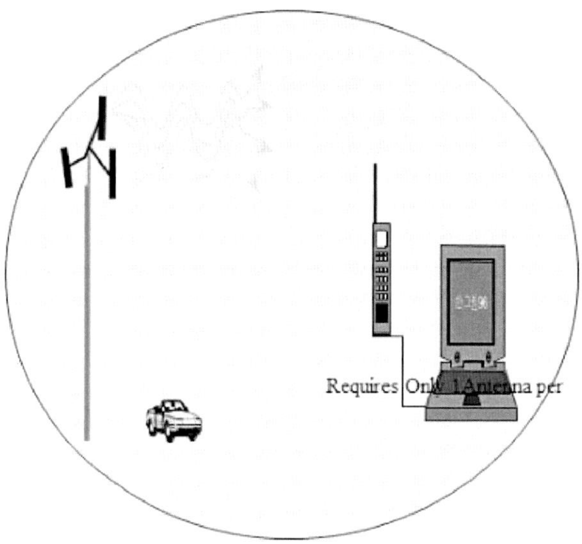


그림 10.7 **중계기 설치 후 서비스 지역 통화품질 측정**

■ 시험목적

• 중계기 설치 후 커버리지를 측정하여 목표한 음영지역 전체가 해소되었는지 확인한다.

■ 시험절차

• DM을 활용하여 다음 항목을 측정/기록한다.
  - 단말기 Rx Level/Ec/Io/Adj/Tx Level
• 중계기 설치로 인하여 새로 형성되는 Hand Off Zone 주변에 위치
• 한 기지국의 Neighbor List를 재설정한다.

■ 시험규격

- 서비스하고자 하는 권역 내에서 Rx Level이
  - 85dBm 이상, Ec/Io −8dB 이상이 되도록 한다.

그림 10.8은 SMHU와 RU의 시스템 형상을 나타낸다. SMHU와 RU는 함께 연결되어 인빌딩 시스템을 형성한다. SMHU는 건물 EPS에 설치된다. 시공자재로는 천정에 부착하는 옴니 안테나와 벽면에 부착되는 패치 안테나가 있다. 중계기는 EPS실에 부착되며, 분배기는 EPS와 천정내부에는 설치된다.

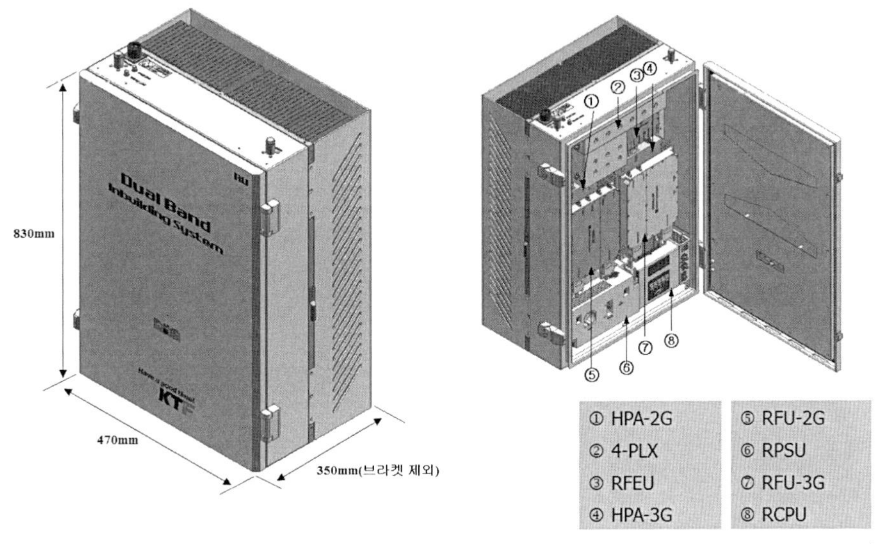


그림 10.8 **시스템 형상**

그림 10.9는 시공자재를 나타낸다. 시설 자재에는 옴니 안테나, 패치 안테나, 중계기, 분배기, 분배기함 등이 있다. 옴니 안테나는 천정에 부착한다. 패치안테나는 벽면에 부착한다. 중계기는 EPS실에 부착한다. 분배기는 분배기함에 보관되며 EPS실이나 천정내부에 설치된다.

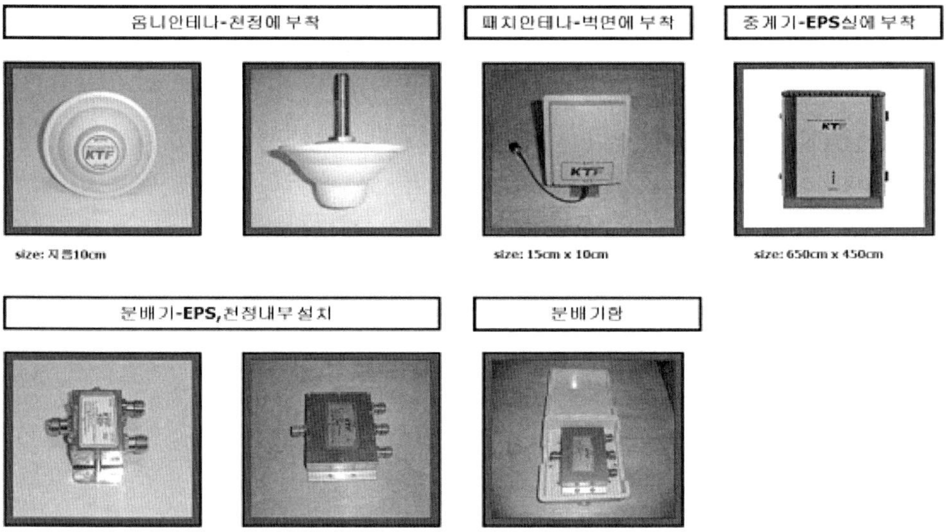


그림 10.9 **시공 자재**

## 10.3 연구사례

### 10.3.1 WCDMA & CDMA 인 빌딩 중계기 시설공사 (적용 장비: SF-C/W 20&80)

그림 10.10은 SF-C20&60의 망 구성도를 나타낸다. 기지국에서 도너 모듈은 RF케이블을 통해 연결된다. 도너 모듈의 용량은 Branch가 최대 4개까지 수용 가능하다. 수용 FA 수는 1.23MHz 20FA이다. 3섹터까지 수용 가능하고, 최대 4개까지 리모트 유니트와 연결할 수 있다. 도너 모듈과 리모트 유니트까지는 광케이블을 이용하여 1 Core 광전송(CWDM)을 한다. 순방향 파장은 1550nm이고, 역방향 파장은 1310nm, 1330nm이다. 광 케이블 loss는 2~8dBo이다. 순방향 주파수와 역방향 주파수는 각각 869~894MHz(FWD), 824~849MHz(REV)이다.

그림 10.11는 SF-W20&40의 망 구성도를 나타낸다. 노드B와 도너 모듈은 RF케이블을 통해 연결된다. 도너 모듈의 용량은 Branch가 최대 4개까지 수용 가능하다. 수용 FA 수는 5MHz 4EA이다. 수용 섹터는 1섹터/O TRU이고, 최대 4개까지 리모트 유니트와 연결할 수 있다. 도너 모듈과 리모트 유니트까지는 광케이블을 이용하여 1 Core 광전송(CWDM)을 한다. 순방향 파장은 1510nm이고, 역방향 파장은 1530nm(Rx0), 1570nm(Rx1)이다. 리모트 유니트의 수용 FA 수는 4개이다. 수용 섹터는 1섹터이고, 역방향 Diversity 안테나를 지원한다. 순방향 주파수와 역방향 주파수는 각각 2130~2150MHz(FWD), 1940~1960MHz(REV)이다.

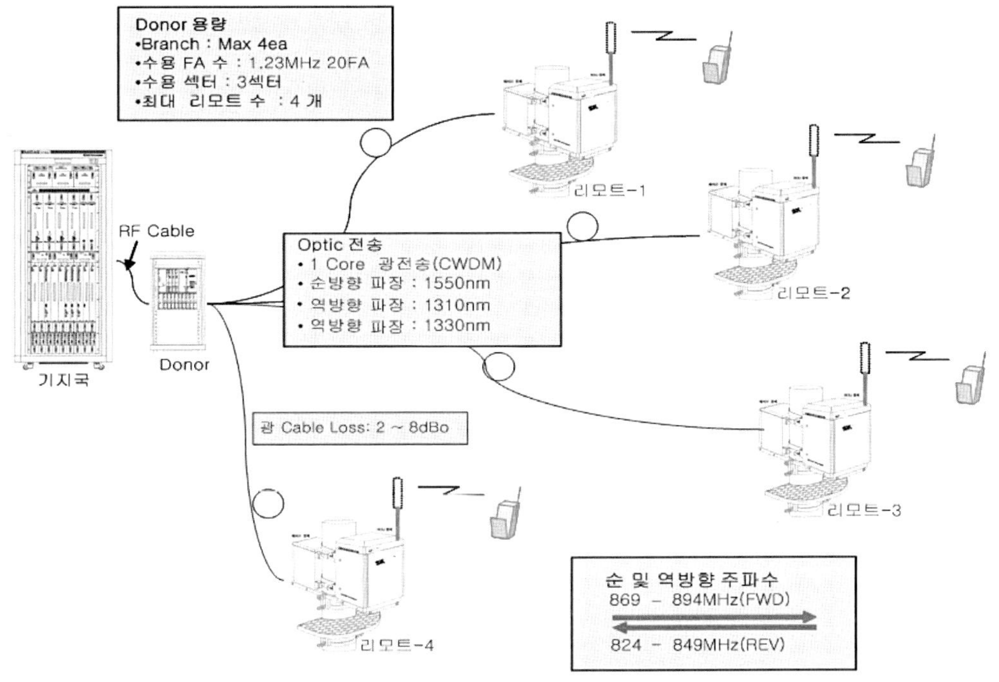


그림 10.10 **SF-C20&60 망 구성도**

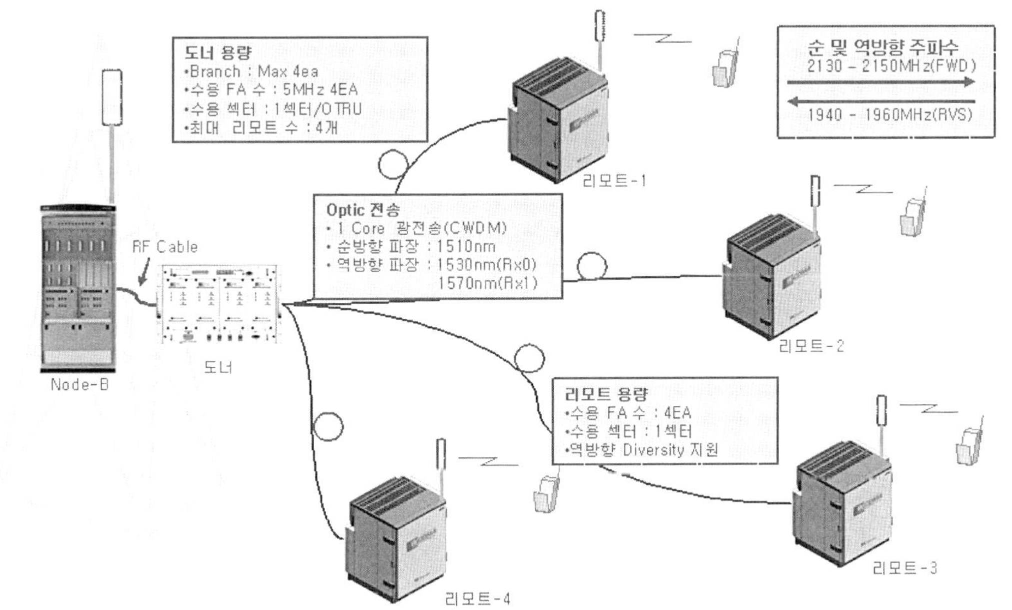


그림 10.11 **SF-W20&40 망 구성도**

### 10.3.2 WCDMA 인 빌딩 중계기시설공사(적용 장비: WCDMA-IBS)

**공사명:** KTF 2006년도 WCDMA 인 빌딩시스템 시설공사

**공사목적:** 2G(음성통화)와 WCDMA(3G: 화상통화 등 차세대 이동전화)서비스를 위한 시설공사

**서비스 현황:** 현재 2G대역은 LG Telecom과 공용화하여 서비스 중이나 LGT는 3G 투자계획이 불투명함.

**공사 내용:**

1. 중계기 구성: MHU(주장치), SMHU(보조장치), RFE(RF 확장장치), RU(원격중계장치)로 구성
2. 2G(1750MHz~1850MHz), 3G대역(1960~2170MHz)-WCDMA 주파수 서비스를 위한 신규 중계기설치 (3G: 화상서비스)
3. 통신실 or EPS실에서 각 층 사무실로 동축케이블 포설 및 서비스안테나 설치
4. 동축 케이블은 천정내부에 포설하며 서비스안테나(옴니안테나)는 사무실 천정부에 노출형으로 시설함
5. 설치수량:
   1) 중계기: SMHU 1EA, RU 3EA
   2) 안테나: 각 층 업무시설, 휴게시설 공간에 설치
   3) 전원선: FR-8x 14SQx 3C(MAIN 분전반에서 각 중계기로 연결

이것은 2006년 KTF의 WCDMA 인 빌딩 시스템 시설공사의 개요로, 공사목적은 2G(음성통화)와 WCDMA(3G: 화상통화 등 차세대 이동전화)서비스를 위한 시설공사이다. 중계기는 MHU(주장치), SMHU(보조장치), RFE(RF 확장장치), RU(원격중계장치)로 구성된다. 2G 대역으로는 1750MHz~1850MHz의 주파수 대역을, 3G 대역으로는 1960MHz~2170MHz의 대역폭을 사용한다.

그림 10.12는 기지국의 유선인터페이스를 나타낸다. MHU와 SMHU, RU를 연결하여 유선인터페이스를 구성하였다. KTF 국사에 MHU를 광케이블을 통해 빌딩 안의 SMHU와 연결시켰다. 인 빌딩 시스템에서는 SMHU와 RU를 연결시켰다. RU에 서비스 안테나를 설치하여 각종 사무실에서 단말기를 사용할 수 있게 하였다.

그림 10.13는 EPS실내 중계기 설치도이다. 오른쪽 그림은 실제 EPS실에 설치된 중계기를 보여주고 있다.

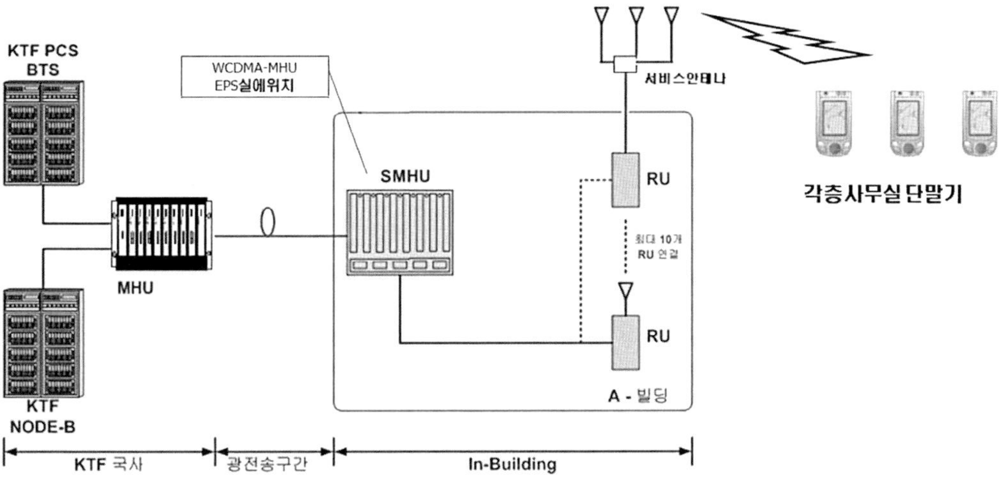


그림 10.12 **기지국과 유선인터페이스(MHU-SMHU-RU)**

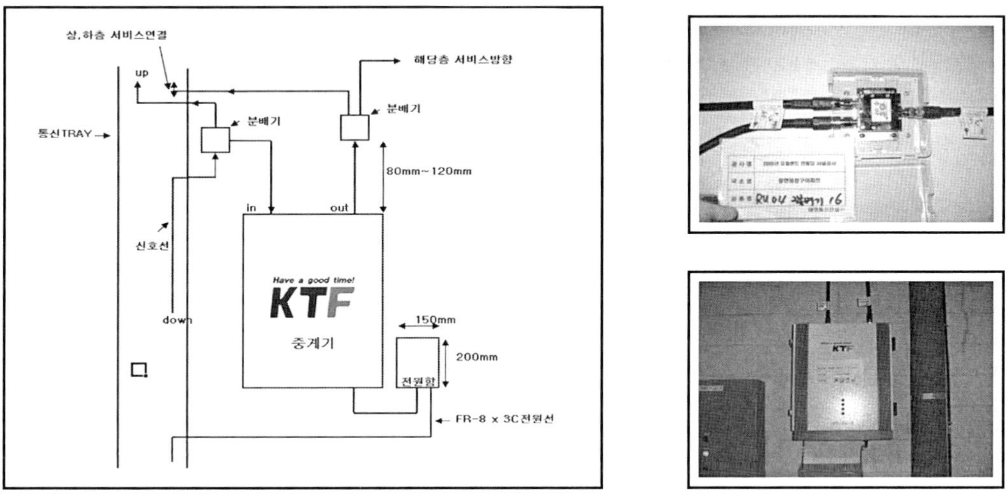


**[EPS실 설치도]**

그림 10.13 **EPS실내 중계기 설치도**

## 10.4 표준공정

### 10.4.1 SF-Series 설치

그림 10.14는 SF 중계기 설치방식을 나타낸다. SF 장비 설치는 수직, 수평이 되도록 설치한다. 장비를 건물옥상 벽면에 고정할 때는 광중계기의 거치대(bracket)를 사용하여 안정하게 고정시킨다. 조인트 부분은 느슨함이 없도록 최대한 견고하게 접속시킨다. SF는 바닥면에서 최소 장비 밑면까지 500mm이상 이격하여 취부한다. 벽면에 셋트앙카로 진동이 없도록 견고히 고정하여야 한다(최소 이격거리는 벽면에서 100mm).

SF 장비를 자립으로 시설하는 경우에는 철탑 및 주변에 고정시킬 지지물이 있는 경우에 거치대를 지지물에 고정하고 그렇지 않을 경우는 바닥면에 기초 콘크리트(300 × 1600 × 1600, 혼합: 300 × 2500 × 1600)를 타설하여 SF 거치대를 앙카볼트로 고정하고 그 위에 장비를 고정한다. 거치대는 GV 14nm$^2$로 접지를 하고 수평 조정용 볼트를 이용하여 수평레벨을 잡아 시공한다. 기존국소의 지지물에 취부하는 경우도 있다. 철탑 및 간이폴에 취부하는 경우에는 주주재 규격이 ₵114이상인 경우에만 직접 취부가 가능하고, 전주 및 강관주에 취부하는 경우에는 U볼트 및 완금 밴드를 이용 고정한다. 취부높이는 장비의 전면 중앙이 1.2m 위치로 한다. 주주재 규격(₵114)이 작거나 지지물과 불가피하게 이격하여 시공 하여야 할 경우는 장비 거치대를 사용하여 취부한다. 함체의 접지는 장비하단 접지 홀에서 GV 5.5nm$^2$로 포설한다. 전주형에 장비를 취부할 경우에는 임대전주와 자체전주의 시공법을 사용하고 장비 취부시 반드시 하중을 고려하여 설치한다.

### 10.4.2 전원공사

표 10.1 **전원선 포설**

| 구분 | 전원선 규격 | 비고 |
|---|---|---|
| SF-Serise | CV 3.5mm$^2$ × 2C | 입력 전원은 AC 220V(단상) 또는 DC 27V 공급 |

표 10.1은 전원공사에서 전원선 포설을 위한 전원선 규격을 나타낸다. 계량기함은 장비거치대의 폴에 설치하며, 전주에 취부시는 1.5m 위치에 설치하여 한전에서 검수 및 사용량 확인 시 편리하도록 시설한다. 전주국소에는 농업용 전산전력계를 시설한다. 전원함은 전주 및 강관주에 설

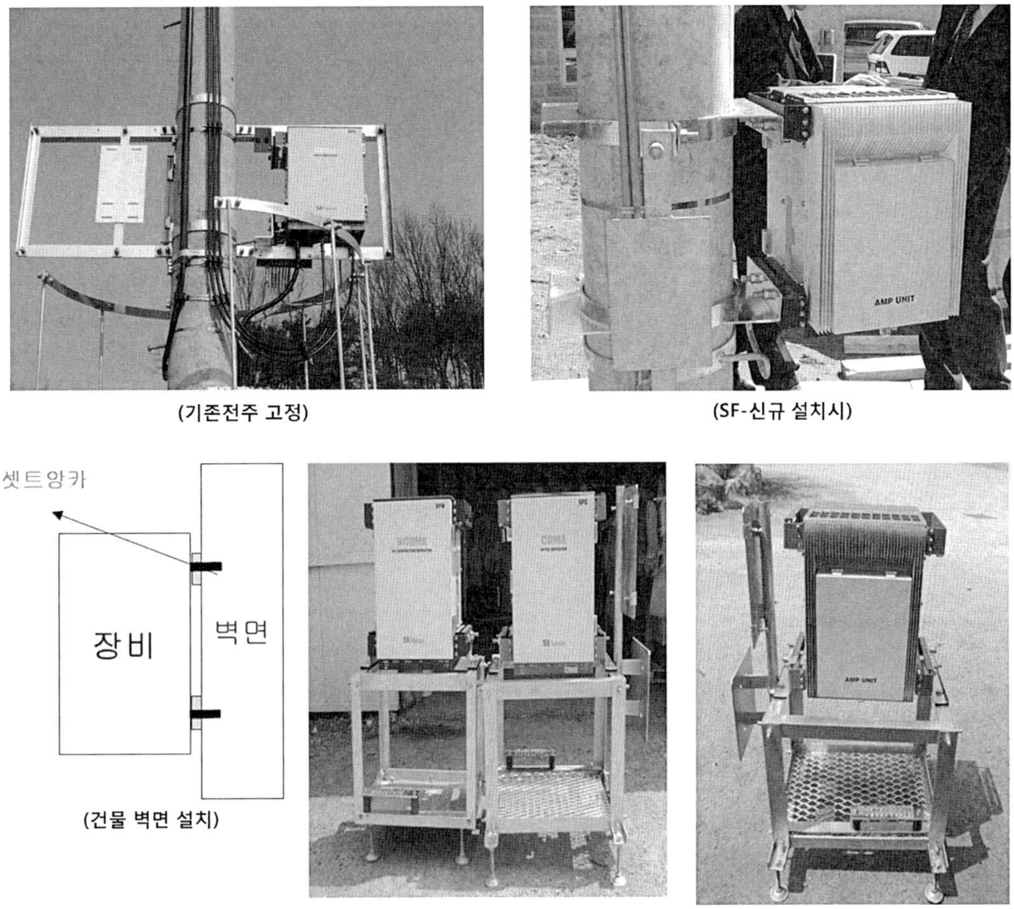


(기존전주 고정) (SF-신규 설치시)

(건물 벽면 설치) (건물 국소 신규 동시 설치) (건물 기존 국소 추가 설치)

그림 10.14 **SF 장비 설치**

치할 시에는 밴드로 고정하여 계량기 함체를 사용하지 않을 경우에 사용한다. 건물옥상에 설치할 때는 장비받침대 폴에 나사로 고정한다. 표 10.2는 전원함 규격을 나타낸다.

표 10.2 **전원함 규격**

| 항목 | 재질 | 규격 | 적용기준 |
|---|---|---|---|
| 전원함<br>(중계기용) | PC<br>(Poly Carbonate) | 두께 6.0(백색)<br>누전 차단기 3DA(SG-32N) | 공용화용 |
| | | 150x135x90<br>누전 차단기 3DA(SG-32N) | 신설용 |

전원선을 재단할 때는 전원선을 필요길이만큼 길이를 측정하여 케이블 외피에 마킹한다. 카터기를 이용하여 전원선을 절단하고 외피나 속심이 손상되지 않도록 한번에 절단한다. 저원선 절단 후 절단 부분을 다듬는다. 재단이 완료된 케이블은 케이블 곡률 반경을 유지하여 보관한다. $9nm^2$이상의 케이블은 유압식 커터기를 사용하여 케이블을 절단한다. 케이블 길이 측정은 끈을 이용하여 측정을 한다. 커터기 사용시 안전사고에 유의하여 작업을 한다. 재단된 전원선의 끝부분에 Terminal Lug를 접속하기 위해 외피 제거를 한다. 전원선 외피 제거 후 튜브(Tube)를 씌운다. Terminal Lug 압착부에 외피가 제거된 전원선을 삽입한다. 압착기를 사용하여 Terminal Lug를 압착한다. Terminal Lug 압착 후 열수축관 또는 압착단자를 씌워 단말처리 한다.

### 10.4.3 접지공사

**표 10.3 접지기준**

| 구 분 | 접지기준(대지비 저항률) | | | | |
|---|---|---|---|---|---|
| | 100Ω미만 | 200Ω미만 | 300Ω미만 | 400Ω미만 | 400Ω이상 |
| 자사국소 | 5Ω이내 | 5Ω이내 | 10Ω이내 | 10Ω이내 | 15~20Ω이내 |
| 기낙뢰 및 surge 피해국소 | 5Ω이내 | 5Ω이내 | 5Ω이내 | 10Ω이내 | 15~20Ω이내 |
| 유니트고장 및 이상고장 다발국소 | 5Ω이내 | 5Ω이내 | 5Ω이내 | 10Ω이내 | 15~20Ω이내 |
| 임대국소 | 5Ω이내 | 10Ω이내 | 10Ω이내 | 10Ω이내 | 20~25Ω이내 |

표 10.3은 접지기준을 나타낸다. 접지공사는 대지비 저항률에 따른 접지기준에 의하여 시공한다. 접지공사 시 주변환경, 설비 기기의 특성 및 기술기준, 규격 등을 고려하여 결정한다. 접지공사 방법은 대지 비저항의 형태 및 지질의 특성을 미리 분석하고 여기에 맞는 공사 방법을 접지봉, XIT, 탄소저감제의 공사방식에서 선택하여 적용한다. 접지 매설장소의 유무를 확인하여야 하며 임대 계약 체결 시 건물주와 접지매설에 대하여 승인을 득해야 한다. 건물 옥상에 탄소저감제 발림접지 시공 시 우레탄이나 몰탈 방수가 되어 있는 장소에서는 방수층을 제거하고 탄소저감제 발림 접지를 시공하여야 하며, 건물주의 요구로 방수층 제거가 불가능할 시에는 다른 접지방식으로 시공한다. 접지봉 매설시 지하매실물 특히, 가스관, 수도관, 통신관로의 유무를 반드시 확인 후 작업을 하여야 한다.

표 10.4 **접지선 포설**

| 구분 | 전원선 규격 |
|---|---|
| 지중도체 ↔ MGB | GV $22mm^2$ |
| 지중도체 ↔ 피뢰침 | GV $38mm^2$ |
| MGB ↔ 안테나 가대 | GV $14mm^2$ |
| MGB ↔ 장비 함체 | GV $5.5mm^2$ |
| MGB ↔ 급전선 외피 | GV $5.5mm^2$ |
| MGB ↔ 1pole, 간이폴, 전주 | GV $14mm^2$ |

표 10.4는 접지선 포설에 따른 접지선 규격을 나타낸다. 지중도체와 통신, 피뢰, 철탑접지와 연결하는 주접지선은 반드시 피복동선(GV)을 사용하여야 하며 지중도체간을 연결하는 접지선은 나동선으로 포설한다. 모든 접지선은 최단거리로 포설한다. 필요에 따라 접지선을 구부릴 경우 곡률 반경을 6R 이상, 내각은 90°이상이어야 한다. 접지선이 바닥, 천정 등을 통과할 때에는 고장력 후렉시블 전선관을 사용한다. 접지봉과 나동선을 접속할 경우는 CAD Welding을 한다.

표 10.5는 접지선 굵기에 따른 소요재료 크기를 나타낸다. 볼트의 크기와 같은 평와샤 및 스프링 와샤를 사용한다. 볼트 너트는 황청동을 사용하여야 한다.

표 10.5 **접지선 굵기에 따른 소요재료 크기**

| 접지선 $mm^2$ | 동관단자 Hole(mm) | 볼트크기 | 접지선 $mm^2$ | 동관단자 Hole(mm) | 볼트크기 |
|---|---|---|---|---|---|
| 14 | 4.3 | M4 | 100 | 10.5 | M10 |
| 22 | 6.4 | M6 | 125 | 10.5 | M10 |
| 38 | 8.4 | M8 | 150 | 10.5 | M10 |
| 60 | 8.4 | M8 | 200 | 10.5 | M10 |
| 80 | 10.5 | M10 | 400 | 15 | M16 |

표 10.6 **동관단자 Hole**

| 구분 | Hole(mm) | 수량(개) | 용도 |
|---|---|---|---|
| 주접지 단자(MGB) | 10.5 | 12 | 분기 및 인입용 |
| | 8.4 | 18 | 장비 접지용 |

표 10.6은 동관단자 Hole을 나타낸다. 접지선을 종단처리 할 때는 접지선 터미널은 반드시 2홀러그를 사용하여 접지선과 동일 Size를 한다. 러그 부착시 동심선과 러그가 충분히 접착되도록 육각 입착시켜야 한다. 접지러그 수용 시 황동 볼트, 너트를 사용하여 접지반에 수직으로 접지하여야 한다. 접지선의 Name Plate는 Mark Tie를 사용하여 Name을 명기하고 접지선 피복 끝단을 기준으로 취부한다.

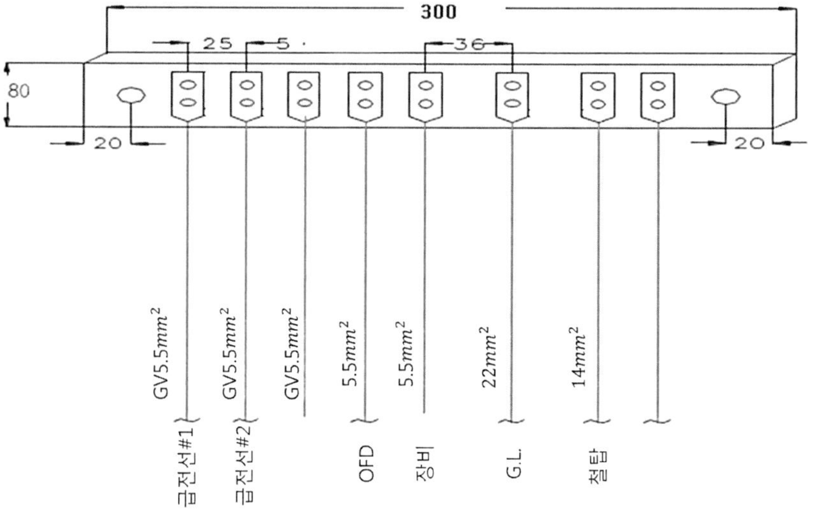


그림 10.15 **접지단자함**

그림 10.15는 접지단자함을 나타낸다. 접지단자함을 취부 할 때는 기존국소는 접지동대(300 × 80 × 5T)의 후면부에 취부한다. 신설 접지단자함은 장비거치대의 1m 위치에 취부한다.

접지 시공방법에는 Driven Rod 시공방법이 있다. 이는 접지봉에 의한 방법이다. 탄소저감제 접지 띠 접지 시공방법으로는 나대지, 산악지, 암반지 등에 적용할 수 있다. 탄소저감제 발림 접지 시공방법은 나대지, 철노터널 내, 건물옥상, 일반접지 등에 적용할 수 있다. 발림접지를 건물옥상에 적용할 경우는 철골주조의 건물을 선택하여 시공하며, 통신접지에만 적용한다.

## 10.4.4 공중선 공사

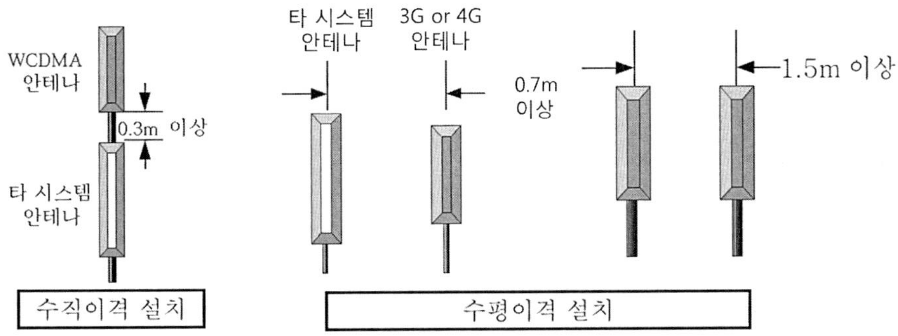


그림 10.16 **공중선 공사의 송신 안테나**

그림 10.16은 공중선 공사에서 송신 안테나를 나타낸다. 송신안테나는 공용화 국소안테나 이격거리(수직이격: 0.3m, 수평이격: 0.7m)를 유지해야 한다. 안테나 이격거리는 수평배열시 안테나 스윙을 고려한 이격을 확보하고, 수직배열시 급전선 연결을 위한 이격을 확보한다.

급전선 포설시 주의사항으로는 급전선 표면이 상처가 나지 않도록 깔판을 설치 후 작업하며, 급전선 외형의 손상부위는 잘라내고 포설한다. 안테나와 연결 후, 수축관 취부 및 마감처리한다. 급전선 양 끝에 인식테이프를 취부하여 식별하기 용이하도록 작업한다. 램 클램프로 급전선 고정 시 상단은 평와샤 하단은 스프링와샤 및 평와샤를 사용한다. 곡률반경은 최대한 크게 하며 최소곡률 반경을 지켜야 한다. 철탑사다리 등 사람의 출입이 가능한 곳에 급전선이 걸리지 않도록 고려한다. 급전선 인양 시는 자재의 변형을 막기 위하여 hoisting grip을 이용하여 인양한다. 급전선을 구부릴 때는 급전선별로 허용하는 최소곡률 반경 이상을 유지해야 한다.

표 10.7 **급전선 종류별 최소허용 곡률반경**

| 급전선 굵기 | 내부 절연체 종류 | 최소 허용곡률 반경 | 비고 |
|---|---|---|---|
| 1/4° | Foam Dielectric | 25mm | Super flexible |
| 1/2° | | 125mm | |
| 7/8° | | 250mm | |
| 11/4° | | 380mm | |
| 15/8° | | 510mm | |

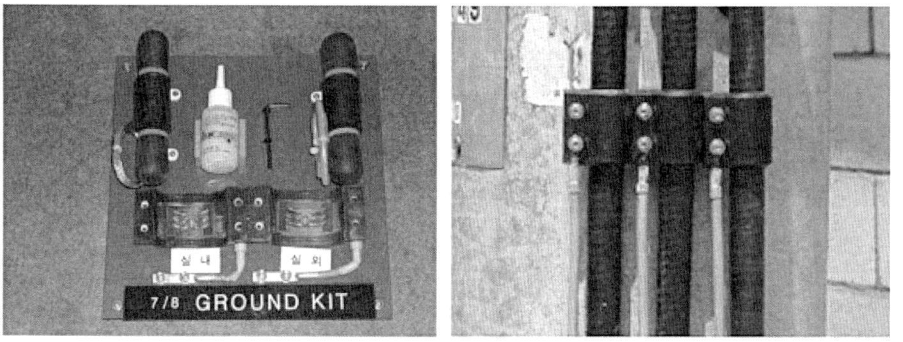


그림 10.17　**급전선 외피 Ground kit**

급전선 구부림 작업은 손으로 하지 말고 전용 벤딩 기구를 이용하여야 한다. 벽 관통이 필요한 경우 시공상 유지보수의 편의를 위해 관통 횟수는 최소로 한다. 급전선 재단 시에는 급전선은 루트조사로 정확한 소요길이를 산출하고 정해진 정확한 길이로 재단한다. 절단부를 확실히 표시한 후 절단하고 절단면은 전면 직각으로 일정하게 자른다. 절단 시 습기, 쇠, 납조각, 먼지 혹은 다른 이물질이 들어가지 않도록 기울여서 자른다. 급전선 절단용 도구를 사용하여 급전선을 자르고 정리한다. 솔벤트로 급전선을 깨끗이 닦고 솔로 급전선 모서리를 깨끗하게 한다. 급전선은 도구를 사용하여 절단하고 절단된 면은 깨끗이 손질한다.

그림 10.17은 급전선 외피 Ground kit를 보여준다. 급전선 외피 Ground kit 시공 방법은 다음 순서를 따른다. 우선, 급전선 피복을 3cm 벗긴다. Ground kit 안쪽 내부 및 육각볼트 취부면에 튜브형 수퍼루브 합성 그리스를 골고루 도포한다. 도포된 Ground kt를 급전선 접지면에 안착시킨다. 육각렌치를 이용하여 육각볼트 인서트 부분에 삽입한다. 이때 볼트산이 망가지지 않도록 반 시계 방향으로 돌렸다가 자리를 잡은 후 시계방향으로 좌, 우 볼트를 번갈아 가면 조인다. Ground kit의 외부로 돌출한 그리스를 닦아낸다.

그림 10.18 (a)는 급전선 신규 포설 설치 구성도를 나타낸다. 7/8″ 급전선은 WCDMA 안테나에서 DIN M/F을 거쳐서 2GHz 피뢰기를 연결 시키준다. 피뢰기 이후에는 1/2″ Jumper를 연결하여 WCDMA FEU와 연결된다. 1-1/4″ 급전선을 사용할 때는 1-1/4″은 7/8″ 급전선과 다르게 WCDMA 안테나에 7/8″ 또는 1/2″ Jumper를 연결한다. Jumper의 길이는 2m 이하로 설치한다.

그림 10.18 (b)는 급전선 일형 공유의 설치 구성도를 나타낸다. 800MHz 안테나와 WCDMA 안테나를 사용하고, 이중대역 결합기와 연결시킨다. 7/8″ 급전선과 연결시킨다. 안테나와 이중대역 결합기의 연결은 7/8″ 또는 1/2″ Jumper를 사용한다. Jumper의 길이는 2m 이하로

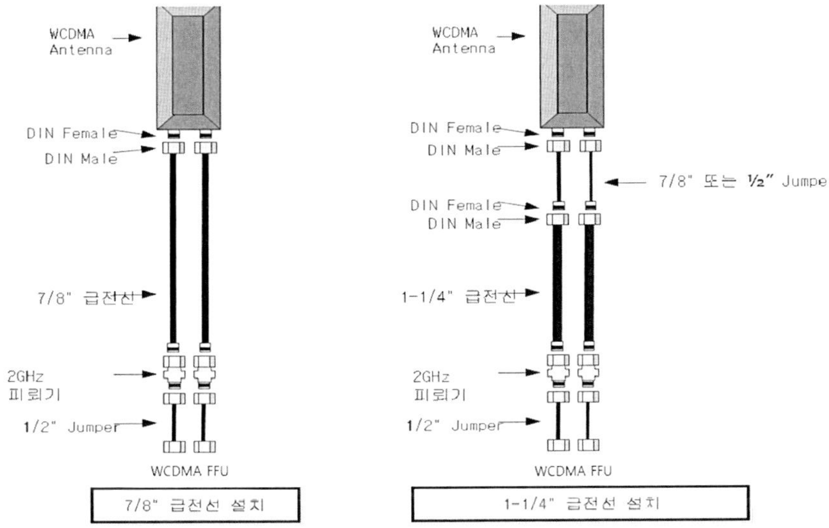


(a) **신규 포설**

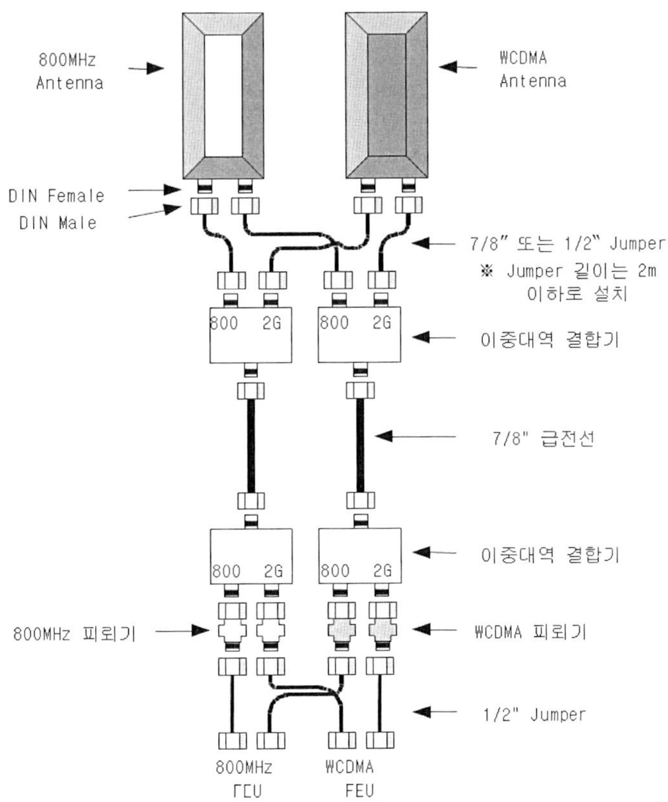


(b) **일반형 공유**

그림 10.18 **급전선 설치 구성도**

한다. 급전선 이후, 다시 이중대역 결합기와 연결된다. 800Mhz 피뢰기와 WCDMA 피뢰기와 연결되고 1/2" Jumper를 통해 각각 800MHz FEU와 WCDMA FEU로 연결된다.

다음은 급전선 Tool 사용법이다. 급전선 Tool 사용법은 아래의 순서를 따른다.

■ 급전선 TOOL 사용법

1. 케이블을 곧게 편 다음, 절단공구(GCT-A42-01)를 케이블 측으로 삽입시킨다.
2. 절단공구의 위치조정 볼트의 끝이 케이블의 첫 번째 주름 골 중심부와 일치하도록 위치를 조절한 후 볼트를 가볍게 조인 이후, 3개의 클램프 핸들을 조여서 케이블 클램프가 케이블을 단단히 지지할 수 있도록 한다.
3. 클램프 핸들을 조이고 위치조절볼트를 푼 다음, 절단공고의 핸들을 한 손으로 쥐고 다른 한 손으로 케이블을 잡아 핸들을 시계방향으로 돌려준다. 이때 공부의 전면부 칼날에 의하여 케이블이 완전히 절단될 때까지 공구를 회전시킨다(약 10~20회 정도 소요).
4. 이후 공구를 2~3ghl 정도 더 회전시켜 후면부 칼날이 피복체에 360도에 걸쳐서 자국이 새겨지도록 한다.
5. 공구의 손잡이를 잡고 반시계방향으로 회전시켜 후면부 칼날을 들어올린 다음 공구를 밖으로 빼낸다. 베벨기어를 시계방향으로 돌려 줄 경우 더 빠른 속도로 칼날이동이 가능하다.
6. 칼자국이 새겨진 부위에서 끝부분에 걸쳐 피복체를 벗겨낸다(외부도체에 상처가 생기지 않도록 주의).
7. 콘넥터의 클램핑 넛트를 케이블 안으로 집어넣고 오링을 삽입한 다음, 분할 클램프를 장착한다.
8. 외부도체 벌림공구(FT-A42-01)를 케이블과 평행 상태로 밀어 넣고 공구를 회전시켜 외부도체 끝을 벌려주고 360도에 걸쳐서 홈을 가공한다.
9. 중심도체핀을 케이블의 중심도체에 나사형태로 채운 다음 렌치를 이용하여 중심 도체핀의 턱 부위가 중심 도체 끝과 완전히 맞닿도록 체결한다.
10. 콘넥터 몸체를 미리 삽입한 클램핑넛트에 조립하고 스파나를 이용하여 충분히 조여 준다(권장토르크 35~50N.m). 이때 반드시 외부몸체는 고정상태로 두고 클램핑넛트만을 회전시켜 체결되도록 힌다.

다음은 표준공법과 사례를 나타낸다.

**사례 & 공법**

광중계기 설치(간이폴)

**사례1**

**사례2**

**공법**

사례1: H형 간이폴 전면에 장비받침대를 설치하고 장비받침대에 장비를 고정

사례2: H형 간이폴 중앙에 장비받침대를 설치하고 장비받침대에 장비를 고정

광중계기 설치 간이폴(B+Type)

**사례1**

**사례2**

**공법**

사례1: H형 간이폴 우측에 50m 파이프를 U볼트로 고정하고 간이폴과 장비 사이에 "ㄷ"형 Channel을 붙여 장비를 고정

사례2: H형 간이폴 우측에 "ㄴ"앵글로 장비와 간이폴 사이에 삽입하고 80mm볼트로 장비와 간이폴을 고정

| 사례 & 공법 |
|---|

광중계기 설치(간이폴)

**사례1** **사례2**

**공법**

사례1: 현재 수도권 기본 공법으로
1.철판에 "U"볼트로 50mm Pipe를 고정
2.Pipe에 "ㄷ"형을 삽입하여 "U"볼트로 고정
3."ㄷ"형 Channel과 장비를 50mm볼트로 고정

사례2: 장비대체 시 시공한 공법으로
1.전주와 "ㄷ"형 Channel을 전주용 클램프를 이용하여 50mm볼트로 고정
2."ㄷ"형과 장비를 50mm볼트로 고정
3.전주용 클램프를 전주 해당 SIZE로 제작

광중계기 설치 간이폴(B+Type)

**사례**

**공법**

사례: H형 간이폴에 광B Type 장비받침대를 설치하고 지선 설치

## 사례 & 공법

광중계기 설치(간이폴)

**사례1**

**사례2**

### 공법

사례1: 전주 안테나트러스를 1.5m로 제작 설치
- 안테나 2기 설치할 경우
  Tx => 14=60, Rx => 13=65

사례2: 전주의 안테나트러스를 3m로 제작 설치
- 안테나 3기 설치할 경우
  Tx => 14 = 60, Rx1 =>14=60
  Rx2 =>14=60

피뢰침 설치

**사례1**

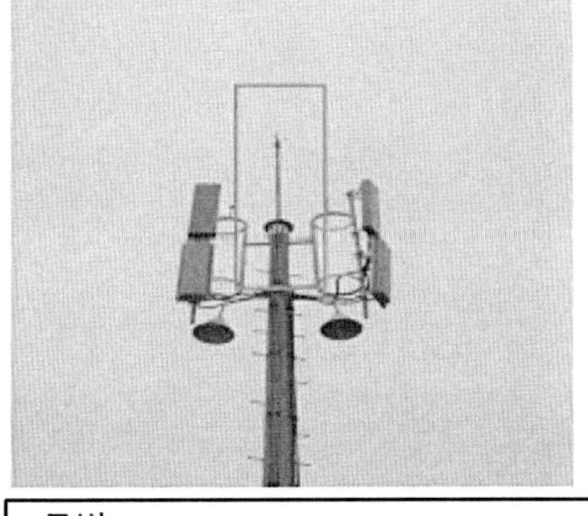

**사례2**

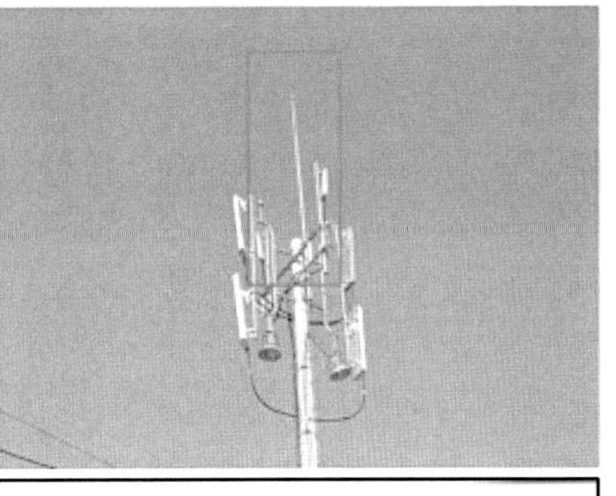

### 공법

사례1: 피뢰침 PIPE를 꼬깔형태로 설치
피뢰침 보호각: 도심지 => 60°, 고지 및 낙뢰 다발 지역 => 45°
Omni 안테나 설치 시 피뢰 보호각 문제 해결시 설치

사례2: 피뢰침 PIPE를 안테나 트러스에 고정설치
수도권 일반적인 피뢰봉

## 사례 & 공법

### 전주형 접지명찰 / 환경친화 트러스트

**사례1**

**사례2**

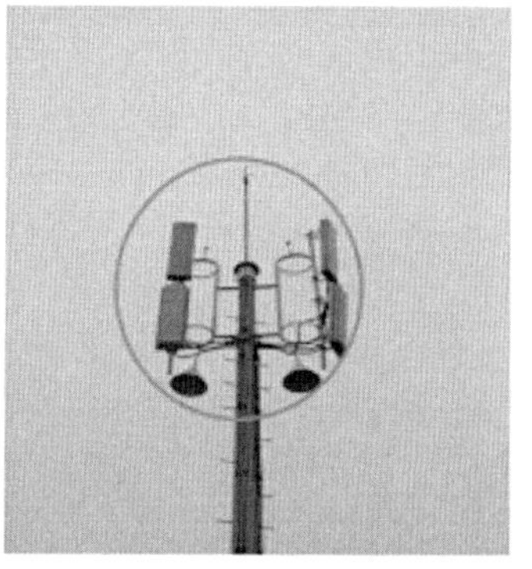

**공법**

사례1: 전주형 접지는 25Ω 이하
명찰은 지면에서 0.8m 지점에서 접지 케이블에 취부한다.

사례2: 환경 친화형 트러스트(전주)
-SENSOR 및 전원케이블 등 가로등에 전원을 인가하는 자재 및 공정 제외 설치

### 전주형 발 받침대 설치

**사례1**

**사례2**

**공법**

사례1: 발 받침대 180°
- 차량교통이 빈번한 장소나 도로 옆에 설치 시 사용

사례2: 발 받침대 270°
- 기본적으로 설치되는 사양
- 광중계기 B+가 설치되는 전주형에 장비가 앞으로 돌출이 많이 되어 발 받침대 공법개선 사항

## 사례 & 공법

광 중계기 급전선 명찰

**사례1**

**사례2**

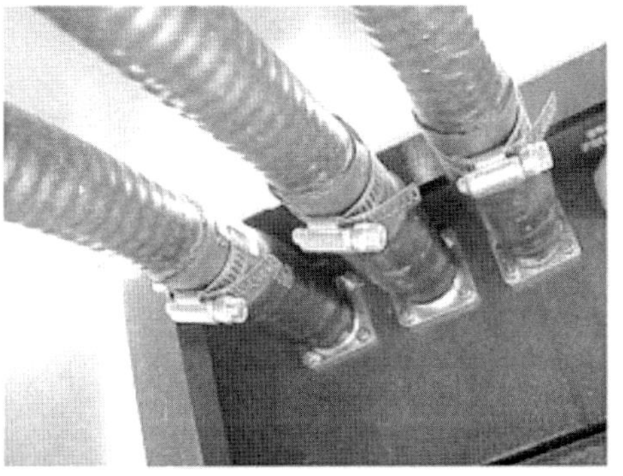

### 공법

사례1: 급전선 명찰은 실외용으로 급전선에 감아서 취부한다.

CHAPTER

# 11

# 기타 RF 신호 용어 설명

## 11.1 Isolation & Oscillation

Oscillation은 능동회로/시스템에서 입력신호가 없는데 출력신호가 검출되는 상황으로, DC 신호가 AC 신호로 변환되는 것이다. 일반적으로 원하지 않는 주파수대역에서 정체불명의 공진신호가 뜨는 경우를 말한다.

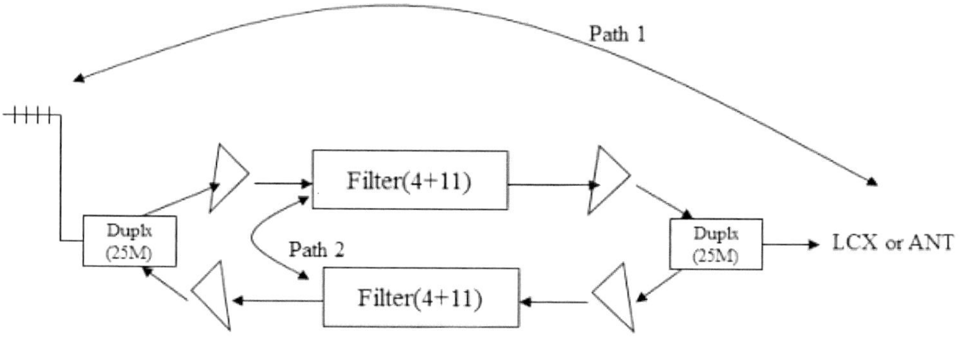


그림 11.1 **Isolation 측정도**

Isolation은 일반적으로 두 신호를 격리하려 할 때 사용되는 개념이다. 예를 들어 duplexer의 경우, 한 소자에 송신단 주파수와 수신단 주파수 신호가 동시에 왔다 갔다 하고 있기 때문에 두 신호를 최대한 격리 또는 분리해 줄 필요가 있다. 이런 식으로 여러 신호가 한 시스템, 회로를 동시에 이용할 때 각 신호끼리 분리해 주는 정도를 보통 isolation이라고 많이 부른다. isolation라는 용어를 쓰는 사례는 매우 많으며, 어쨌든 사용하는 경우에 따라 신호의 분리도, 즉 서로 얼마나 간섭을 덜 일으키냐를 나타내는 척도로 이해하면 된다. 위의 그림 11.1에서와 같이 시설 상에서의 path1 혹은 장비 상에서의 path2의 경로에서 Isolation을 측정할 수 있다. 또 다른 측정방법은 Spectrum Analyzer을 이용하는 방법이다.

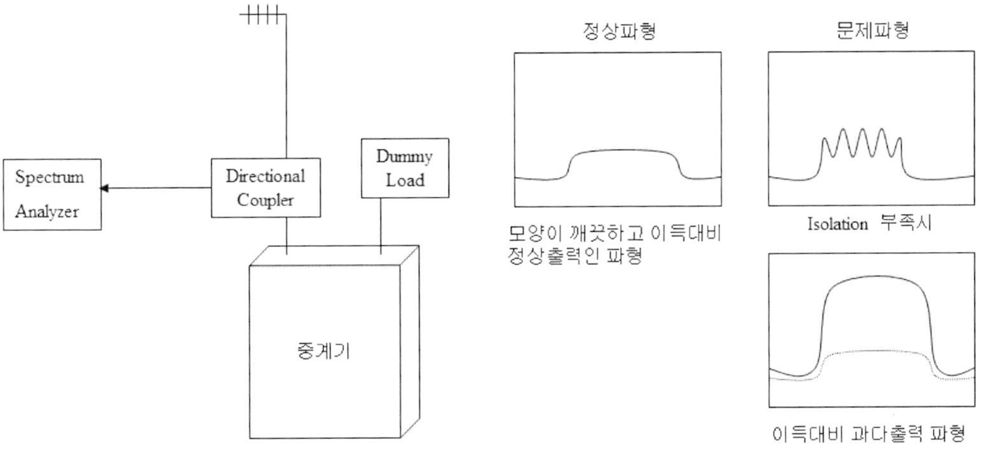


그림 11.2 **Spectrum Analyzer를 이용한 isolation 측정법**

위의 그림 11.2는 Spectrum Analyzer를 이용한 isolation 측정법을 나타낸 그림이다. 계측기에서 측정되는 파형을 보고, 파형에 이상이 있을 시, 장비불량으로 간주하고 장비를 교체한다. Isolation의 권고 기준은 아래와 같다.

**Isolation > max gain (forward or reverse) + 13dB**

일반적으로 RF 중계기에서는 입력되는 신호를 단순 증폭하여 출력하는 장비이기 때문에 입력신호와 출력신호는 그 크기만 차이가 날뿐 같은 주파수의 신호이다. 따라서 출력신호가 Feedback되어 상당한 크기를 가지고 입력되면 우리가 증폭하기를 원하는 원 신호와 Feedback된 신호를 구분할 수 없을 뿐만 아니라 증폭신호의 재입력증폭으로 인해 발진이 일어날 수 있다. 따라서 Feedback 되는 신호는 우리가 원하는 입력신호 대비 충분히 낮은 값(13dB 이하)으로 설정될 수 있도록 송수신의 격리기준치가 만족되어야 한다. 따라서 Isolation이 충분히 확보되지 않은 경우 기지국에 가까이 있을 때는 발진하지 않다가 기지국에 멀리 이설되면 중계기가 gain을 올려 발진을 할 가능성이 있게 된다. 이를 방지하기 위해서 시설 공사 시 중계기의 최대 이득보다 13dB 더 Isolation을 확보하는 것이 안전하다. 만약, Isolation이 규정보다 부족할 경우, 이를 공사문제로 간주하고 Donor ANT를 옥상으로 올리거나, 서비스 안테나를 안으로 깊숙하게 설치하거나, 서비스 안테나를 누설케이블로 교체하는 등의 방법으로 Isolation을 확보한다.

## 11.2 Attenuation

전파(Wave)의 전파(Propagation) 상에서 매질에 의해 power가 감쇠되는 현상이다.

## 11.3 Division Loss

Power의 분배로 발생되는 손실치이며 각각의 시설마다 발생하는 Division loss는 다음 표 11.1과 같다.

표 11.1 **시설별 Division loss**

| 7/8" 누설동축케이블 | | −5dB/100m |
|---|---|---|
| 7/8" 급전선 | | −4.5dB/100m |
| 2분배기 | 50 : 50 | −3.3dB : −3.3dB |
| | 70 : 30 | −2dB : −6dB |
| 3분배기 | 50 : 25 : 25 | −3.3dB : −6.5dB : −6.5dB |
| 4분배기 | 25 : 25 : 25 : 25 | −6.5dB : −6.5dB : −6.5dB : −6.5dB |
| Coupler | 10 : 90 | −10dB : −0.6dB |

## 11.4 Coupling Loss

누설 동축케이블 내부를 통과하는 전력은 케이블의 펀치된 구멍을 통해 전파가 방사되는데 누설 동축케이블의 방사되는 포인트의 전력과 그 포인트와 수직 2m 이격된 지점의 Rx Power의 차이의 평균치가 Coupling Loss가 된다. 그림 11.3은 Coupling Loss의 예시로, 2m 이격된 지점에서 동일하게 −65dB의 Power 차이가 발생함을 확인할 수 있다.

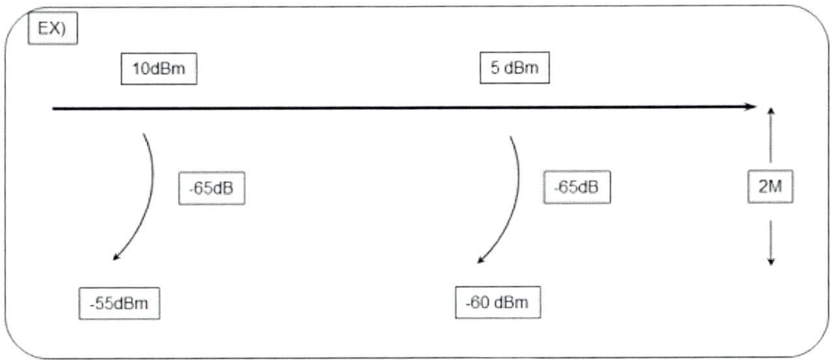


그림 11.3 **Coupling Loss의 예시**

## 11.5 Saturation

AMP가 자신의 정격출력 보다 이상의 POWER를 출력하여 S/N비가 급격히 악화되는 현상이다.

## 11.6 Thermal Noise

마이크로파대 이상의 주파수를 이용하는 무선방식에서 가장 문제가 되는 것으로 정상적으로 발생하면서 순간전압이 랜덤하게 변화하며 가우스 잡음이라 한다. 이 Thermal Noise는 주파수대에 관계없이 모든 주파수대에 걸쳐 동일하며 그 세기는 −113dBm/1.23MHz이다.

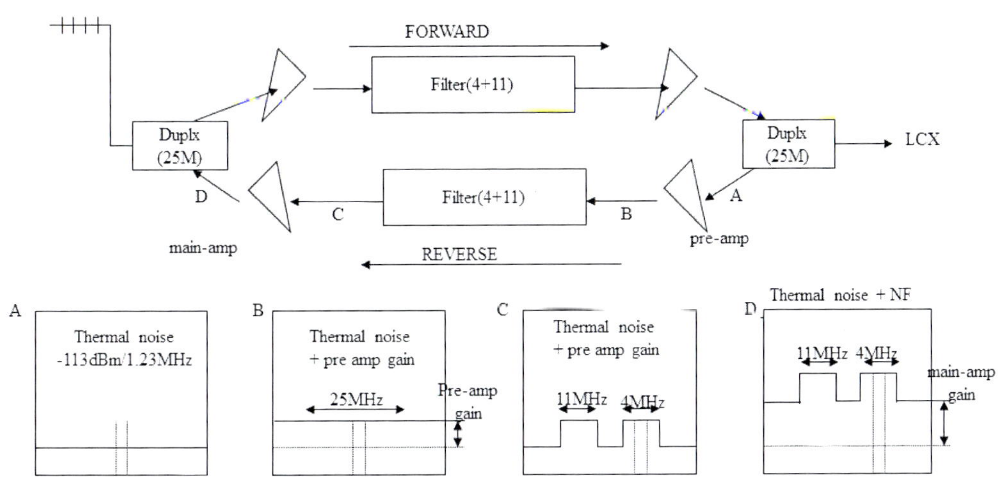


그림 11.4 **중계기 내부의 Thermal noise 변화**

그림 11.4는 중계기 내부에서의 thermal noise 변화이다. 원래의 −113dBm/1.23MHz의 thermal noise에서 pre-amp를 거쳐서 그 amp의 gain에 의해 잡음이 증폭된다. 이는 4+11 대역폭의 필터를 거쳐 4MHz, 11MHz 대역만 필터링 되며, 이는 다시 main-amp를 통해 증폭되어 Duplexer에 전달된다.

## 11.7 Flatness

Flatness는 일반적으로 수신 전계의 FA별 차이를 말한다. 기지국과 중계기의 Donor 안테나가 LOS(line of sight)가 확보될 경우 Ec/Io와 비례하게 수신전계도 강해지고 평탄도도 좋은 경향을 보이나, 반사파 등 Fading이 발생하는 경우에는 그렇지 않은 경우도 있다.

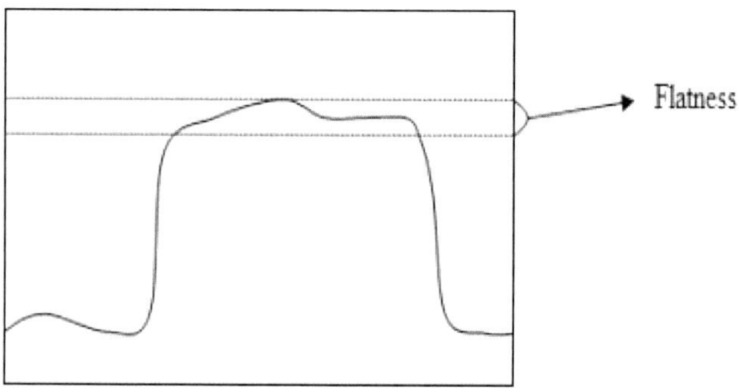


그림 11.5 **Flatness 예시**

그림 11.5는 Flatness의 예를 든 것이다. 이론상으로 완벽한 LOS가 확보되면, 파형에서의 Flatness는 완벽하게 평탄함을 보이나, 현실에서는 대기중의 잡음과 여러 가지 fading의 영향으로 인해 위와 같은 Flatness 특성을 나타낸다.

## 11.8 Ec/Io

Ec/Io는 Pilot수신전력 대비 총 수신전력으로 정의된다. 반사파 등의 영향으로 Ec/Io와 Flatness가 상충된 경향을 보이는 경우가 있는데, 이때에는 spectrum analyzer와 diagnostic monitor를 비교해 가면서 최선의 방안을 찾는 것이 바람직하다. 여기서 측정에 사용하는 계측기는 다음과 같다.

가. Spectrum Analyzer: 출력 및 스퓨리어스 특성, 이득(Gain), 잡음증폭특성(Noise power), IP3 (=IMD/2 + Pout) 등을 측정하는 기구로써, Directional coupler와 Internal attenuator의 두 종류가 있다.

나. Network Analyzer: 평탄도(Flatness), 정재파비(VSWR), 전파지연(Delay time), 주파수선택도, Filtering 특성 등을 측정하는 계측기이다.

다. Noise Figure Meter: 잡음지수를 측정하는데 사용하는 계측기이다.

라. Diagnostic monitor: 무선 통신에서 단말기와 시스템 간에 전파에 실려 송. 수신되는 데이터 및 전파자체의 품질을 단말기를 통하여 측정하여 육안으로 식별 및 분석 가능하게 보여 주는 장비이다. 이것은 또한 단말기의 access time을 측정할 수 있다.

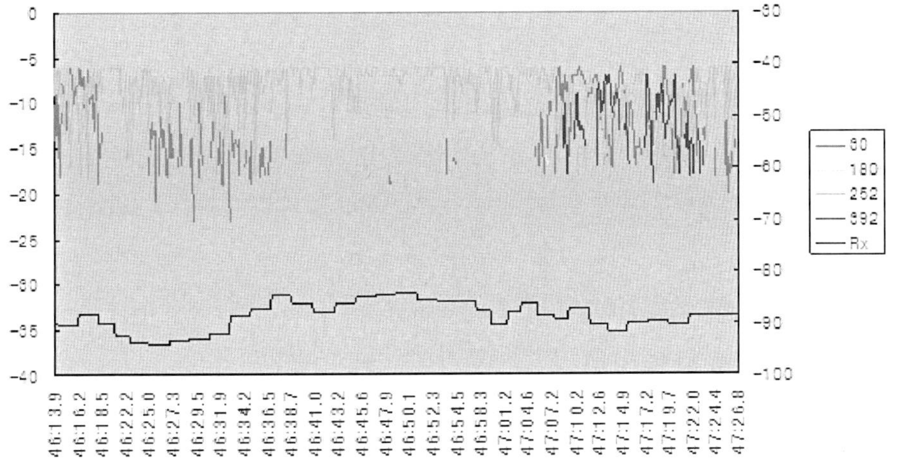


그림 11.6 **Diagnostic monitor를 통한 측정**

## 11.9 IM(Inter Modulation)

IM은 기본 주파수와 그의 고조파의 합과 차에 의해 발생하는 Spurious를 이르는 말로써, 동종 또는 이종의 금속재질의 접촉, 코로라 방전에 의해 발생되는 고선계에 의한 플라즈마 효과, 금속에 의한 자기적 비선형성, 소자 간의 느슨한 접속에 의한 비선형성에 의해 발생되는 현상이다.

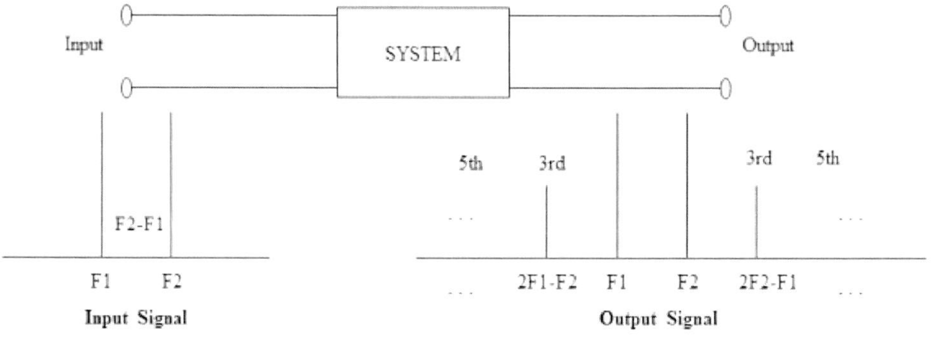


그림 11.7 IM의 예시

그림 11.7은 시스템에서의 IM 발생 예시로써, 위와 같은 시스템에 아래와 같은 Input Signal이 인입될 경우 매질의 불균질에 의해 상호변조(IM)가 발생할 수 있다, IM의 발생 결과로 아래 오른쪽과 같은 호가 생성된다. IM의 발생은 능동 및 수동소자를 구분하지 않으나 능동소자에서 더욱 많이 발생하게 되어, spurious의 형태로 나타나게 된다.

IM의 특징은 상호 변조파의 세기가 고조파의 세기보다 훨씬 클 수 있고, 운용중인 주파수의 범위에 발생함으로 필터로 제거가 불가능하며, 시스템이 설치된 이후에야 발견된다는 특징이 있다.

IM은 중계기의 능동소자(LPA, LNA등)에서 발생하는 Active IM과 수동소자(ANT, Cable등)에서 발생하는 Passive IM으로 나누어지며, 이에 대한 해소 방안으로는 IMD특성이 우수한 제품을 사용(SKT: 140dBc@43dBm2_tone) 하거나, 경로상의 Connector수를 최소화하며 적정한 결합 및 청결유지, 그리고 원천적인 IM 발생원인 제거 등의 방법이 있다.

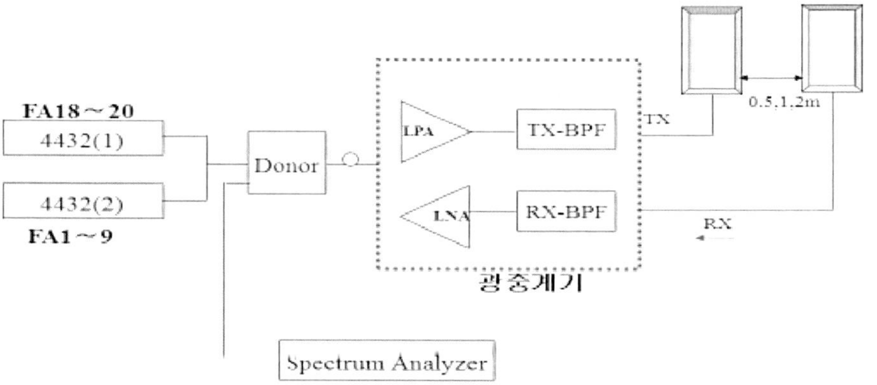


그림 11.8 IM 측정시험 구성도

그림 11.8은 IM 측정시험 구성도이다. Multi Signal Source를 광 중계기 Donor에 입력 후 중계기에서 발생하는 IM을 ANT 이격거리에 따라 변화하는 수신단의 IM 변화량을 측정하는 방법이다. 이러한 방법 외에도 송신, 수신안테나에 Spectrum Analyzer와 Network Analyzer를 연결하여 측정하는 방법도 존재한다.

# 맺음말

본 서에서는 지난 수십년동안 이동통신 시스템이 발전하면서 정보통신 분야 중 가장 빠른 성장을 이루고 이동통신 가입자들에게 고품질의 이동통신 서비스를 제공하기 위해 도입된 중계기 시스템에 관한 내용을 다뤘다. 이동통신 사업자들은 이동통신 서비스의 용량, 품질, 커버리지 개선, 어디서나 끊김 없는 서비스를 제공하고 이것들을 요구하는 사용자를 위해 처음으로 중계기 시스템을 시골이나 도심 외각지역에 도입하였는데, 이제는 이동통신 가입자가 폭발적으로 늘어나면서 도심지역 및 옥외 커버리지 확장과 호 밀집지역의 호 분산, 빌딩 밀집지역의 옥내 커버리지 확보 등을 위해 중계기 우리 지역 곳곳에 설치되었으며 그 역할 또한 다양해졌다. 이러한 중계기 시스템을 이해하고 분석하기 위해 본 내용은 중계기 시스템의 기본적인 개념부터 요소 기술까지 중계기 전반적인 이론을 서술하였다.

제2장과 제3장에서 이동통신 중계기 개요와 Celluar 통신의 대한 이해를 설명하였고 제4장에서 중계기 시스템 작동의 기초적 원리를 이해하는데 도움을 주기 위한 전파 특성 및 성질에 대해 설명하였다. 제5장에서는 중계기 원리와 구성으로 증폭기 및 HPA, LPA, SSPA, MCPA등 중계기 주요 기술에 대해 설명하였고 제6장에서 중형, 소형, 초소형, 극초소형 중계기, M/W중계기, 변파 중계기, 광 중계기, MPR, ICS 중계기 등 중계기 종류 및 특성과 제원에 대해 자세히 설명하였다. 제7장에서는 기본적 디지털 중계기 개념 및 제원과 Fomi cell중계기, Femto cell중계기, WiBro 중계기, DTV 분산 중계기, TRS 중계기 등 다양한 디지털 중계기 시스템을 소개하고, 제8장에서는 중계기 관리 시스템으로 중계기 제어 관리 프로그램과 능동형 공유 결합기, 급전선 공유기 등 설명하였으며, 제9장에서 차세대 중계기 기술 동향 및 휴대인터넷용 차세대 중계기의 발선 방향, LTE-Advanced Realy, Mobile Multi-hop Relay 등 차세대 중계기 동향에 대해 서술하였다. 그리고 제10장에서는 중계기 시공법과 유지보수 공법에 대해 표준화되고 최적화된 절차에 대해 설명하고 마지막으로 제11장에서 중계기 시스템 이해를 위한 RF 신호 용어를 설명하여 중계기 시스템 전반적인 내용을 다루고 끝을 맺었다.

이로써 중계기 시스템을 공부하는 많은 독자들이 이 책을 바탕으로 중계기 시스템에 대한 이해도가 한층 높아지기 바라며, 중계기 시스템을 이용한 이동통신 서비스의 품질, 용량, 커버리지 개선, 잡음 제거, 끊김없는 서비스 등 고품질의 이동통신 네트워크를 어떻게 구현할것인가에 대해 우리는 끊임없이 자문하고, 앞으로도 더욱 열심히 연구해야될 매우 가치있는 분야로서 독자들을 격려하며 이 책을 마친다.

# 참고문헌


[1] J. Boys, G. Covic, and A. Green, "Stability and control of inductively coupled power transfer systems," Proc. Inst. Elect. Eng.—Elect. Power Appl., vol. 147, no. 1, pp. 37-43, Jan. 2000.

[2] D. A. G. Pedder, A. D. Brown, and J. A. Skinner, "A contactless electrical energy transmission system," IEEE Trans. Ind. Electron., vol. 46, no. 1, pp. 23-30, Feb. 1999.

[3] J. A. Taylor, Z. N. Low, J. Casanova, and J. Lin, "A wireless power station for laptop computers," in Proc. IEEE Radio Wireless Symp., 2010, pp. 625-628.

[4] C. S. Wang, O. H. Stielau, and G. A. Covic, "Design considerations for a contactless electric vehicle battery charger," IEEE Trans. Ind. Electron., vol. 52, no. 10, pp. 1308-1314, Oct. 2005.

[5] J. Sallan, J. L. Villa, A. Llombart, and J. Fco. Sanz, "Optimal design of ICPT systems applied to electric vehicle battery charge," IEEE Trans. Ind. Electron., vol. 56, no. 6, pp. 2140-2149, Jun. 2009.

[6] A. K. RamRakhyani, S. Mirabbasi, and M. Chiao, "Design and optimization of resonance-based efficient wireless power delivery systems for biomedical implants," IEEE Trans. Biomed. Circuits Syst., vol. 5, no. 1, pp. 48-63, Feb. 2011.

[7] G. A. Kendir, W. Liu, G. Wang, M. Sivaprakasam, R. Bashirullah, M. S. Humayun, and J. D. Weiland, "An optimal design methodology for inductive power link with class-E amplifier," IEEE Trans. Circuits Syst. I, Reg. Papers, vol. 52, no. 5, pp. 857-865, May 2005.

[8] R. J. Sedwick, "Long range inductive power transfer with superconducting oscillators," Ann. Phys., vol. 325, no. 2, pp. 287-299, Feb. 2010.

[9] K. D. Papastergiou and D. E. Macpherson, "An airborne radar power supply with contactless transfer of energy—Part I: Rotating transformer,"IEEE Trans. Ind. Electron., vol. 54, no. 5, pp. 2874-2884, Oct. 2007.

[10] F. Segura-Quijano, J. Garcia-Canton, J. Sacristan, T. Oses, and A. Baldi,"Wireless powering of single-chip systems with integrated coil and external wire-loop resonator," Appl. Phys. Lett., vol. 92, no. 7, pp. 074102-1 - 074102-3, Feb. 2008.

[11] J. J. Casanova, Z. N. Low, J. Lin, and R. Tseng, "Transmitting coil achieving uniform magnetic field distribution for planar wireless power transfer system," in Proc. IEEE RadioWireless Symp., 2009, pp. 530-533.

[12] G. A. Covic, J. Boys, M. Kissin, and H. Lu, "A three-phase inductive power transfer system for roadway-powered vehicles," IEEE Trans. Ind. Electron., vol. 54, no. 6, pp. 3370-3378, Dec. 2007.

[13] G. A. J. Elliott, S. Raabe, G. A. Covic, and J. T. Boys, "Multiphase pickups for large lateral tolerance contactless power-transfer systems,"IEEE Trans. Ind. Electron., vol. 57, no. 5, pp. 1590-1598, May 2010.

[14] J. J. Casanova, Z. N. Low, and J. Lin, "A loosely coupled planar wireless power system for multiple receivers," IEEE Trans. Ind. Electron., vol. 56, no. 8, pp. 3060-3068, Aug. 2009.

[15] A. P. Sample, D. T. Meyer, and J. R. Smith, "Analysis, experimental results, and range adaptation of magnetically coupled resonators for wireless power transfer," IEEE Trans. Ind. Electron., vol. 58, no. 2, pp. 544-554, Feb. 2011.

[16] F. Zhang, S. A. Hackworth, W. Fu, C. Li, Z. Mao, and M. Sun, "Relay effect of wireless power transfer using strongly coupled magnetic resonances,"IEEE Trans. Magn., vol. 47, no. 5, pp. 1478-1481, May 2011.

[17] A. H. Mohammadian, E. T. Ozaki, and M. S. Grob, "Repeaters for enhancement of wireless power transfer," U.S. Patent WO/2009/140 222, Nov. 19, 2009.

[18] E. R. Giler, K. L. Hall, M. P. Kesler, M. Soljacic, A. Karalis, A. B. Kurs, Q. Li, and S. J. Ganem, "Wireless energy transfer using repeater resonators,"U.S. Patent Appl. Publ. 0259108 A1, Oct. 14, 2010.

[19] R. Mobarhan, R. Burdo, and L. N. Bonacci, "Wireless power transfer in public places," U.S. Patent Appl. Publ. 0201201 A1, Aug. 12, 2010.

[20] E. Shamonina, V. A. Kalinin, K. H. Ringhofer, and L. Solymar, "Magnetoinductive waveguide," IET Electron. Lett., vol. 38, no. 8, pp. 371-373, Feb. 2002.

[21] R. R. A. Syms, E. Shamonina, and L. Solymar, "Magneto-inductive waveguide devices," Proc. Inst. Elect. Eng.—Microw. Antennas Propag.,vol. 153, no. 2, pp. 111-121, May 2006.

[22] C. J. Stevens, C. W. T. Chan, K. Stamatis, and D. J. Edwards, "Magnetic metamaterials as 1-D data transfer channels: An application for magnetoinductive waves," IEEE Trans. Microw. Theory Tech., vol. 58, no. 5, pp. 1248-1256, May 2010.

[23] Z. N. Low, R. A. Chinga, R. Tseng, and J. Lin, "Design and test of a high-power high-efficiency loosely coupled planar wireless power transfer system," IEEE Trans. Ind. Electron., vol. 56, no. 5, pp. 1801-1812, May 2009.

[24] A. J. Moradewicz and M. P. Kazmierkowski, "Contactless energy transfer system with FPGA-controlled resonant converter," IEEE Trans. Ind. Electron., vol. 57, no. 9, pp. 3181-3190, Sep. 2010.

[25] H. L. Li, A. P. Hu, G. A. Covic, and C. S. Tang, "Optimal coupling condition of IPT system for achieving maximum power transfer," IET Electron. Lett., vol. 45, no. 1, pp. 76-77, Jan. 2009.

[26] Y. Jang and M. M. Jovanovic, "A contactless electrical energy transmission system for portable-telephone battery chargers," IEEE Trans. Ind. Electron., vol. 50, no. 3, pp. 520-527, Jun. 2003.

[27] C.-G. Kim, D.-H. Seo, J.-S. You, J.-H. Park, and B. H. Cho, "Design of a contactless battery charger for cellular phone," IEEE Trans. Ind. Electron., vol. 48, no. 6, pp. 1238-1247, Dec. 2001.

[28] N. A. Keeling, G. A. Covic, and J. T. Boys, "A unity-power-factor IPT pickup for high-power applications," IEEE Trans. Ind. Electron., vol. 57, no. 2, pp. 744-751, Feb. 2010.

[29] C.-S. Wang, G. A. Covic, and O. H. Stielau, "Power transfer capability and bifurcation phenomena of loosely coupled inductive power transfer systems," IEEE Trans. Ind. Electron., vol. 51, no. 1, pp. 148-157, Feb. 2004.

[30] J. S. Hong and M. J. Lancaster, "Couplings of microstrip square openloop resonators for cross-coupled planar microwave filters," IEEE Trans. Microw. Theory Tech., vol. 44, no. 12, pp. 2099-2108, Dec. 1996.

[31] L. Rindorf, L. Lading, andO.Breinbjerg, "Resonantly coupled antennas for passive sensors," in Proc. IEEESensors,Oct. 26-29, 2008, pp. 1611-1614.

[32] M. W. Baker and R. Sarpeshkar, "Feedback analysis and design of RF power links for low-power bionic systems," IEEE Trans. Biomed. Circuits Syst., vol. 1, no. 1, pp. 28-38, Mar. 2007.

[33] C. Sauer, M. Stanacevic, G. Cauwenberghs, and N. Thakor, "Power harvesting and telemetry in CMOS for implanted devices," IEEE Trans. Circuits Syst. I, Reg. Papers, vol. 52, no. 12, pp. 2605-2613, Dec. 2005.

[34] J. Choma and W. K. Chen, Feedback Networks Theory and Circuit Applications. Singapore: World Scientific, 2007.

[35] A. Kurs, A. Karalis, R. Moffatt, J. D. Joannopoulos, P. Fisher, and M. Soljacic, "Wireless power transfer via strongly coupled magnetic resonances,"Science, vol. 317, no. 5834, pp. 83-86, Jul. 2007.

[36] W. H. Ko, S. P. Liang, and C. D. F. Fung, "Design of radio-frequency powered coils for implant instruments," Med. Biol. Eng. Comput., vol. 15, no. 6, pp. 634-640, Nov. 1977.

[37] J. Kim, H.-C. Son, K.-H. Kim, and Y.-J. Park, "Efficiency analysis of magnetic resonance wireless power transfer with intermediate resonant coil," IEEE Antennas Wireless Propag. Lett., vol. 10, pp. 389-392, May 2011.

[38] S. D. Tetlow, "Apparatus and method for inductive power transfer,"U.S. Patent 7 675 197, Mar. 9, 2010.

[39] J. T. Boys, "Power supply for an electroluminescent display," U.S. Patent 6 317 338, Nov. 13, 2001.

[40] 3GPP TR 36.814 V1.2.1, "Further Advancements for EUTRA: Physical Layer Aspects," Tech. Spec.n Group Radio Access Network Rel. 9, June 2009.

[41] J. Lee, S. Park, H. Choi, Y. Jeong and J. Yun, "A design of co-channel feedback interference cancellation system using analog control,"Microwave Conf., 36th European, Sept. 2006.

[42] W. Moon, S. Im, and C. Kim, "Adaptive feedback interference cancellation using correlation for WCDMA wireless repeaters," The Institute of Electronics Engineers of Korea, Journal, vol. 44, issue 7, July, 2007.

[43] T. Yoo, D. Woo, J. Kim, S. Ha, J. Van, and J. Lee, "Wireless repeating interference cancellation using signed-DLMS adaptive algorithm," The Institute of Electronics Engineers of Korea, Conference & Workshop, vol. 30, issue 1, July, 2007.

[44] D. Choi and H. Yun, "Interference cancellation repeater," PCT Patent WO 2007/078032 A1, July 12, 2007.

[45] Haeseong Jeong and Heung-Gyoon Ryu "Phase Analysis and Performance Evaluation of Wireless ICS Repeater based on OFDM System" Proceeding of the 11th International Conference on Computer, Communication Systems(ICCCS 2010), Nov, 2010.

[46] Donald Duttweiler, "Proportionate Normalized Least-Mean-Square Adaptive Echo Canceller" IEEE Transaction on Speech and Audio Processing, Vol. 8, No. 5, Sept. 2000.

[47] Akihiko Sugiyama, Hiroshi Sato, Akihiro Hirano and Shigeji Ikeda "A Fast Algorithm for Adaptive FIR Under Computational Constraint for Adaptive Tap-Position Control" IEEE Transaction on Circuits and System, Analog and Digital Signal Processing, Vol. 43, No. 9, Sept. 1996.

[48] W. Hong and K. Sarabandi, "Low-profile, multi-element, miniaturized monopole antenna," IEEE Trans. Antennas Propag., vol. 57, pp. 72-80, Jan. 2009.

[49] D. Sievenpiper, L. Zhang, R. F. J. Broas, N. G. Alexopolous, and E. Yablonovitch, "High-impedance electromagnetic surfaces with a forbidden frequency band," IEEE Trans. Microwave Theory Tech., vol. 47, pp. 2059-2074, Nov. 1999.

[50] K. Buell, H. Mosallaei, and K. Sarabandi, "Metamaterial insulator enabled superdirective array," IEEE Trans. Antennas Propag., vol. 55, pp. 1074-1085, Apr. 2007.

[51] Y. J. Song and K. Sarabandi, "Suppression of the mutual coupling between two adjacent miniaturized antennas utilizing printed resonant circuits," in IEEE Int. Symp. Antennas Propag. Soc., 1-5 Jun 2009, pp. 1-4.

[52] K. Sarabandi and Y. J. Song, "Subwavelength radio repeater system utilizing miniaturized antennas and metamaterial channel isolator," Antennas and Propagation, IEEE Transactions on, vol. 59, no. 7, pp. 2683 -2690, july 2011.

[53] F. Yang and Y. Rahmat-Samii, "Microstrip antennas integrated with electromagnetic band-gap (ebg) structures: a low mutual coupling design for array applications," Antennas and Propagation, IEEE Transactions on, vol. 51, no. 10, pp. 2936 - 2946, oct. 2003.

[54] C.-Y. Chiu, C.-H. Cheng, R. Murch, and C. Rowell, "Reduction of mutual coupling between closely-packed antenna elements," Antennas and Propagation, IEEE Transactions on, vol. 55, no. 6, pp. 1732 -1738, june 2007.

[55] E. Rajo-Iglesias, O. Quevedo-Teruel, and L. Inclan-Sanchez, "Mutual coupling reduction in patch antenna arrays by using a planar ebg structure and a multilayer dielectric substrate," Antennas and Propagation, IEEE Transactions on, vol. 56, no. 6, pp. 1648 -1655, june 2008.

[56] J. Laiho and T. N. Achim Wacker, Eds., Radio Network Planning and Optimisation for UMTS, 2nd ed. John Wiley & Sons, Ltd, February 2006, no. 978-0-470-01575-9. [Online]. Available: http://dx.doi.org/10.1002/9780470031407.fmatter.

[57] S. J. Kim, J. Y. Lee, J. C. Lee, J. H. Kim, B. Lee, and N. Y. Kim, "Adaptive feedback interference cancellation system," in IEEE MTT-S Microw. Symp. Dig., 2003, vol. 1, pp. 627-630.

[58] Y. Rikuta, H. Arai, and Y. Ebine, "Mutual coupling suppression of two dipole antennas backed by optimized reflector," in Proc. IEEE AP-S Int. Symp., Jun. 16-21, 2002, vol. 2, pp. 276-279.

[59] N.Michishita, H. Arai, and Y. Ebine, "Mutual coupling characteristics of patch array antenna with choke for repeater systems," in Proc. 12th IEEE ICAP, Mar. 31-Apr. 3, 2003, vol. 1, pp. 229-232.

[60] J. R. De Luís, A. Grau, J. Romeu, and L. Jofre, "Bandwidth enhancement of high-isolation iso-frequency repeaters using MEMS- reconfigurable loaded parasitics," in Proc. IEEE AP-S Int. Symp., San Diego, CA, 2008, pp. 1012-1015.

[61] A. Grau, J. Romeu, L. Jofre, and F. De Flaviss, "Back-to back highisolation iso-frequency repeater antenna usingMEMS- reconfigurableparasitics," in Proc. IEEE AP-S Int. Symp., 2007, pp. 497-500.

[62] E. Diaz, J. R. De Luis, A. Grau, F. De Flaviis, and L. Jofre, "Pixeled- dipole based isofrequency reconfigurable RF repeater," in Proc. Eur. Conf. Antennas Propag., Rome, Italy, Apr. 11-15, 2011, pp.2298-2301.

[63] H. Jeon, Y. Jung, B. Kwon, J. Ihm, "Analysis on Coverage and Capacity in Adoption of Repeater Systems in CDMA2000", International Zurich Seminar on Broadband Communications, 2002.

## 저자 소개

**김진영 교수**

서울대학교에서 전자공학 분야 공학사/공학석사/공학박사를 취득한 후 미국 Princeton University에서 무선통신 분야의 연구를 수행하였다.
SK 텔레콤 중앙연구원의 책임연구원, 미국 MIT 공대 Visiting Scientist의 경력을 쌓았으며 현재 광운대학교 전자융합공학과 정교수로 재직 중이다. 주 관심분야는 차세대 이동통신, 가시광통신, 국방통신 및 각종 IT 융합시스템 등이다.

**서철헌 교수**

서울대학교에서 전자공학 분야 학사/석사/공학박사를 받았으며 미국 MIT 공대에서 POST DOC.을 마치었다. 1993년 9월부터 숭실대 정보통신전자공학부에서 조교수, 부교수 거쳐 2003년부터 정교수로 재직 중이며 미국 MIT에서 연구원, 교환교수, 연구교수를 지내면서 활발히 연구생활을 하였다. 연구관심분야는 무선 에너지 전송,무선통신 전파시스템, 레이다 시스템, 스마트폰 RF 모듈, 국방 RF 시스템 등이다.

**신수현 교수**

홍익대학교에서 전자공학 공학석사, 한국산업기술대학교에서 ITC와 경영을 융합하는 박사과정 수학 중에 있다. KT(한국통신) 장거리통신망본부에서 10년, SK텔레콤 엔지니어링본부에서 5년 그리고 방송통신용 중계기, 유비쿼터스 네트워크분야 개발 전문 벤처 기업들인 ㈜휴텍, ㈜이포씨, ㈜서화정보통신 등에서 기술연구소장 겸 사업 책임자로 13년동안 몸 담았던 현장 엔지니어 출신이다. 특히 전자파 장해(EMI&EMC) 및 대책, 정전기 재해 방지, 초고속 가입자망 등을 연구하고 있으며, 현재 한국산업기술대학교 전자공학부에 재직 중이다.

본 연구는 산업통상자원부의 재원으로 한국에너지기술평가원(KETEP)의 지원을 받아 수행한 연구과제(No.20144030200600)입니다.

정가 21,000원

**무선 중계기 시스템**

2015년 3월 23일 초판 인쇄
2015년 4월 3일 초판 발행
저 자 : 김진영 · 서철헌 · 신수현
발행자 : 우명찬 · 송 준
발행처 : 홍릉과학출판사
주 소 : 서울시 강북구 인수봉로 50길 10
142-885
등 록 : 1976년 10월 21일 제5-66호
전 화 : (02) 999-2274~5, 903-7037
팩 스 : (02) 905-6729
e-mail: hongpub@hongpub.co.kr
http://www.hongpub.co.kr
ISBN: 979-11-5600-362-5

저자와의 협의하에 인지생략

낙장 및 파본은 구입처나 본사에서 교환하여 드립니다.
판권 소유에 위배되는 사항(인쇄, 복제, 제본)은 법에 저촉됩니다.